国家自然科学青年科学基金项目资助（项目批准号：42101243）
用友基金会"商的长城"项目资助（项目编号：［2020］Y01）
上海文化发展基金会图书出版专项基金资助

上海开埠初期租界地区
洋行分布与景观变迁
1 8 4 3 — 1 8 6 9

繁华之始

罗婧 著

同济大学 出版社
TONGJI UNIVERSITY PRESS
·上海·

图书在版编目（ＣＩＰ）数据

繁华之始：上海开埠初期租界地区洋行分布与景观
变迁：1843—1869 / 罗婧著 . —— 上海：同济大学出版
社，2022.9
ISBN 978-7-5765-0382-1

Ⅰ.①繁… Ⅱ.①罗… Ⅲ.①商业建筑－建筑史－上
海－1843-1869 Ⅳ.①TU247-092

中国版本图书馆 CIP 数据核字 (2022) 第 175524 号

繁华之始：上海开埠初期租界地区洋行分布与景观变迁 1843—1869
罗婧　著

出 品 人　金英伟　　　　责任编辑　张　翠
责任校对　徐春莲　　　　装帧设计　张　微　陶春晨

出版发行　同济大学出版社 www.tongjipress.com.cn
地　　址　上海市四平路 1239 号　邮编 200092　电话 021-65985622
经　　销　全国新华书店
印　　刷　上海安枫印务有限公司
开　　本　787mm×960mm　1/16
印　　张　22.5
字　　数　450 000
版　　次　2022 年 9 月第 1 版
印　　次　2022 年 9 月第 1 次印刷
书　　号　ISBN 978-7-5765-0382-1
定　　价　96.00 元

序 言

城外城：近代上海繁华之转移与变迁

周振鹤

自宋至清，由上海务到上海镇再到上海县，上海在数百年间走过的是一条与中国绝大多数县发展经历一样的道路。上海在行政地位上始终只是一个普通的县，从未担任过任何一级行政区域的中心，既非府治，更非省治。上海的经济虽然在明清时期得到长足的发展，但始终只是一种传统的内向型经济；即使上海的航运业在清代一度十分繁荣，但也主要担负国内贸易，国外航运微乎其微。在吴淞江南岸，在黄浦江以西北，由一个传统的县城及其周围的一大片农村组成的上海县，如果没有特别的机遇，是不会产生剧烈变化的。

上海的突变在于鸦片战争后的开埠。虽然开埠后直至清末，上海依然只是松江府属下的一个县，行政地位没有任何提高，但其城市形态却发生了根本性的变化。首先是城外有城。1843 年起，英美法诸国相继在上海老城厢的北面，设立了租界。这一城外之城呈现出的是一种全新的近代化城市形态，在中国过去的任何地方从未出现过。其次，受其影响，上海县城内部及其近郊也进行了改造，渐渐脱离旧时的模样。由于有这样的甚大变化，以是上海城市的繁华也出现了明显的转型：一方面是城市的繁华地带，由上海县的老城厢以及城外的东南一隅转至其北郊与西郊；另一方面是城市的生活方式，由纯粹的中式转向中西合璧以至某些方面完全的西化。

一、上海原来的繁华地带

上海是两个丁字形的交汇地：一是海岸与长江组成的丁字，二是长江与黄浦江组成的丁字。所以上海既有北洋、南洋航线，又有沿长江与长江以外的内河航运，以是上海东南方向的城墙内外，都是一片繁忙景象。嘉庆《上海县志》云："闽广辽沈之货鳞萃羽集，远及西洋暹罗之舟，岁亦间至。地大物博，号称繁剧，诚江海之通津，东南之都会。"县志一般都要夸饰，地大物博谈不上，但作为海运与江运之重要港口一点不差。王韬《瀛壖杂志》也说，上海"适居南北之中，最为冲要，故贸易兴旺，非他处所能埒"。1832 年据英国商人胡夏米在吴淞口观察所见，七天内由吴淞口入上海港的 100 ~ 400 吨船只有400 艘以上，多数是来自天津和东北各地的四桅沙船，也有来自福建（包括台湾）、广东、东印度群岛、交趾支那和暹罗的船只。

城市的繁华必须有城市建成区为依托。中国传统城市的繁华除了体现在县城的中心一带以外，值得注意的还有城关附近。由于传统城市大都有城墙围住，城门是各色人等出入之必经通道，所以在城门内外就形成商业区，造成繁华景观，有时可由城关地带延续到城外数里之遥，如广州的西关就是著名的繁华之区。同样，传统上海的繁华地带也是在县城里以及部分的城关地带，即由县城之中延伸到县城之外，形成城墙内外连成一片的城区。

开埠之前上海县城最热闹的城厢，是指明嘉靖年间所建筑的城墙包容的范围。这座旧城城墙周长仅 5.5 公里，占地 3 600 亩左右，面积并不大，却布满街衢路巷——据清嘉庆年间统计，有街巷 63 条之多，这自然是城内展示旧式繁华的地方。但上海既作为港口城市，则必定有一部分的繁华地区距港口不远。上海的港口码头从县城以南的董家渡一直延伸到县城以东的小东门十六铺，闹市沿海，商旅猬集。上海东南的繁华景象诗文里多有记载，施润有竹枝词曰："一城烟火半东南，粉壁红楼树色参。美酒羹殽常夜五，华灯歌舞最春三。"

与此东南的繁华相对照的是上海北门外，尤其东北方城外的寥落。这里毫无城市应有的建筑，只是一片荒郊野外。《法华乡志》云："上海一隅，本海疆瓯脱之地。有元之时，国家备海寇，始立县治于浦滨，斥卤方升，规模粗具。自明至让清之初，均无所表见。时市肆盛于南城，城之北，荒烟蔓草，青冢白杨，其农户烟村多散处于西、南二境。"

大略估计一下，大约在上海建县（元至元二十八年，1291 年）以后 550 年的发展中，可以称得上繁华地区的地方，即县城城厢地区与城外东南一带，总面积不会超过五六千亩地的范围。

二、繁华地带向城北的转移

鸦片战争之后，《江宁条约》规定五口通商，其中只有厦门与上海两地仅为普通县城，其他两个是省城、一个是府城，原本的城市规模都比上海要大。但只经过数十年的发展，上海就远远超过了它们，不但成为中国最大的城市，而且跻身世界大城市之列，呈现出一种飞速发展的繁华，这种速度在西方大概只有纽约能与之媲美。

通商五口之中以上海条件为最好，这是鸦片战争前胡夏米与郭士立等人就已经打探清楚了的。所以 1843 年上海一开埠，好些英国洋行就马上来此寻找发展机会，随后美国、法国和德国也接踵而至。同时外交人员、传教士们也正式登堂入室，为洋人服务的相应行业也相继出现。所有这些机构与人物起先在上海县城厢内外租屋居住，但这些中国式的房屋以及所处地点都不适于发展，于是他们就向清朝当局提出租地建屋的要求。英国人所要求的地点位于吴淞江以南、黄浦江以西，正好作为清朝地方当局代表的上海道也希望华洋分居，以免多事，乐得将这块地方租给他们。这块地方及其附近的基本面貌上面所引的《法华乡志》里已经提到，可以说是上海周围最荒凉的地带。

英租界经过不断的扩张，遂成为上海繁华转移的第一个区域。当然这一转移不但是地域的转移，而且是性质的变迁。这里兴起的不再是中国式的房屋，而是西式的楼房，有客厅有卧室有壁炉。与楼房同步形成的街道再不像上海老城厢里的那样狭窄泥泞，而是宽敞平坦干净，街道上还种有树木，形成林荫道，并且有路灯以作照明。但这还只是静止的一面，动态的一面则是西洋人的散步、跑马甚至在黄浦江上的划艇，在在使得华人感到惊异。西洋生活方式的引进与西洋式城区的建成是一体的。没有新城区的建成，另一种新型的城市繁华就无所附丽。其后洋泾浜以南的法租界与苏州河以北虹口地区美租界相继设立，新的城市建成区不断扩大。于是在老上海人的印象中，这就成了城北的一个新区，许多文人写了不少竹枝词来描写他们前所未闻的城北繁华景观，以下只是极平常的一首："沪上风光尽足夸，门开新北更繁华。出门便判华夷界，一抹平沙大道斜。"

上海话里从 19 世纪后期就已经普遍流行着"十里洋场"一语。起先，这一"洋场"的产生是基于华洋分居的思想而来的。但由于 19 世纪 50 年代的小刀会起义与 60 年代的太平军三次逼近上海城下，迫使许多华人迁入已经扩大了的租界地区，其意义不单在于形成了华洋杂居局面，而且使租界的发展更加迅速。新式城市建成区面积不断扩展，面貌不断变化，而且这种变化带动了旧城厢的改造，以至于在晚清就使上海成为了中国最大的现代化城市。

三、城外之城的兴起

19世纪40年代新式城区的大致发展与变化，从当时各种各样的描述中可见一斑。据费正清说，上海租界的头一年，只有"23名外国居民与家庭，11家商行，2名传教士与一面领事旗"。上海最早的租界英租界的设立，应该是从1845年11月29日《土地章程》的公布算起。费正清书中的"头一年"不知是指该年还是指1846年。但据英国传教士四美记述，上海在1845年6月已经明确了英租界的所在地。他于当年6月16日进入上海："（船）又进入了宽阔的吴淞江，沿着北岸航行，沿途可见商人居住的洋房正在兴建。"这里所说的吴淞江其实指的是黄浦江，其时的洋人经常如此混称，洋房所建处正是未来的租界。他接着又说："沿河地带，长一里半，已规划为外国商人建筑用地。该地含市东北郊部分，距城区不到一哩地。"

不过，三年以后，之后在上海墨海书馆工作多年的报人王韬，其时随父亲初到上海，已有如下的印象："一入黄歇浦中，气象顿异。从舟中遥望之，烟水苍茫，帆樯历乱，浦滨一带，率皆西人舍宇，楼阁峥嵘，缥缈云外，飞甍画栋，碧槛珠帘。此中有人，呼之欲出，然几如海外神山，可望而不可即也。……泰西亦设官以理商事，办事处亦有公署。……北门外虽有洋行，然殊荒寂，野田旷地之余，累累者皆冢墓也。其间亦有三五人家零星杂居，类皆结茅作屋，种槿为篱，多村落风景，殊羡其幽。"可见这时上海城东北英租界，已有新式城区的出现。但是在正北方向，也就是福建路一线，尚未成为城区，仍是荒郊野外。

此时，即使洋人也还很少住在租界，多住在县城南市外沿黄浦江一带的民房里。英人福钦1843年年底来上海住民屋，下雪天飘雪进来。19世纪40年代末才有一些外侨陆续迁入租界。英国领事馆也是迟至

1849 年才从县城附近迁到外滩最北面的。但是租界的建设异常迅速，仅从 1845 至 1848 年的变化就已经很惊人："我在英国住了将近三年之后，现在（1848 年 9 月）又坐在上溯黄浦江开往上海的一只中国小船里了。驶进上海时，我首先看到的是桅樯如林，不仅是前次来上海时引人注意的中国帆船，而且还有颇多的外国船只，主要来自英国与美国。……但是除了航运以外，更使我惊异的是江岸的外观。我曾听说上海已经建造了英美的洋行，我上次离开中国时的确有一二家洋行正在建筑，但是现在，在破烂的中国小屋地区，在棉田及坟地上，已经建立起规模巨大的一座新的城市了。"写这段话的人还是上面提到的那个英国植物学家福钦。

到了 19 世纪年代，租界的城市规模显然已成为上海的城外之城了。一名中国人叫黄楙材的，在其《沪游脞记》中说："自小东门吊桥外，迤北而西，延袤十余里，为番商租地，俗称夷场。洋楼耸峙，高入云霄，八面窗棂，玻璃五色，铁栏铅瓦，玉扇铜环。其中街衢弄巷，纵横交错，久于其地者，亦易迷所向。取中华省会大镇之名，分识道里。街路甚宽阔，可容三四马车并驰。地上用碎石铺平，虽久雨无泥淖之患。"变化之速往往在几个月里就见分晓。一位从吴江避难于上海的乡间地主说："徒步至黄浦滩上，又觉耳目一新。店新开者极多，不及三月，风景又变矣。"

虽然变化最快的是英租界，但法租界同样也有大的变化。1869 年 4 月法国人达伯理到上海考察几天后，写信给外交部说："回忆过去，我想起了十年前的上海法租界，我很奇怪，在这块冲积地上，有害的疫气使人住在那里既不舒服又有危险，怎么在如此短的时间内，竟然像施了魔法般地出现了一座美丽的城市，它的雄伟的建筑物和各种设施都堪与欧洲相比，这座城市将近有四万名各种国籍的居民……"

于是，在中国传统的地方志里，也不得不将这一变化体现出来。

同治十年（1871年）出版的上海县志里，城北的街道就出现在地图上了。

这种变迁虽然并非上海所独有，而是沿海所有原来缺少城市景观基础的地方如厦门，以及更后来的大连、青岛的共同趋向，但只有在上海，由于自然地理与人文环境的优越而发展得最为迅速，而且城市规模最大。

这种变迁的另一层意义是，它只有在一个原本政治地位并不太重要的城市才可能发生，而如在福州、广州这样的传统城市里是很难出现的。那不是一个新城的兴起，而只能是旧城的改造，这种改造无论如何尽力，终归要显示出旧城区的底蕴。1904年一位德国人将广州、香港与上海作比较时说："（上海）与广州甚至香港的情形是多么的不同啊！在广州，我看到的是几乎未被触动过的中世纪的中国……在这儿，我们拥有的是一个在中国人自己的土地上的欧洲的贸易和工业城市。"

四、近代上海的城市景观

那么这个欧洲式的城市范围到底有多大呢？我们可以简单地以一系列的数字来说明。

1845年英租界设立，面积830亩，东至黄浦江，南至洋泾浜，北至李家厂，西界未定。一年后定界路（今河南中路）为西界，增为1 080亩。1848年11月，英租界向西扩展至泥城浜（今西藏中路），面积2 080亩。同年美租界设立。1863年英美租界合并为公共租界，经两次扩张后，到1899年，面积达33 503亩。1849年法租界成立，经三次扩张后，至1914年，面积达到15 150亩。两者合计为48 653亩。这一面积是原来传统上海县繁华地区的五六千亩的八倍之大。

换句话说，上海的繁华地域不但从19世纪40年代以后发生了转移，而且新型的繁华地带的面积远远超过了传统地域，成为全中国最大的新型的繁华地域。而且从行政建制而言，还有一个极有意义的现象，那就是一直到 20 世纪 20 年代初，上海依然是一个县级单位；租界虽然位于这个县的地域范围内，却完全不在这个县的行政管辖范围内。

在传统中国，城市的发展有几条重要的途径，一是由行政中心，二是由军事地位，三是由交通枢纽，近代还有因矿产资源、旅游胜地而来的发展变迁。但如上海则是在一个全新的地域里因为外来移民（包括外国移民与中国本土其他地区的移民）的迁入以及西方城市建设与生活方式的引进而凌空出现的。其发展自然以经济因素居多，但却不是中国的传统手工业及商业的经济所催生。

不过对于历史地理从业人员来说，上述景观还不能满足我们的好奇心理。我们想要知道更加详明的信息，我们不但想要知道一个新型的繁华地带的详细形成过程，而且还要弄清楚在繁华形成之前的尽量详细的地理景观。好在我们有一个有利条件，那就是在租界形成的过程中，洋人在上海租地都必须进行登记，由上海道颁发所租地的地契，俗称道契。这些道契经过数十至一百多年的时间竟然还大部分保留了下来，这就给我们提供了地契上所写明的一些微型地貌与人文景观情况，如土路、小河浜、庙宇等。虽然所有租地的位置都只是相对，而非绝对的，因此复原每一块租地的具体地理位置都有相当的困难，但仍可以结合其他各种信息，使道契上各租地基本得以复原到确切的位置上。

在复原了上海城北以至虹口的原始景观后，我们进一步想复原详细的新城区的形成过程。这一复原过程有两个方面，一是平面的，一是立体的。新城区平面扩展的粗线条只是租界在面积上的扩大，这是容易做的，也是前人早已完成的——在我主编的《上海历史地图集》里也有所体现。现在进一步要做的是具体地确定每一家商行在新城区里的位置，以从细部去体味新式繁华的形成。

为了解这一逐步的变化，已有的研究贡献最大的莫如从道路的形成与水系的变迁来进行，因此从大的框架而言，上海现代化城市的形成已经基本弄清。但在细部则还远远不够。为了研究城市的繁华形态，我们必须更进一步深入每一个机构，这些机构包括洋行、教会、领事馆、厂家、商店、公共设施，甚至私宅。我们要尽可能复原其变迁情况，使整个城市能够活动起来，像一幕幕活生生的图景呈现在我们面前。譬如，当年开设在美租界、今属虹口区的"埃凡馒头店"，实际上可以算作一家西方食品商店兼厂家。孙毓棠先生编辑中国近代中国工业史资料时，将其列为外资在中国所开设的最早的企业单位之一是有道理的。这家企业后来消失了，因为其主人大概赚够了钱，回欧洲享福去了。类似情况在上海租界是很平常的事。因此如果动态地复原上海新建城区的面貌，其实对于经济文化的研究是大有裨益的。

而这种可能性是存在的。首先，上海存有丰富的道契资料，可以复原租地洋行的位置，以及其他公共设施，甚至私人住宅的所在。但这些洋行并不是一成不变的，它们要因为各种时势变迁而发生变化，增加新的，老的或维持发展或转让或歇业倒闭，或赚够钞票而结业，因此洋行租地的分布图逐年变化。当然，道契也经常换手。其次，自1865 年以来，《北华捷报》又逐年出版了《行名录》（*Hong list*）这样的连续出版物。这里的"hong"就是汉字"行"的译音，并非单指洋行，而是指除了私宅以外的上述一切机构。但头几年的行名录比较难找。而在 1865 年以前的机构，还可以依靠《上海年鉴》（*Shanghae Almanac*）以及各种各样的行业名录及相关信息。大约从 19 世纪 60 年代末起，上述有些资料中就注明了部分或大部分洋行的具体地理位置，因此可以大致复原它们的坐标。

因此，如果我们新研究的第一步是利用道契来还原新城区建设以前上海郊区的面貌，以及租界初期的洋行分布，第二步是利用行名录等资料来复原 19 世纪 60 年代以后每条道路上的行业机构的具体位置及其变迁，第三步则是打算依靠房地产档案来复原上海城区的立体面貌。争取通过这三步工作，能将 1843—1949 年百余年间的上海城市景观的变迁呈现在世人面前。

但总的说来，从上海开埠的 1843 年至有了较完整的文献记载的 19 世纪 70 年代这段时间，是上海租界地区面貌最难于复原的时段。而罗婧撰写的《繁华之始：上海开埠初期租界地区洋行分布与景观变迁 1843—1869》，以上海开埠之初租界地区洋行分布与景观变迁为主要研究对象，就是对上述研究计划的一个尝试。书中从道路的发展到街区洋行的分布，从平面分布到立体重现，尽可能地复原了这一时段上海这个"城外城"的发展进程，且不仅利用历史地理的传统考证，还利用制图的方法复原景观——其成果必会受到学者们的注目。

周振鹤

2022 年 8 月

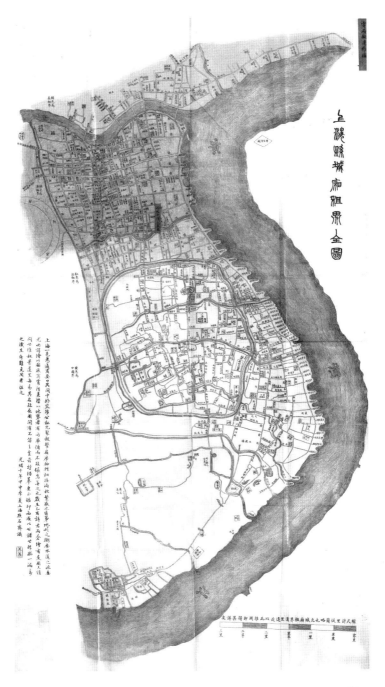

光绪十一年（1885年）公共租界与法租界第一次扩张以后的范围，可以看出此时的城外城已经超过原来的城厢及城东南的繁华地带了。

目 录

序 言 / III

城外城：近代上海繁华之转移与变迁　　周振鹤

绪 论 / 1

第 1 章　洋行初现：1843—1849 年　/ 29

开埠之初洋行租地考订 / 31

开埠之初洋行空间分布讨论 / 43

第 2 章　洋行初兴：1850—1855 年　/ 57

1852—1854 年《上海年鉴》解析 / 59

1855 年《上海外国租界地图：洋泾浜以北》解读 / 87

两分天下：英美租界的洋行状况 / 94

洋行空间分布及功能分区的初现 / 145

第 3 章　洋行兴盛：1856—1859 年　/ 155

洋行的更迭 / 156

"埃凡馒头店"的故事 / 179

"宁波路"上的长脚医生 / 185

目 录

第 4 章　集聚与扩散：1860—1869 年　/ 193

19 世纪 60 年代地图与行名录梳理　/ 195

1860—1869 年洋行考订及其分布　/ 202

洋行空间分布及功能区的形成　/ 268

第 5 章　开埠初期上海租界地区形成与发展　/ 275

1849 年外滩景观复原　/ 277

开埠初期英租界道路系统的建立与完善　/ 281

结　论　/ 293

主要参考文献　/ 320

后　记　/ 335

图 1　英册道契第 1 号数据采集示意图 / 11

图 2　怡和洋行的原始记录 / 13

图 3　不同年份《行名录》/ 14

图 4　英租界平面图（英国皇家地理学会藏）/ 18

图 5　1849 年上海外国人居留地地图（哈佛大学蒲赛图书馆藏）/ 20

图 6　上海外国租界地图：洋泾浜以北（上海图书馆藏）/ 21

图 7　1864—1866 年上海英租界图（英国国家档案馆藏）/ 23

图 8　1849 年上海英租界租地图 / 24

图 9　1855 年上海英租界租地图 / 25

图 10　上海外国租界地图：洋泾浜以北（上海市档案馆藏）/ 92

图 11　上海外国租界地图：洋泾浜以北（英国国家档案馆藏）/ 92

图 12　上海外国租界地图：洋泾浜以北（上海图书馆藏，细部）/ 93

图 13　1855 年英租界土地使用复原图 / 146

图 14　1856 年《上海年鉴》/ 157

图 15　长脚医生产业分布图 / 190

图 16　19 世纪 60 年代银行业洋行核密度分布图 / 205

图 17　19 世纪 60 年代船舶业洋行核密度分布图 / 217

图 18　19 世纪 60 年代医疗业洋行核密度分布图 / 224

图 19　19 世纪 60 年代中间商核密度分布图 / 235

图 20　19 世纪 60 年代茶叶类洋行核密度分布图 / 239

目 录

图 21　19 世纪 60 年代丝绸类洋行核密度分布图 / 241

图 22　19 世纪 60 年代建筑业洋行核密度分布图 / 248

图 23　19 世纪 60 年代律师业核密度分布图 / 261

图 24　19 世纪 60 年代拍卖行核密度分布图 / 267

图 25　19 世纪 60 年代洋行核密度分布图 / 269

图 26　《1864—1866 年上海英租界图》九江路细部 / 270

图 27　1860—1864 年洋行核密度分布图 / 272

图 28　1865—1869 年洋行核密度分布图 / 272

图 29　《外滩，1849》插画 / 279

图 30　《外滩，1849》油画 / 279

图 31　1855 年英租界地图 Google SketchUp 工作平台 / 280

图 32　Google SketchUp 展示的 1855 年上海英国领事馆及其附近景观 / 280

图 33　1847—1848 年英租界道路图 / 282

图 34　1849 年英租界道路示意图 / 284

图 35　1855 年英租界道路示意图 / 284

图 36　1864—1866 年英租界道路示意图 / 285

图 37　1849 年、1855 年、1864—1866 年山东路段道路图 / 287

图 38　1855 年山东路段洋行分布图 / 289

图 39　1844—1845 年洋行分布图 / 299

图 40　1864—1866 年圣三一教堂及其周边地区图 / 311

上海开埠初期租界地区洋行分布与景观变迁 1843—1869

表 1   1849 年上海英租界租地考订表 / 32

表 2   1852 年《上海年鉴》两种行名录信息对照表 / 61

表 3   1852 年上海租地名录 / 65

表 4   1852 年《上海年鉴》洋行种类及数量统计 / 81

表 5   1855 年《英国领事馆租地表》/ 97

表 6   1855 年《美国领事馆租地表》/ 134

表 7   1855 年美国基督教在沪传教士及其所属差会 / 138

表 8   美国领事馆新旧注册号与道契相关信息对比表 / 143

表 9   1855 年英租界洋行分布对照表 / 150

表 10 1854—1856 年新增洋行 / 157

表 11 1856—1858 年新增洋行 / 163

表 12 1854—1856 年歇业洋行 / 169

表 13 1856—1858 年歇业洋行 / 170

表 14 1854—1856 年更名洋行对照表 / 174

表 15 1856—1858 年更名洋行对照表 / 176

表 16 行名录中关于埃凡馒头店的资料汇编 / 184

表 17 19 世纪 60 年代洋行分类统计 / 200

表 18 19 世纪 60 年代银行业洋行表 / 202

表 19 19 世纪 60 年代船舶业洋行表 / 207

表 20 19 世纪 60 年代医疗业洋行表 / 219

目 录

上海开埠初期租界地区洋行分布与景观变迁 1843—1869

表 21　19 世纪 60 年代英租界医疗业洋行分布表 / 223

表 22　19 世纪 60 年代中间商表 / 225

表 23　19 世纪 60 年代丝茶业洋行表 / 236

表 24　19 世纪 60 年代建筑业洋行表 / 245

表 25　19 世纪 60 年代饮食业洋行表 / 249

表 26　19 世纪 60 年代宾馆业洋行表 / 254

表 27　19 世纪 60 年代服装业洋行表 / 255

表 28　19 世纪 60 年代律师业洋行表 / 257

表 29　19 世纪 60 年代拍卖行表 / 263

表 30　1855 年、1864—1866 年英租界路名及今路名对照表 / 285

表 31　1849 年英租界临河租地表 / 300

绪　论

一、研究缘起

城市常被视为一个有限的、完成了的事物，而事实上，城市发展是一个进程，在时间流逝的过程中不停发生物质变化[1]。城市景观的形成是在一定地域范围内，城市要素不断累积、土地利用强度不断加大、建筑密度不断加强，从而使原本是乡村景观或者是自然景观的地域体转变为完全人工景观的城市地域体。城市景观是一个历史地理过程的结果。

近年来，伴随着全球化和城市化进程，世界范围内的城市历史景观遭受着有史以来最严重的威胁。基于此种挑战，联合国教科文组织（UNESCO）以及国际文化遗产保护界尤为关注城市历史景观的保护，相关讨论也逐渐展开。2011 年 11 月 10 日 UNESCO 通过《关于城市历史景观的建议书》（*Recommendation on the Historic Urban Landscape*），标志着城市历史景观作为城市保护新方法的推广实行，随后相关的操作手册以及行动路线等相继颁布[2]。城市景观以及文化景

---

1 斯皮罗·科斯托夫. 城市的形成：历史进程中的城市模式和城市意义 [M]. 单皓，译. 北京：中国建筑工业出版社，2005：13.

2 UNESCO. Recommendation on the historic urban landscape[M]. Paris：UNESCO，2011.

观遂成为学术热点，而保护城市的历史景观、将当代建设融入历史景观，成为国际文化遗产保护界热门话题。

在中文语境中，"景观"有一种先验式的文化构建概念，从而产生双重术语表述的问题。景观已然成为当代城市研究的模式和媒介。景观是地球表面的一部分空间，是永恒的空间，有着独特的地理或文化方面的特征，并且是由一群人共享的空间，是一个由人创造或改造的空间综合体，是人类存在的基础和背景。城市景观形成过程即人类活动对自然环境的人为干扰过程，这一过程集中体现了人地关系的特点，因而成为地理学研究的重点问题。

地理学是一门以综合性和区域性见长的学科[3]。研究城市景观形成过程需综合诸多因素，然而，以往对国内城市景观形成过程的研究，受资料的限制，只能利用实测地图和遥感图复原出少数几个时间断面的城市景观，因而研究精度有限，无法构建出城市景观形成的连续过程。上海自开埠设立租界以来，积累了极为丰富的历史文献、实测地图以及各类图像资料，研究资料之丰富是其他城市不可比拟的，这为城市景观研究提供了充分的资料保证。

本书选取 1843—1869 年上海英美租界地区为研究对象，主要出于以下两方面考虑。

首先，上海城市发展进程特殊。上海因其历史发展特殊性和代表性，成为学术界研究焦点。上海并非中国传统意义上的政治中心，开埠时只是一个县城，并且是一个相对年轻的城市——以元代至元二十八年（1291）设县作为上海建城的标志，至多也不过七百多年的历史[4]。然

---

3 傅伯杰. 地理学综合研究的途径与方法：格局与过程耦合 [J]. 地理学报，2014，69（8）：1052-1059.
4 周振鹤. 上海历史地图集 [M]. 上海：上海人民出版社，1999：前言.

而上海却依托良好的地理位置，凭借着开埠这一契机迅速崛起，开始其近代化和城市化的过程，不仅迅速超过广州，成为中国经济首位城市[5]，并在 20 世纪 30 年代后来居上一举成为亚洲第一大城市。如今的上海经济持续发展，正在发展成为"一个象征性的全球城市"[6]。

其次，相关研究资料丰富。在研究起点较高的上海城市地理或历史地理领域，试图做一些有别于前人研究的工作，不仅需要充分挖掘常见资料，发现前人未注意到的信息，而且需要搜寻一些未被系统利用的新材料。近年来，上海相关的地图集陆续刊印，为研究提供了资料支持。与此同时，上海拥有最丰富的土地交易资料《上海道契》、连续发行百年的商业指南《行名录》，以及近代城市最精细的商业实测地图《百业指南》。然而，这些近代以来累积的分辨度高、连续性好、系统性强的珍贵资料却基本未进入大众研究者的视野。

上海的北郊和西郊在开埠以前是荒郊或田野[7]。开埠以后，从上海原有旧城的北郊、进而从西郊，迅速矗立起了一座新城。一座新城迅速在原先的荒芜之地上矗立起来，这正是上海城市近代化过程中最大的特点，即上海的城市化是以"城外城"的形式进行的。这有别于中国乃至世界上许多城市，是上海不同于其他城市发展的特有路径。

开埠作为上海城市发展最大的转折点已成共识，是上海城市近代化、城市化历程的开端。然而，上海城市发展中的这一巨变，确切地说是上海城市功能区域的空间转移，却极少见诸论著，这自然与研究城市的尺度有关。先前上海相关城市与港口、腹地的研究将上海置于

---

5 戴鞍钢. 五口通商后中国外贸重心的转移 [J]. 史学月刊，1984（1）：50-55.

6 丝奇雅·沙森. 全球城市 [M]. 上海：上海社会科学院出版社，2005：中文序.

7 姚明辉. 上海租界的开辟 [M]// 上海地方史资料：二. 上海：上海社会科学院出版社，1983：21.

一个区域中，上海作为一个"点"被处理。总结前人成果可知，"英租界"一直与"法租界""华界"一起作为三大制衡势力被论及，而英租界所在地本身作为城市新的繁荣的源头，关于其区域的内部城市空间却鲜有讨论。

惟有厘清上海开埠之后城市历史变迁过程，才能了解上海的发展途径，才有可能挖掘其成功经验。故而，本书选取最能体现城市变迁的城市景观作为切入点，探讨上海近代城市化进程。城市景观变迁研究是开展上海历史地理研究、探索上海近代城市化与崛起的重要基础，可有效地推动近代上海城市地理和历史地理方面的研究。

二、国内外研究现状

（一）景观概念及相关研究

在英文中，"Landscape"（景观）是一个复合词，其释义体现了人类因生存聚居和生产实践与土地建立起来的结构性关系。现代意义的"景观"出现于 16 世纪，指描绘乡村、农业或自然景象的绘画。地理学中景观的概念最早由德国地理学家施吕特尔（Otto Schlüter）提出，他认为地理学研究应首先着眼于地球表面可以通过感官觉察到的事物——景观，而人文地理学应将地表之上可见的、实体的人工形式视为主要研究对象，对其进行描述。德国流派的帕萨格（Siegfried Passarges）进一步扩大了景观学的研究范畴，将城市纳入景观体系，并强调景观对人类占有者心理的影响。美国流派则由卡尔·索尔（Carl Sauer）创立，其代表作《景观的形态》（*Morphology of Landscape*）首次明确提出了"文化景观"（cultural landscape）的概念，并将其作为地理学研究的主要内容，即文化景观是由文化群体塑造的自然景观。

与西方相比，中国的景观学研究起步较晚，直至 20 世纪 80 年代才将景观的概念引入城市研究领域，且相对集中于景观生态学、城市规划学和建筑学领域。

景观生态学以研究景观单元的类型组成、空间格局及生态过程为主，前期主要以翻译、介绍国内外景观生态学为主，后逐渐转为景观生态学概念等探讨，并进行景观格局分析。20 世纪 90 年代后半期，景观生态学迅猛发展，主要针对景观格局分析、景观生态建设和城市的景观生态等展开研究。近年来，土地利用、景观服务、景观可持续发展等成为景观生态学研究热点和前沿。

城市规划学与建筑学方向的景观研究主要分为两类：一类在文化景观大框架下讨论景观的概念、内涵、背景和价值等；另一类以保护城市景观为诉求展开城市规划的案例分析，或是城市保护制度与方法的探讨。

人文地理学中最早使用景观概念进行研究的是城市地理学，其研究对象是城镇的物质形式和物质表象，即城市景观。随后，俞孔坚等从宏观角度讨论了在中国城市规划中维护大地景观与自然过程的连续性[8]。由于地理学强调景观的区域特性，将它定义为地域综合体，城市地理学以城市景观探讨城市化过程，即从物理景观的层面讨论农村景观向城市景观演化的过程。文化地理学主要集中在对景观作为文化和权力表征的研究，讨论景观的筛选问题、机制效应以及在建构地方记忆影响等方面的意义。

地理学对当代城市景观的研究，可基于遥感数据定量分析景观指标和空间计量模型来表征城市的时空格局，使用大量数据模型精细复

8 俞孔坚，李迪华. 城市景观之路 [J]. 群言，2003（11）：9-13.

原城市景观类型等现状，但无法构建景观形成的连续过程。侯仁之关于天安门广场的研究开创了历史城市地理的范式[9]，历史城市地理可利用历史文献与地图等资料展开长时段的研究。目前，对历史城市景观的研究大体分为三类：一，发生学角度的研究，偏重于城市的地形、地貌等自然环境、历史形态和内部结构等的关系；二，探讨景观建筑对历史城市结构、社会结构和城市社会的作用；三，侧重研究城市景观的社会文化意义，尤其从主观认知的角度分析城市景观或城市意象。近年来，由于古地图资料的大量发掘，利用古地图研究城市景观变迁成为研究热点。

（二）GIS 技术支持下的近代上海景观研究

地理景观的变迁最生动和直接地体现了上海近代化、城市化的历程，对于了解上海的历史尤其是开埠之后的近代史具有重要的作用。上海在近代迅速发展为中国最大的城市，成为城市景观研究的热点地区。薄井由关于开埠初期上海和横滨的对比研究[10]，将开埠后上海的研究纳入城市比较研究的范畴。上海在 1843 年开埠前已经是一个重要的港口，而横滨在 1859 年正式开埠前只是一个半农半渔的村庄。作者试图从城市地理学角度对比两个城市的城市构成、内部功能分区和城市景观，但关于城市功能分区和城市景观方面仅涉及道路设置的内容，并未进行具体的空间分析。

近年来满志敏[11]、包弼德和葛剑雄[12]将 GIS（Geographic Information

9 侯仁之. 历史地理学的理论与实践 [M]. 上海：上海人民出版社，1979.

10 薄井由. 开埠初期上海与横滨城市发展的比较——从城市地理学的角度探讨租界与近代城市发展的关系 [M]// 历史地理：第 19 辑. 上海：上海人民出版社，2003：216-230.

11 满志敏. 走近数字化：中国历史地理信息系统的一些概念和方法 [M]// 历史地理：第 18 辑. 上海：上海人民出版社，2002；12 22.

12 Bol P., Ge J.. China historical GIS[J]. Historical Geography，2005（33）：150-152.

System）技术引入历史地理研究，随后董卫[13]、DeBats 等人致力于相关研究与探索[14]，使得新史料得以巧妙利用，复原开埠以来上海城乡景观的变迁成为可能，相关研究工作得到较大突破。在研究开埠之后上海地区城市化时，学者注意到江南水乡景观的演变以及景观更替与城市生命力的关系。在"大上海计划"的研究中，GIS 技术的运用将 20 世纪上半叶上海江湾五角场地区的土地利用状况逐年复原，揭示了该地区景观演变过程中从农业生态景观到城乡景观交错的过程。该研究在内容上将城市的物理空间拓展到社会空间，在研究尺度上把城市空间的演进和地理景观变迁细化到以"年"为单位，提供了一种可参照的研究方法。

关于英册道契的研究，陈玙复原了开埠初期英租界从乡村景观向城市景观过渡的细部[15]；牟振宇基于法册道契和地籍图的研究，不仅复原了洋商的地产分布，而且总结出道路修筑之前地产"沿浜分布"、筑路之后则"沿路分布"的空间特征[16]。这些新史料的挖掘和 GIS 技术的运用为精细化地研究和复原提供了范式，将研究的尺度"下沉到地块这个空间形态的最基层单位上"变为可能[17]。

虽然 GIS 技术支持下的上海历史城市景观研究成果丰富，但因资料等限制还存在一定的问题。

首先，历史城市景观研究远未达到现代城市地理研究的常规精度。对于上海的历史城市景观的研究，目前多停留在对上海城市功能区的

---

13 董卫. 中国古代图学理论及其现代意义（一）——从裴秀"制图六体"所想到的 [J]. 建筑师，2009（6）：29-34.

14 DeBats D., Gregory I.. Introduction to historical GIS and the study of urban history[J]. Social Science History, 2011, 35（4）：455-463.

15 陈玙. 近代上海城乡景观变迁（1843—1863 年）[D]. 复旦大学博士学位论文，2010.

16 牟振宇. 上海法租界早期土地交易、地价及其内在机理（1852—1872）[J]. 中国经济史研究，2017（2）：139-156.

17 满志敏. "城市·空间·文化"研讨会上的报告 [R]. 复旦大学，2012.

讨论，研究尺度偏大，无法细化到街区，更无法精确到地块尺度。部分研究进行过个别历史时期中小市镇的街区尺度研究，但大多仅限于一两个断面，无法展示城市发展的历史延续性。这是本研究设计的初衷，也是在时空数据资料方面的创新。

其次，目前上海近代城市景观的复原止步于二维平面。已有的上海历史城市景观研究还停留在二维复原的阶段，未实现三维再现上海城市景观变迁的效果。这是本书力图重点突破的瓶颈，也是本研究的最大价值所在。

再次，上海历史城市景观研究学科交叉不充分。景观生态学、城市规划学、建筑学等关于景观研究所形成的研究范式，因资料限制尚未运用到历史城市地理研究中。

三、研究方法与研究材料

本书主要采用跨学科交叉融合的研究方法，具体应用以下三种。

第一，历史地理学研究法。这是本书最基本的研究方法。运用历史地理学方法，可以考订大量的历史文献记载，便于总结规律。本书根据历史文献资料，在复原上海城市景观演变过程的基础上，探讨影响城市空间形态和景观变迁的动力机制。不仅如此，实地考察是历史地理重要的方法之一，也是获得景观的自然环境、社会场景等最直接、有效的方法。

第二，GIS方法。运用GIS技术可准确提取《上海道契》、行名录等材料中的空间信息，并将相关信息对应到大比例尺地图上。同时，在处理和分析城市空间信息方面具有重要作用，有助于城市景观要素的提取和分类。

第三，建筑、场景三维重建方法。本书将广泛运用于城市设计、建筑学的 3ds Max 等技术纳入历史城市地理研究，重现历史建筑景观。在此基础上，结合地形、水系等基础要素，全方位再现上海开埠以来的城市景观，实现历史城市景观由二维空间向三维空间可视化的转变。

上海研究之所以一直为学界所重视，其中很重要的一点就是史料相较于其他城市更为丰富。在研究起点较高的"上海学"试图做一些有别于前人研究的工作，不仅需要充分挖掘常见资料，发现前人未曾注意的信息，而且需要对一些此前未进入研究者视野的新材料系统利用。

（一）文献资料

《上海道契》（*Shanghai Title Deed*，以下简称"道契"），1847—1927 年间外侨与农户签订的土地契证即地产交易记录。1843 年上海开埠确定土地"永租"原则。西人租地契纸须由上海道台核查、钦印，方始生效，故而这种地契被称为"道契"。道契档案总计三万余卷，已出版的 30 卷约一万份，涉及多国册籍，其中英册道契 7 490 份、美册道契 630 份、法册道契 399 份、德册道契 488 份、日册道契 153 份、俄册道契 56 份、意大利册道契 173 份，其他还包括奥地利、葡萄牙、西班牙、荷兰、比利时、丹麦、瑞士、瑞典、挪威、巴西、墨西哥等国道契，另外还有 77 份华人道契。

道契所涉地域覆盖英、法、美租界以及部分华界，保存了近代上海土地利用时空过程的信息，是近代上海城乡景观变迁研究的第一手资料。道契资料中可提取信息包括道契号（REG. No.）、分地号（LOT No.）、原业主、租地人、租地面积、地块四至以及租地时间等属性，如图 1 所示。

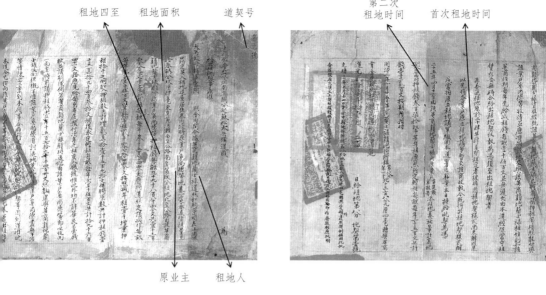

图1 英册道契第1号数据采集示意图

资料来源：《上海道契》第一册。

《上海年鉴》（*Shanghai Almanac*），为字林报馆所刊印的关于开埠之后上海的指南。《北华捷报》1850 年创刊时便开始编纂刊登沪侨民信息，但随着来沪侨民的增加和洋行的不断入住，简单的侨民信息汇总已经无法满足在沪洋人经商和生活等各类信息的需求，故《上海年鉴》应运而生。

《上海年鉴》创刊于 1852 年，内容包括上海气象与气候 (Meteorology and Climate of Shanghai)，日食与月食 (Eclipses of the Sun and Moon)，日历和备忘录 (Monthly Kalendar and Memoranda)，上海地图索引 (Index of Shanghai Map)，对华贸易关税 (Tariff of Duties of Foreign Trade with China)，在沪保险公司 (Insurance Offices at Shanghai)，上海侨民录 (Residents at Shanghai)，上海、广州、厦门、宁波、福州外侨名录 (List of Foreign Residents, at Shanghai, Canton, Amoy, Ningpo & Fuhchau)，等等。1854 年又增加了其他栏目，如近年温度摘要 (Abstract of Observation by the Thermometer for Several Years)、卢比兑换率

(Decimal Fractions of a Rupee and Catty)、潮汐表 (Perpetual Tide Table)、茶叶表 (Tea Table from 5s. to 6s.) 等,并将上海、广州、厦门、宁波、福州外侨民名录更名为在沪行名录 (List of Hongs at Shanghai)。另外年鉴还包括了多项汇编 (Miscellany),以及一些游历日记等。

《上海年鉴》的内容五花八门,类似当时上海生活的"百科全书"。其中有两份材料对复原上海开埠之后土地利用与景观变迁至关重要。其一是 1852 年和 1853 年的上海租地名录,分别刊印于 1853 年和 1854 年的《上海年鉴》。这是目前所见最早的英国领事馆租地表汇编。早期关于洋行租地资料仅有道契较为系统,然道契有所残缺,《上海年鉴》中的这一名录内容可与道契资料互补。其二就是《上海年鉴》中所提供的行名录,即"在沪行名录",同样为目前所见最早的洋行信息汇总,将洋行的中外文名称、粤语注音、供职人员及职责详细列出。这两份材料对于弥补早期开埠研究资料不足起到了重要作用。还有其他诸如在沪保险公司、在沪侨民录等信息,具有重要的研究价值。

上海图书馆徐家汇藏书楼所藏《上海年鉴》包含 1852、1854、1856、1857、1858、1869 等年份,1853 年份藏于澳大利亚国立图书馆。

《行名录》(Hong List),是由上海租界当局刊印的连续出版物,一年一册的商业指南。创刊于 1856 年,至 1941 年停刊,连续出版近九十年,几乎与上海租界的历史相始终。《行名录》保存了大量当时上海尤其是租界地区细致、具体的工商信息,主要分为商行 (Merchants)、传教士 (Missionaries)、领事馆 (Consulates)、工部局相关 (Municipal Council)、吴淞口在泊船只 (Receiving Ships at Woosung)、外国引航员 (Board of Foreign Pilots) 等大类,个别年份附有旧上海外文路名、租界地区地图等。其中商行信息包括商行中外文名称、注音、地址、经营类型以及主要经营者等。该资料具有丰富的点状商号属性，可借此细致复原上海百年商行更迭，梳理上海的商业脉络和不同业态分布，具有极高的研究价值。以著名的怡和洋行为例，见图2。

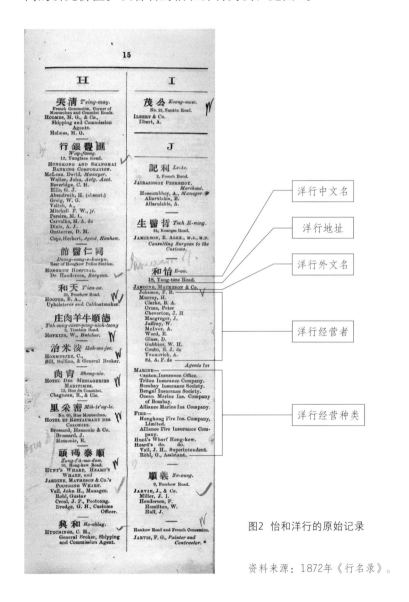

图2 怡和洋行的原始记录

资料来源：1872年《行名录》。

关于《行名录》的资料价值，可从字林报馆在《上海新报》上发布的一则"招人印告白"中窥得一些信息：

> 启者，本馆所印行名单，每年于外国正月内发售，所有各行招牌以及行主姓名皆列其中，如华人有业木匠、铁匠……各手工业者，欲印告白于行名单内，以便洋商查看雇工，每一告白收银三两，另送行名单一本。字林主人启。[18]

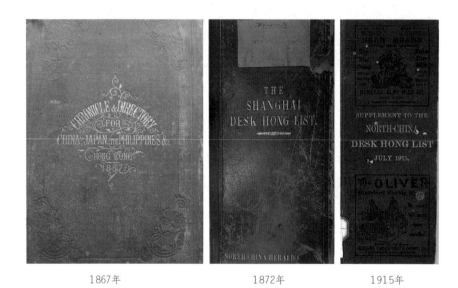

| 1867年 | 1872年 | 1915年 |

图3 不同年份《行名录》

由此可知《行名录》为每年年初刊行，针对各行经营信息，主要记录行名和经营者（图3）。需要说明的是，《行名录》并非仅仅针对洋行，华商欲将自己的信息登录进去只需支付一笔费用。经过对《行

---

18 上海新报：第五册 [M]. 台北：文海出版社，1989：2239.

名录》的梳理发现，早期未见添加华商信息，直到 1879 年才出现了第一家华商点石斋的踪影。并且《行名录》中的"行"虽为"Hong"的音译，但其中所收录的"行"并非单纯的经营贸易的经济实体，还包括领事馆、市政组织、传教士、在沪船只等各类信息，分辨度高、连续性好且具有较高的系统性，是了解当时上海租界各行业的重要资料。

早期的《行名录》多为孤本，澳大利亚国立图书馆、哈佛大学图书馆、香港中文大学图书馆等处均有收藏。上海图书馆徐家汇藏书楼藏有 1872—1941 年间各年份《行名录》。

《北华捷报》（*North China Herald*），沪上最早的英文报纸，1850 年 8 月 3 日开始在沪出版。该报主要刊登上海的洋商店铺、保险公司、房地产业、拍卖行等各种营业告白、广告和船期通告等商业信息，成为了解当时上海尤其是租界内洋商的重要窗口，可谓"上海历史的宝库"[19]。

《北华捷报》作为新闻史上重要的一页时常被人提起，但其研究价值远不止于此。目前对《北华捷报》的利用主要集中于整理编译方面，如关于小刀会起义[20]、太平天国[21]等历史事件的报道资料的汇编，以及孙毓棠和汪敬虞摘译几十万字的中国近代革命与工业的基础史料，辑为《中国近代工业史资料》[22]等。由于《北华捷报》为在华商业活动服务，尤其注意报道商人所关心的新闻概要和商业消息。从一些上海

---

19 兰宁，库寿龄. 上海史：第一卷 [M]. 朱华，译. 上海：上海书店出版社，2020：295.

20 中国科学院上海历史研究所筹备委员会. 上海小刀会起义史料汇编 [M]. 上海：上海人民出版社，1958.

21 上海社会科学院历史研究所. 太平军在上海——《北华捷报》选译 [M]. 上海：上海人民出版社，1983.

22 孙毓棠. 中国近代工业史资料：1840—1895 年：第一辑 [M]. 北京：科学出版社，1957. 汪敬虞. 中国近代工业史资料：1895—1914 年：第二辑 [M]. 北京：科学出版社，1957.

对外贸易研究者时常援引该报纸中的上海进港、离港船只数量，出入口贸易总量等材料可知，《北华捷报》在研究开埠之后上海的对外贸易方面起到了重要作用。不仅如此，由于该报的发展与其作为领署及商务公署各项公告的发表机关有密切关系，在1859年，上海英国领事馆还特定该报为领馆及商务公署各项公告的发表机关。所以除去该报每年登载的船舶进出口量，报纸中一些租界当局整理的官方信息在开埠初期研究资料相对匮乏的情况下尤显珍贵。

《北华捷报》在1850年8月3日的创刊号中，就把当年在沪的侨民及其服务洋行、具体职位整理成《上海侨民名录》（List of Foreign Residents in Shanghai）[23]，由此可确切知道1850年在沪洋行总计为228家[24]。由于上海开埠初期很多租地都是所在洋行洋人自行办理，只有明确洋人服务于哪个洋行，才能从租地推测洋行的分布情况，进而讨论洋行的分布及扩张，故而，这一数据对于厘清这一时期洋行的分布及发展历史具有举足轻重的作用。之后，该报分别于1851年8月2日、1852年8月7日刊登了当年的《上海侨民名录》。

此外，《北华捷报》中还有另一类材料同样要紧。1855年10月13日，该报刊载了英国驻沪总领事馆颁发的一个《通知》（Notification），是英国政府向租地人催缴租金之用，其后附有一张经过整理汇编的《租地表》（List of Renters of Land）。该年12月1日，美国领事馆同样也在《北华捷报》刊登了催缴租金的通知，并将在美领馆租地的租地人也整理成《美国领事馆租地表》（List of Renters of Land United States Consulate）随通知刊印。

---

23 本书所引《北华捷报》均见上海图书馆徐家汇藏书楼收藏。
24 因宝顺洋行老板兼葡萄牙领事，出现两次，故当时统计在沪洋行和洋商数量为229家。

这两份表格虽然后来也刊印在 1855 年《上海外国租界地图：洋泾浜以北》之上，但由于该图使用不便而少为人见。而正因在《北华捷报》上找到了这两份表格的出处，也使研究者对这张 1855 年地图的版本和流传产生了新的思考，对厘清该图的源流、编绘时间等问题大有裨益。

再者，《北华捷报》中一些看似无足轻重的广告或启示等，多为当时来沪的洋商或洋行刊载，内容丰富多样，有食品店老板的广告、牙医广告、出售货船广告，亦有出版商自行推销的广告，这些信息为复原开埠早期上海租界地区社会生活空间提供了丰富的微观研究材料。

（二）地图资料

地图是各类史料中空间信息量最丰富的一种，不仅标明城市建筑、道路交通，还包含商业网络、文化娱乐设施等，可以折射出一个城市政治、经济、文化、交通等多种面貌，可谓具体且生动的体现。周振鹤主编的《上海历史地图集》经过严密考证，将不同时期的上海以地图的形式直接展现[25]。上海图书馆基于其馆藏汇编的《老上海地图》主要介绍了清代至新中国成立初期的各类上海旧地图 65 幅，以时间为序，按照上海城区图、租界图、日本人编辑的上海图、上海分区图、上海中心区计划以及各类专业地图等分类，并辅以相关介绍[26]。《旧城胜景——日绘近代中国鸟瞰图集》收集了大量近代日绘鸟瞰中国城市地图[27]，其中关于上海的地图有三幅，虽然时间上较为晚近，但立体感强且因作为城市旅游指南之用而比较准确，对于复原上海历史城市景观具有一定的参照作用。

---

25 周振鹤. 上海历史地图集 [M]. 上海：上海人民出版社，1999.

26 上海图书馆. 老上海地图 [M]. 上海：上海画报出版社，2001.

27 钟翀. 旧城胜景——日绘近代中国鸟瞰图集 [M]. 上海：上海书画出版社，2011.

就本书而言，最有资料价值的是下文所列上海开埠初期的四幅地图，由此使得书中复原到以街区为单位的大比例尺城市空间的研究得以实现。下面就这几幅地图涉及的具体版本及流传情况作简单论述。

《英租界平面图》（*Plan of the English Settlement*，1847—1848 年，图 4）[28]。图幅纵 81 厘米，横 151 厘米，比例尺 1∶960。英国皇家地理学会藏。地图主要描绘了 1847—1848 年前后英租界教堂街（Church Street，今江西中路）至外滩的街道、河流以及洋行租地等内容。图中共有 51 个数字为分地号，代表最早来沪租地的洋行。原图不具绘者、未注图名及绘制年代，结合图中所列租地人名单对比道契和后期地图，推定此图绘制于 1847—1848 年间，是迄今所知最早的上海英租界近代实测地图。

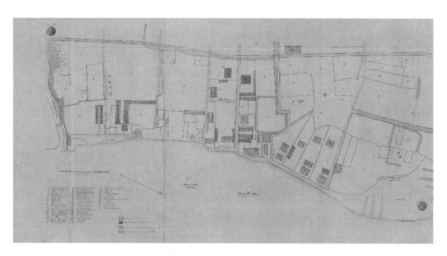

图4 英租界平面图（英国皇家地理学会藏）

---

28 孙逊，钟翀. 上海城市地图集成：上册 [M]. 上海：上海书画出版社，2017：29.

《1849 年上海外国人居留地地图》(*Map of Shanghae April 1849 Foreign Residences*)。该图目前已知有两个版本，一藏于哈佛大学蒲赛图书馆（Pusey Library，图 5）[29]，一藏于英国国家档案馆。两图图幅、内容一致，但相关信息不同。哈佛大学蒲赛图书馆藏图记载有出版商信息，图幅纵 41 厘米，横 55 厘米，比例尺 1:6 600。英国国家档案馆藏图则写明该图是 1855 年《上海外国租界地图：洋泾浜以北》的调查母本[30]。

该地图中各类注释说明皆为手写体，十分清晰。图面简单着色，河流等水体为蓝色，道路为红色，洋行地块为黑色实线，部分地区以虚线描绘。图幅左上标明地图名称，左下标明比例尺，比例尺下则为印制单位，系由美国同珍洋行彩色石印。

地图主要涵盖了英国租界范围，东起黄浦江、西至周泾（后来的泥城浜河段）、南到洋泾浜、北达苏州河，西界标明界线，地图四个方位则均标注界石。地图主要针对英租界绘制，法租界和华界仅象征性地用 "French Location" 和 "City Shanghae" 标注方位。然而，这幅地图在上海城市研究中更值得注意的价值所在，显然是图中的数字——经考订，这些数字为道契租地分地号。图中共出现 70 个分地号，较之 1847—1848 年《英租界平面图》的 51 个分地号显著增长，且图中所描绘的英租界道路体系已初具规模，地物内容更为丰富，详细且直观地表现了开埠初期上海的租地情况。

《上海外国租界地图：洋泾浜以北》(*Grand Plan of the Foreign Settlement at Shanghai, North of the Yang King Pang Canal*，1855 年，图 6）。该图

---

29 该地图由日本学者最先揭示；仅以纸片形式存在，未附文字说明。本书用图为陈琍博士复制图，谨致谢忱。

30 英国国家档案馆图名为《上海——英国人范围》(*Shanghai — English Quarter*)。关于上述二图之间的关系，参见安克强教授的考证：http://virtualshanghai.hypotheses.org/55。

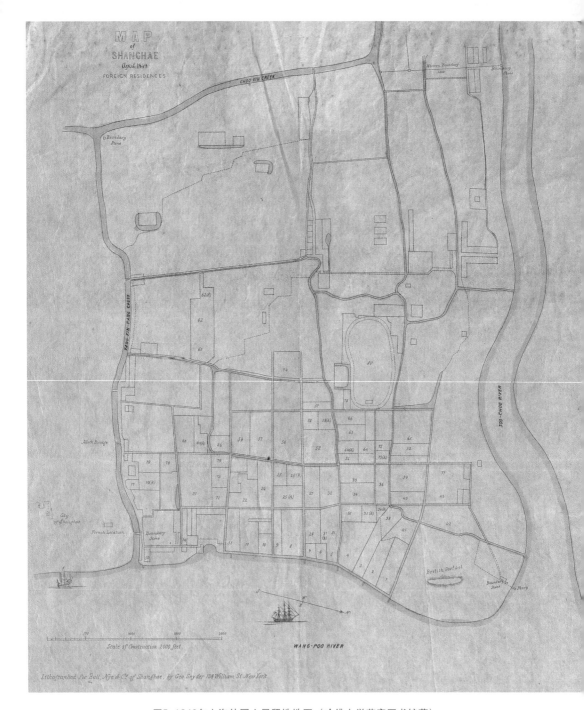

图5 1849年上海外国人居留地地图（哈佛大学蒲赛图书馆藏）

是为上海史研究者多次征引的一张地图，也是上海图书馆所藏最早的实测大比例尺地图。据图上英文说明，该图由工部局工程师尤艾尔(F. B. Youel) 绘制，成图时间为 1855 年 5 月。比例尺标记在全图下方，为 1 英寸比 220 英尺，即 1:2 640。

该地图有多个不同版本流传，目前所知有上海市城市建设档案馆、上海图书馆、上海市档案馆以及英国国家档案馆四个版本（见 89—93 页），本书所用为上海图书馆版。本地图与《1849 年上海外国人居留地地图》在租地号方面作了同样的处理，即将当时洋行所租之地的分地号都标注在图上，这也为本书将研究尺度落实到街区提供了可能。

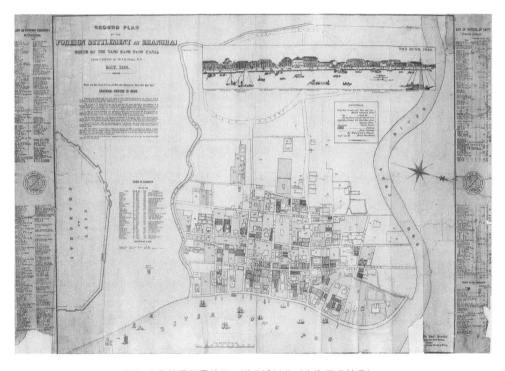

图6 上海外国租界地图：洋泾浜以北（上海图书馆藏）

《1864—1866 年上海英租界图》（*1864-1866 Plan of the English Settlement at Shanghae*，图 7）[31]。该图由上海公共租界工部局监制，伦敦 Nissen & Parker 彩色石印，英国国家档案馆藏。廓内面积 66.4 厘米 ×96.8 厘米，比例尺 1:2 400。一般被称为"1866 年英租界图"。因原地图图名之下详细写明是根据 1864—1866 年所作调研绘制并印刷，故而本书将其定为现名。

据《工部局董事会会议录》记载：该图从 1864 年 2 月初开始筹划，2 月 12 日提交标书，2 月 24 日有恒洋行中标负责测绘，4 月 23 日有恒洋行许诺尽快出租界街道略图，5 月 9 日测绘工作开始，9 月 28 日街道测绘工作结束，12 月 10 日有恒洋行向公共租界工部局汇报全部测绘工作新年伊始即可完成；1865 年 2 月 1 日公共租界工部局同意在英国印刷该图的缩小版本，3 月 28 日公共租界工部局出具该图完工证明，平面图存于有恒洋行办事处待批，4 月 19 日该图交存公共租界工部局工程师，并附账单；1865 年 6 月，应洋行要求支付分期款 4 000 两银；1866 年 6 月 8 日，公共租界工部局再次开会讨论"缩小的英租界平面图"，已送往英国印制了[32]。

由上述记录可知，该图与 1855 年《上海外国租界地图:洋泾浜以北》一样，是一张经过实地调研测绘的大比例尺城市地图。地图街区分布详细，不同土地利用采用分色体现，并附有相关的街区号码索引[33]。

四、研究问题与概念界定

本书着眼于复原租界远离老城厢而独立建造并繁荣的过程，以及

---

31 安克强教授慷慨为本书提供了该图的原图扫描件，谨致谢忱。因该图受法国基金赞助，仅限本书使用，请勿转引。

32 上海市档案馆. 工部局董事会会议录：第二卷 [M]. 上海：上海古籍出版社，2001：467，468，470，474，477，488，495，499，502，503，505，567.

33 图中所标数字亦为分地号，但并非分地道契号，具体所指尚未确定。

图7 1864—1866年上海英租界图（英国国家档案馆藏）

租界在中西文化交汇的近代化过程中呈现出的发展模式和空间布局，以期对目前已有的城市研究做适度补充。为此，本书试图解决以下三个主要问题。

第一，上海在开埠之前远非"小渔村"，这一观点已得到学界认可。但上海究竟是如何发展起来的，西人从上海本地农民手中租得土地之后如何规划和开发，这些问题都有待解决。租界建立初期，洋行是最重要的势力，故本书从考证洋行定位入手，复原洋行的时空变迁，从而展现租界的城市内部空间的发展过程。基于《1849年上海外国人居留地地图》完成《1849年上海英租界租地图》（图8）考订，在1855年《上海外国租界地图：洋泾浜以北》基础上复原完成《1855年上海英租界租地图》（图9）。

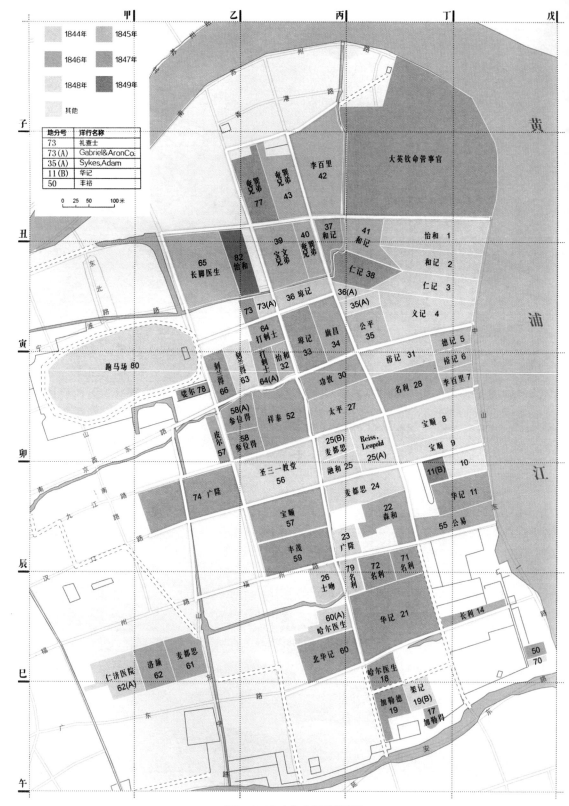

Legend:
- 1844年
- 1845年
- 1846年
- 1847年
- 1848年
- 1849年
- 其他

地分号	洋行名称
73	礼查士
73(A)	Gabriel&AronCo.
35(A)	Sykes,Adam
11(B)	华记
50	丰裕

0 25 50 100 米

甲 乙 丙 丁 戊

子 丑 寅 卯 辰 巳 午

黄 浦 江

大英钦命管事官

李百里 42

奄罪兄弟 77

奄罪兄弟 43

恰和 1

和记 2

仁记 3

义记 4

德记 5

裕记 6

李百里 7

宝顺 8

宝顺 9

10

华记 11

公易 55

长利 14

50 70

长鹏医生 65

82 恰和

39 宝文兄弟 40 奄罪兄弟

37 和记

41 和记

仁记 38

36 琼记

36(A)

35(A)

73 73(A)

公平 35

打刺士 64

刻三得 63

64(A)

刻三得 66

琼记 33

旗昌 34

功敦 30

裕记 31

名利 28

跑马场 80

侩尔 78

58(A) 参位得

58 参位得

侩尔 57

祥泰 52

太平 27

宝顺 57

丰茂 59

圣三一教堂 56

融和 25

25(B) 麦都思

Reiss, Leopold 25(A)

11(B)

74 广隆

麦都思 24

22 森和

23 广隆

26 士吻

79 名利

72 名利

71 名利

60(A) 哈尔医生

华记 21

北华记 60

仁济医院 62(A)

洛旗 62

麦都思 61

哈尔医生 18

加勒德 19

架记 19(B)

17 加勒得

苏州河

吴淞路

东北路

宁波路

山东路

南京路

九江路

江西路

汉口路

福州路

山东路

中

东

东

图8 1849年上海英租界租地图

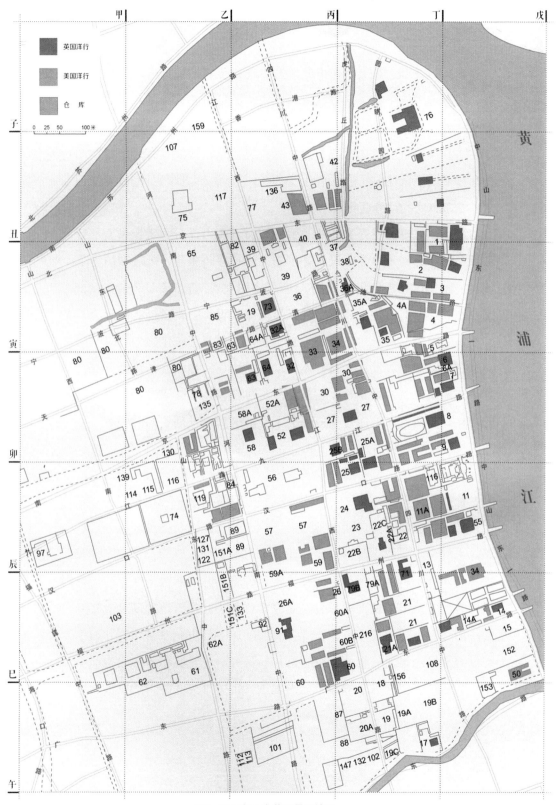

图9　1855年上海英租界租地图

第二，开埠之后上海城市的发展主要是租界的发展，以往研究一般将租界作为一个整体区域来讨论其在上海经济发展中的作用，鲜有涉及租界内部空间的讨论。本书结合文献、地图和图像等资料，利用GIS技术将平面景观复原推进到立体景观复原，紧扣上海开埠初期洋行在整个城市景观中的重要作用，以洋行作为城市景观的标志性要素，复原城市空间的动态变化。

第三，上海英租界当局并非殖民政府，实由洋行大班操纵。从行名录与《工部局董事会会议录》可知，洋行在英租界发展之初的市政建设方面具有重要作用，它们主导着城市的规划，左右着城市的建设，实业性的洋行对开埠最初英租界棋盘道路的设计、棋盘街区的形成具有重要推动作用。当然，并非所有洋行都与当局紧密协作，但总体而言，洋行在推动英租界发展中具有不可取代的作用。当时在沪洋行并非全是单纯的实业贸易性洋行，还有众多从事教育、医疗以及其他服务业的洋行。因而，在沪洋行不但促进了上海的经济发展，同时影响了上海的城市规划和布局，推进了城市各类服务业的发展。

在早期阶段，城市的开发遵循着一个实用的原则，秉承最低成本的设计理念。道路和码头等首先开发，这自然与洋行的发展途径有关，即最初在黄浦江，随后朝内部发展。伴随着道路码头委员会以及之后工部局的建立，城市的发展逐步向官方机构管理下转型，但是在此过程中商业性洋行的土地使用和经营种类的格局并未有大的变化，与当局偶有冲突。本书梳理了洋行建立、洋行种类、经营范围以及最难以解决的洋行地理位置，基本厘清了1843—1869年间的在沪洋行分布、扩张等问题。这是一个城市空间重构的研究——在英租界的建构历史中，洋行基于实际需求的扩张动力远远大于一个先入为主的城市发展蓝图的设想。

英租界是在特定背景下发展起来的，最初阶段中方参与制定的规则有一定的效用，但是在中国社会内部有矛盾之时，诸如太平天国时期，外人抓住机会窃取了大量权力，这也是 19 世纪 60 年代城市大规模发展的一个重要原因。然而就是在城市大力发展的阶段，洋行与工部局依旧联手协作，当然工部局更多地引入一些监管和规划。英租界棋盘式的道路特点就是这一合作发展的重要产物，均质的道路设计使得沟通最为简单，不仅如此，规整的开发面积也能容纳更多的公众设施，比如学校、医院等。伴随着工部局的逐步完善，洋行作为城市规划者的作用逐渐褪去，成为独立的经济体，工部局则进一步规划和组织城市空间，以应对人口猛增的租界现状。

至此，需对本书书名中提到的几个概念加以界定。

其一，洋行。本书所指的"洋行"，并非单纯经营实业性质的洋商贸易实体，而是根据行名录编纂收集的包括银行、商行、领事馆及其他外国驻沪机构、市政机构、医疗机构、文化出版机构、工矿企业、传教士、吴淞江在驳船只等在内。因此，洋行只是一个泛称，概为当时在沪上西人经营的各类实体。在行文中非营业性洋行特别注明，经营性洋行则不特别说明。

其二，租界。本书在讨论行名录所记载的相关洋行分布时，是就整个租界区，即英租界、法租界、美租界而言。1863 年英美两租界合并成公共租界，也不在本书所用的区位称谓之内，即沿用旧称指代之前其各自的地域范围。针对街区尺度复原这一问题，由于材料所限，仅英租界有多幅大比例尺实测地图，可用于洋行的定位，故而在讨论洋行分布和街区尺度分析时只涉及英租界部分。

其三，1843—1869 年。本研究始于上海开埠之年 1843 年、结束于 1869 年则是受研究资料的限制，主要是受地图限制。开埠初期每个年代都有一张大比例尺城市地图留存，但是 19 世纪 70 年代之后反而没有了基于实地调查、精确到街区的城市地图。不过，在梳理 50—70 年代的行名录后可知，60 年代各行业洋行大多已出现，洋行分布的空间基本奠定，到 70 年代洋行分布仅发生局部变化，诸如个体洋行的搬迁以及分布范围的局部扩展，没有突破 60 年代所建立的框架。因此，本研究时间下限定为 1869 年，但涉及个别洋行的个案讨论时，可能突破这一限制。

第 1 章 洋行初现：1843—1849 年

1843 年上海正式开埠，外国商人终于实现在沪通商之目的[1]，遂纷纷来沪开设行栈，建立码头，经营贸易，发展实业。上海在短短数十年间迅速崛起，开埠不久便取代广州，跃居近代中国内外贸易第一大港[2]，并且一举成为远东第一大城市，开始了其近代城市化过程。开埠初期是影响到此后上海发展的重要历史阶段。

　　本章以《上海道契》为主要研究材料——因开埠初期其他编年体的材料尚未编纂，道契不存时辅以 1853 年《上海年鉴》刊录的《1852年上海租地名录》、1854 年《上海年鉴》刊录的《1853 年上海租地名录》，再结合《北华捷报》刊印的 1850 年、1851 年、1852 年三年的《上海侨民名录》等材料，考订洋行租地情况。另外，以《1849 年上海外国人居留地地图》为基础，考证开埠初期洋行的租地分布情况。随后分三个阶段讨论洋行的分布范围及其规律：开埠至 1845 年《土地章程》公布、1846—1847 年道契制度成立，以及 1848—1849 年。

---

1 上海公共租界史稿 [M]. 上海：上海人民出版社，1980：301-302.

2 王垂芳. 洋商史——上海：1843—1956[M]. 上海：上海社会科学出版社，2007：2.

开埠之初洋行租地考订

开埠租地开展贸易是西人发动战争以及签订不平等条约的宗旨所在，《南京条约》（亦称《江宁条约》）"准英国人民带同所属家属，寄居沿岸之广州、福州、厦门、宁波、上海等五处港口，贸易通商无碍"[3]，将上海列为五处通商口岸之一。随后的《五口通商附粘善后条款》（亦称《虎门条约》）"允准英人携眷赴五港口居住，不相欺侮，不加拘制。但中华地方官必须与英国管事官各就地方民情，议定于何地方，用何房屋或基地，系准英人租赁"[4]，提及租地事宜但未有具体筹办方案。

开埠初期，在中英双方还未就租地等事项达成共识之先，一些洋行商人已迫不及待与当地农民签订草约换取土地，以谋得有利地段，因之早期签发的道契大多属已租地者换取道契的情况[5]，只是在正式签发道契时会注明：

> 再查此租地原于××年×月间租定者，彼时因租地契样式尚未办成，是以先将各业户原立租地议单暂交该商收执，今既将出租地契样式办成，当将原租地议单缴回本道署内存案，本日换给此契为凭。

由此不仅可以掌握道契刊行后的租地状况，更能了解最初的租地情况。如宝顺洋行得到的英册道契第 1 号第 8 分地即为道光二十四年

---

3 王铁崖. 中外旧约章丛编：第一册 [M]. 北京：生活·读书·新知三联书店，1957：31.

4 王铁崖. 中外旧约章丛编：第一册 [M]. 北京：生活·读书·新知三联书店，1957：35.

5 《上海道契》第一册第 5 页"编辑说明"载英册道契第 1-62 号（英册道契第 16、27 号不包括在内）的契文后面都加了一段文字，为追述外国租地人与当地乡民之间于 1844 年 4 月至 1847 年 11 月间签订"租地议单"换取道契的说明，但笔者查阅第 45、61、62 号道契未见此类说明。参见：上海道契 [M]. 上海：上海古籍出版社，2005.（后文不再重复《上海道契》出版信息）

四月（1844 年 5 月 17 日—6 月 15 日间）[6] 草签所得。而第一次《土地章程》在 1845 年 11 月签订，第一批道契是道光二十七年十一月二十四日（1847 年 12 月 31 日）由苏松太道咸龄所签发[7]，故宝顺洋行等在此日正式签订道契，成为真正的外滩"抢滩者"[8]。

现根据史料，逐一考证《1849 年上海外国人居留地地图》所收租地地块归属，制成表 1 如下；并将相关洋行定位于地图上，成《1849 年上海英租界租地图》（图 8，见 24 页）。

表1　1849年上海英租界租地考订表[9]

分地号	道契号	租地洋行（中文）	租地洋行（外文）	国别	租地亩数	租地时间	资料来源	备注
1	3	怡和	Jardine, Matheson & Co.	英	19	道光二十四年十月（1844.11.10—12.9）	《英册道契》	道契载租地人"英商怡和行，即查顿马地孙公司"，道光二十七年十一月二十四日（1847.12.31）签署道契
2	4	和记	Blenkin, Rawson & Co.	英	18	道光二十四年十月（1844.11.10—12.9）	《英册道契》	道契载租地人"英商和记行，即璞兰金罗孙公司"，道光二十七年十一月二十四日（1847.12.31）签署道契
3	5	仁记	Gibb, Livingston & Co.	英	16	道光二十四年十月（1844.11.10—12.9）	《英册道契》	道契载租地人"英商仁记行，即吉利永士敦公司"，道光二十七年十一月（1847.12.8—1848.1.5）签署道契

6 本书中西历日对照参见：方诗铭，方小芬 . 中国史历日和中西历日对照表 [M]. 上海：上海人民出版社，2007.

7 《上海道契》第一册"编辑说明"。

8 《上海道契》第一册，英册道契第 1 号第 8 分地，第 1 页。

9 本表所列部分条目说明：分地号，即《1849 年上海外国人居留地地图》上所标数字，也即英国驻沪领事馆在租界地籍图上编列的序号；道契号，即在英国驻沪领事馆注册的编号，道契残缺者不录；租地洋行，即通用的洋行中外文名称，倘若有更名等情况，列出行名录中最普及的名称；租地时间，有草签情况即道契尚未刊行即已租地的列出该时间，若无则列道契签订时间；道契签订日期，为中西历日对照；备注列中的"租地人"，即土地承租者。

分地号	道契号	租地洋行（中文）	租地洋行（外文）	国别	租地亩数	租地时间	资料来源	备注
4	6	义记	Holliday, Wise & Co., sub	英	15	道光二十四年十月（1844.11.10—12.9）	《英册道契》	道契载租地人"英商义记行，即荷利地威士公司"，道光二十七年十一月（1847.12.8—1848.1.5）签署道契
5	17	德记	–	美	11	道光二十五年五月（1845.6.5—7.4）	《英册道契》	道契载租地人"花旗国商人德记行即吴鲁国北士公司"，道光二十七年十一月二十四日（1847.12.31）签署道契
6	–	裕记	Dirom, Gray & Co.	英	–	–	《1852年上海租地名录》	《1852年上海租地名录》仅出外文名Dirom, Gray & Co.，1853年《上海年鉴》载该行为裕记
7	9	李百里	Ripley, Thomas	英	4.8	道光二十五年四月（1845.5.6—6.4）	《英册道契》	道契载租地人"英商梭，即托玛士李百里公司"，道光二十七年十一月二十四日（1847.12.31）签署道契
8	1	宝顺	Dent, Beale & Co.	英	14	道光二十四年四月（1844.5.17—6.15）	《英册道契》《1852年上海租地名录》	道契载租地人"英商颠地兰士禄"，1852年《上海年鉴》宝顺洋行条下列Dent, L.为大班，道光二十七年十一月二十四日（1847.12.31）签署道契
9	–	宝顺	Dent, Beale & Co.	英	–	–	《1852年上海租地名录》	租地名录载租地人为Dent, L.，即宝顺大班，道契中记为"颠地兰士禄"
10	–	缺	–	–	–	–	–	此地为中国海关保留地
11	55	华记	Turner & Co.	英	11	道光二十七年五月二十四日（1847.7.6）	《英册道契》	道契载租地人"英商华记行，即单拿公司"，道光二十七年十一月二十九日（1848.1.5）签署道契

续表1

分地号	道契号	租地洋行（中文）	租地洋行（外文）	国别	租地亩数	租地时间	资料来源	备注
11 (a)	51	华记	Turner & Co.	英	9.9	道光二十七年四月初五（1847.5.18）	《英册道契》	道契载租地人"英商华记行，即单拿公司"，道光二十七年十一月二十四日（1847.12.31）签署道契
11 (b)	69	华记	Turner & Co.	英	5.8	道光二十九年三月二十一日（1849.4.13）	《英册道契》	道契载租地人"英商单拿公司"，道光二十九年三月二十一日（1849.4.13）签署道契
13	71	名利	Mackenzie, Brothers & Co.	英	3	道光三十年六月初七（1850.7.15）	《英册道契》《1852年上海租地名录》	道契载租地人"英商位地"，道光三十年六月初七（1850.7.15）签署道契；《1852年上海租地名录》载租地人为Mackenzie, Brothers & Co.，记为名利洋行
14	33	长利	McDonald, Jas.	英	2.3	道光二十六年九月二十一日（1846.11.9）	《英册道契》	道契载租地人"英商长利行，即麦多那"，道光二十七年十一月二十九日（1848.1.5）签署道契
14 (a)	90	长利	McDonald, Jas.	英	2	咸丰二年二月十八日（1852.4.7）	《英册道契》	道契载租地人"英商麦多拿"，咸丰二年二月十八日（1852.4.7）签署道契
15	92	天长	Adamson, W. R.	英	3.4	咸丰二年二月十八日（1852.4.7）	《英册道契》《1853年上海租地名录》	道契载租地人"W.R. Adason"，咸丰二年二月十八日（1852.4.7）签署道契；《1853年上海租地名录》记为天长洋行
17	26	加勒得	Calder, Alex	英	2.8	道光二十六年八月（1846.9.20—10.19）	《英册道契》《1852年上海租地名录》	道契载租地人"英商加勒得"，道光二十七年十一月二十九日（1848.1.5）签署道契
18	60	哈尔医生	Hall, G. R.	美	4.9	道光二十七年八月初一（1847.9.9）	《英册道契》《1852年上海租地名录》	道契载租地人"花旗国医生哈尔"，道光二十七年十一月二十九日（1848.1.5）签署道契

分地号	道契号	租地洋行（中文）	租地洋行（外文）	国别	租地亩数	租地时间	资料来源	备注
19	42	加勒得	Calder, Alex	英	9.1	道光二十七年正月十八日（1847.3.4）	《英册道契》	道契载租地人"英商加勒得"，道光二十七年十一月二十四日（1847.12.31）签署道契
19（b）	78	架记	Cassimbhoy Nathabhoy	印	1.5	咸丰元年四月二十二日（1851.5.22）	《英册道契》、《1852年上海租地名录》、行名录	道契载租地人"英商隆克喇纳"，咸丰元年四月二十二日（1851.5.22）签署道契；《1852年上海租地名录》记为Cassimbhoy Nathabhoy；1856年行名录记为架记[10]
19（c）	79	沙逊	Sassoon, A. D.	英	3	咸丰元年五月初七（1851.6.6）	《英册道契》	道契载租地人"英商阿达喇德威沙逊"，咸丰元年五月初七（1851.6.6）签署道契
21	40	华记	Turner & Co.	英	36	道光二十七年正月十五日（1847.3.1）	《英册道契》	道契载租地人"英商华记行，即单拿公司"，道光二十七年十一月二十九日（1848.1.5）签署道契
22	39	森和大班娑尔	Wolcott Bates & Co.	美	2.4	道光二十六年十一月初六（1846.12.23）	《英册道契》《北华捷报》	道契载租地人"英商娑尔"，道光二十七年十一月（1847.12.8—1848.1.5）签署道契；《北华捷报》1850年在沪外侨名录记为Wolcott Bates &Co.，即娑尔（Saul, R.P.）供职于森和洋行
22（a）	52	森和大班娑尔	Wolcott Bates & Co.	美	3	道光二十七年十一月（1847.12.8—1848.1.5）	《英册道契》	道契载租地人"英商娑尔"，道光二十七年十一月（1847.12.8—1848.1.5）签署道契
22（b）	64	森和大班娑尔	Wolcott Bates & Co.	美	6.4	道光二十八年二月初三（1848.3.7）	《英册道契》	道契载租地人"英商娑尔"，道光二十八年二月初三（1848.3.7）签署道契

10 "架记"最早见于1856年行名录；1858年行名录中文名不变，外文名稍有变化，为"Alladinbhoy Habibbhoy"；此后外文名不变，1861年中文名改为"咸孚"，1863年改为"阿刺亭"，1866—1867年改为"亚刺丁"；最后见于1867年行名录。

分地号	道契号	租地洋行（中文）	租地洋行（外文）	国别	租地亩数	租地时间	资料来源	备注
23	73	广隆	Lindsay & Co.	英	7	道光二十年（1840）	《英册道契》《1852年上海租地名录》	道契载租地人"英商卓恩阁第克士密"，道光三十年四月十六日（1850.5.27）签署道契；《1852年上海租地名录》载Lindsay & Co.，即广隆洋行
24	2	麦都思	Medhurst, Rev. Dr.	英	12	道光二十四年八月（1844.9.12—10.11）	《英册道契》	道契载租地人"英人麦都思"，道光二十七年十一月二十九日（1848.1.5）签署道契
25	7	融和	–	英	18.9	道光二十四年十月（1844.11.10—12.9）	《英册道契》《1852年上海租地名录》	道契载租地人"英商融和行，即位第"，道光二十七年十一月（1847.12.8—1848.1.5）签署道契；《1852年上海租地名录》载租地人Croom, A., and Kay, W., 但不能确定两名洋商是否与融和行有关；该行外文名不传
25 (a)	–	–	Reiss, Leopold	–	14.2	–	《1852年上海租地名录》	《1852年上海租地名录》载租地人Reiss, Leopold, 该商未见其他材料
25 (b)	–	广隆	Lindsay & Co.	英	5	–	《1852年上海租地名录》	《1852年上海租地名录》载租地人Lindsay & Co.
26	66	士吻	Smith, J. Mackrill	–	8.6	道光二十八年十二月初一（1848.12.26）	《英册道契》《1852年上海租地名录》	道契载租地人"英商士吻"，道光二十八年十二月初一（1848.12.26）签署道契；《1852年上海租地名录》载租地人Smith, J. Mackrill, 为广沅洋行大班
27	18	太平	Gilman, Bowman & Co.	英	6.7	道光二十五年五月（1845.6.5—7.4）	《英册道契》	道契载租地人"英商太平行，即季勒曼波文公司"，道光二十八年十一月二十四日（1848.12.19）签署道契

分地号	道契号	租地洋行（中文）	租地洋行（外文）	国别	租地亩数	租地时间	资料来源	备注
28	36	名利	Mackenzie, Brothers & Co.	英	8.3	道光二十六年十月（1846.11.19—12.17）	《英册道契》	道契载租地人"英商名利行，即麦金西兄弟公司"，道光二十七年十一月二十九日（1848.1.5）签署道契
30	35	同珍	Bull, Nye & Co.	美	13.3	道光二十九年二月初一日（1849.2.23）	《英册道契》	道光二十七年十一月（1847.12.8—1848.1.5）签署道契
31	65	裕记	Dirom, Gray & Co.	英	11	道光二十八年七月二十六日（1848.8.24）	《英册道契》	道契载租地人"英商裕记行，即太伦客理公司"，道光二十八年七月二十六日（1848.8.24）签署道契
31(b)	–	缺	–	–	–	–	–	–
32	20	怡和大班打喇士	Jardine, Matheson & Co.	英	5.6	道光二十五年九月（1845.10.1—10.30）	《英册道契》《北华捷报》	道契载租地人"英商打喇士"，道光二十七年十一月二十四日（1847.12.31）签署道契；《北华捷报》1850年在沪外侨名录将Dallas Alex.G.列为Jardine, Matheson & Co.，即怡和洋行大班
33	34	琼记	Augustine Heard & Co.	美	5.3	道光二十七年十一月（1847.12.8—1848.1.5）	《英册道契》《1852年上海租地名录》	道契载租地人"本国商人各你理阿士唾恩"，租户"租业户阿各士颠哈"，咸丰八年四月十五日（1858.5.27）签署道契；《1852年上海租地名录》载租地人Augustine Heard & Co.，即琼记洋行，"租业户阿各士颠哈"应为该行外文名转音，1849年时该地应为该行所租
34	25	旗昌	Russell & Co.	美	11	道光二十六年闰五月二十五日（1846.7.18）	《英册道契》	道契载租地人"花旗国商人旗昌行，即路撒公司"，道光二十七年十一月二十四日（1847.12.31）签署道契

分地号	道契号	租地洋行（中文）	租地洋行（外文）	国别	租地亩数	租地时间	资料来源	备注
35	11	公平	Sykes, Schwabe & Co.	英	12	道光二十五年四月（1845.5.6—6.4）	《英册道契》	道契载租地人"英商公平行，即玻士德公司"，道光二十七年十一月二十九日（1848.1.5）签署道契
35(a)	—	—	Sykes, Adam	—	7	—	《1852年上海租地名录》	《1852年上海租地名录》载租地人为Sykes, Adam，该商未见其他材料
36	27	各你理阿士唾恩	Corirelius Thorne	英	13.5	道光二十七年十一月二十九日（1848.1.5）	《英册道契》《1852年上海租地名录》	道契载租地人"本国商人各你理阿士唾恩Corirelius Thorne"，租户"租业户阿各士颠哈"，道光二十七年十一月二十九日（1848.1.5）签署道契；《1852年上海租地名录》租地人依旧列为琼记，道契签署在前，故而1849年该地应已为Corirelius Thorne所租
36(a)	—	—	Hubertson, G. F.	—	—	—	《1852年上海租地名录》	《1853年上海租地名录》载租地人"Hubertson, G. F."，分地号36（A），道契注册号第9号，有误——道契第9号为李百里所租之第7分地
37	24	和记	Blenkin, Rawson & Co.	英	6.2	道光二十六年三月（1846.3.27—4.25）	《英册道契》	道契载租地人"英商和记行，即璞兰金罗孙公司"，道光二十七年十一月（1847.12.8-1848.1.5）签署道契
38	58	仁记	Gibb, Livingston & Co.	英	8.8	道光二十七年六月二十三日（1847.8.3）	《英册道契》	道契载租地人"英商仁记行，即利永士敦吉公司，Gibb, Livingston & Co."，道光二十七年十一月（1847.12.8—1848.1.5）签署道契
39	12	宝文兄弟	Bowman, A. and J.	英	15	道光二十五年四月（1845.5.6—6.4）	《英册道契》《1852年上海租地名录》	道契载租地人"英商亚巴兰波文、参波文"，道光二十七年十一月（1847.12.8-1848.1.5）签署道契；《1852年上海租地名录》载租地人"Bowman, A. and J."

分地号	道契号	租地洋行（中文）	租地洋行（外文）	国别	租地亩数	租地时间	资料来源	备注
40	15	奄巽兄弟	Messrs. A. & C. Empson	英	7.6	道光二十五年四月（1845.5.6—6.4）	《英册道契》《北华捷报》	道契载租地人"英商阿得尔奄巽、刻勒士得福奄巽兄弟"，道光二十七年十一月二十四日（1847.12.31）签署道契；《北华捷报》1850年创刊号载该行出售该地块及其他两块土地的广告，署名"Messrs. A. & C. Empson"，应即为奄巽兄弟
41	14	和记	Blenkin, Rawson & Co.	英	5.2	道光二十五年四月（1845.5.6—6.4）	《英册道契》	道契载租地人"英商和记行，即璞兰金罗孙公司"，道光二十七年十一月二十四日（1847.12.31）签署道契
42	13	李百里	Ripley, Thomas	英	23	道光二十五年四月（1845.5.6—6.4）	《英册道契》	道契载租地人"英商梭，即托玛士李百里公司"，道光二十七年十一月二十四日（1847.12.31）签署道契
43	19	奄巽兄弟	Messrs. A. & C. Empson	英	17	道光二十五年九月（1845.10.1—10.30）	《英册道契》《北华捷报》	道契载租地人"英商阿得尔奄巽、刻勒士得福奄巽兄弟"，道光二十七年十一月二十四日（1847.12.31）签署道契；该地块系该商出售广告中三块分地之一
50	59	丰裕	Fogg, H.	美	2.5	道光二十七年七月二十五日（1847.9.4）	《英册道契》	道契载租地人"花旗国商人丰裕行，即配理士华百利公司"，道光二十七年十一月（1847.12.8-1848.1.5）签署道契
51	–	宝顺大班皮尔	Dent, Beale & Co.	英	–	–	《1853年上海租地名录》	《1853年上海租地名录》载租地人"Beale, T. C."，即皮尔，时任宝顺洋行大班

分地号	道契号	租地洋行（中文）	租地洋行（外文）	国别	租地亩数	租地时间	资料来源	备注
52	28	祥泰	Rathbones, Worthington & Co.	英	8.8	道光二十六年八月（1846.9.20—10.19）	《英册道契》《1852年上海租地名录》《上海年鉴》	道契载租地人"英商满吉利行，即拉得文士华定敦公司"，道光二十七年十一月二十九日（1848.1.5）签署道契；《1852年上海租地名录》载租地人Rathbones, Worthington & Co.，道契所记名当为英文转音；1854年《上海年鉴》将该行列为祥泰行
55	29	公易	Smith, Kennedy & Co.	英	10	道光二十六年八月（1846.9.20—10.19）	《英册道契》	道契载租地人"英商公易行，即麦未客公司"，道光二十七年十一月（1847.12.8—1848.1.5）签署道契
56	–	圣三一教堂托事部	Trinity Church Trustees	–	24.2	–	《1852年上海租地名录》	–
57	31	宝顺大班皮尔	Dent, Beale & Co.	英	18	道光二十六年八月（1846.9.20—10.19）	《英册道契》	道契载租地人"英商皮尔"，道光二十七年十一月二十九日（1848.1.5）签署道契
58	32	参位得	–	英	5.7	道光二十六年八月（1846.9.20—10.19）	《英册道契》《1852年上海租地名录》	道契载租地人"英商参位得"，道光二十七年十一月二十九日（1848.1.5）签署道契；《1852年上海租地名录》载租地人Wade, John
58 (a)	56	参位得	–	英	6.3	道光二十六年八月（1846.9.20—10.19）	《英册道契》《1852年上海租地名录》	道契载租地人"英商参位得"，道光二十七年十一月二十九日（1848.1.5）签署道契；《1852年上海租地名录》载租地人Wade, John
59	46	丰茂大班安达生瓦生	Watson & Co.	英	17	道光二十七年二月初四（1847.3.20）	《英册道契》《1852年上海租地名录》《北华捷报》	道契载租地人"英商安达生瓦生"，道光二十七年十一月二十九日（1848.1.5）签署道契；《1852年上海租地名录》载租地人Watson, J.P.；《北华捷报》1850年在沪外侨名录列为Watson & Co.，即丰茂洋行大班

分地号	道契号	租地洋行（中文）	租地洋行（外文）	国别	租地亩数	租地时间	资料来源	备注
60	47	北华记	Turner & Co.	英	23	道光二十七年三月初九（1847.4.23）	《英册道契》	道契载租地人"英商北华记，即单拿公司"，道光二十七年十一月二十四日（1847.12.31）签署道契
60(a)	–	哈尔医生	Hall, Dr. G. R.	美	–	–	《1852年上海租地名录》	《1852年上海租地名录》载租地人"Hall, Dr. G. R."
61	21	麦都思	Medhurst, Rev. Dr.	英	13	道光二十五年十二月（1845.12.29—1846.1.26）	《英册道契》	道契载租地人"英人麦都思"，道光二十七年十一月二十九日（1848.1.5）签署道契
62	22	洛颉	William Lockhart	英	10	道光二十五年十二月（1845.12.29—1846.1.26）	《英册道契》	道契载租地人"英人洛颉William Lockhart"，道光二十七年十一月二十九日（1848.1.5）签署道契
62(a)	–		Hospital, Med, Missionary	–	6.1	–	《1852年上海租地名录》	即伦敦会创办的仁济医院
63	–	刻兰得	Grant, James	英	8.8	–	《英册道契》《1852年上海租地名录》	《1852年上海租地名录》载租地人James Grant，该地块道契不存，但道契第45号第66分地载租地人"英国民人刻兰得James Grant"
64	37	怡和大班打喇士	Jardine, Matheson & Co.	英	12	道光二十六年十月二十四日（1846.12.12）	《英册道契》《北华捷报》	道契载租地人"英商打喇士"，道光二十七年十一月二十四日（1847.12.31）签署道契
64(a)		怡和大班打喇士	Jardine, Matheson & Co.	–	–	–	–	–
65	23	格医生	Kirk, Dr. T.	英	20	道光二十五年十二月（1845.12.29—1846.1.26）	《英册道契》《1852年上海租地名录》《上海年鉴》	道契载租地人"英人格医生"，道光二十七年十一月（1847.12.8—1848.1.5）签署道契；《1852年上海租地名录》载租地人Kirk, Dr. T.，《上海年鉴》记为"长脚医生"
66	45	刻兰得	Grant, James	英	5.9	道光二十七年十一月二十四日（1847.12.31）	《英册道契》	道契载租地人"英国民人刻兰得James Grant"，道光二十七年十一月二十四日（1847.12.31）签署道契
70	–	缺	–	–	–	–	–	–

续表1

分地号	道契号	租地洋行（中文）	租地洋行（外文）	国别	租地亩数	租地时间	资料来源	备注
71	49	名利	Mackenzie, Brothers & Co.	英	4	道光二十七年三月十五日（1847.4.29）	《英册道契》、《1853年上海租地名录》、行名录	道契载租人"英商查理士麦金西"，道光二十七年十一月二十九日（1848.1.5）签署道契；《1853年上海租地名录》载租地人Mackenzie, Brothers & Co.；1854年行名录载该行外文名对应中文名为名利行
72	54	名利	Mackenzie, Brothers & Co.	英	3.5	道光二十七年五月二十四日（1847.7.6）	《英册道契》	道契载租人"英商查理士麦金西"，道光二十七年十一月二十九日（1848.1.5）签署道契
73	41	利查士	Cowasjee, S.	英	6	道光二十七年正月十八日（1847.3.4）	《英册道契》	道契载租人"英人利查士"，道光二十七年十一月二十九日（1848.1.5）签署道契
73(a)	–	–	Gabriel &Aroné & Co.	–	2.8	–	《1853年上海租地名录》	《1853年上海租地名录》有泰兴洋行"Gabriel, M., & Co."，主营仓储，应与此分地租人有关联，然不能确定
74	43	广隆	Lindsay & Co.	英	12	道光二十七年正月十八日（1847.3.4）	《英册道契》	道契载租人"英商广隆行，即林赛公司"，道光二十七年十一月二十九日（1848.1.5）签署道契
–	–	大英钦命管事官	British Consulate	英	126.9	1847	《英册道契》《1852年上海租地名录》	道契载租人"大英国官署基地"，第16号1847年未编分地号，1867年编为582号分地；《1853年上海租地名录》记为British Government Lot.
77	50	奄巽兄弟	Messrs. A. & C. Empson	英	–	道光二十七年三月二十八日（1847.5.12）	《英册道契》《北华捷报》	道契载租人"英商阿得尔奄巽、刻勒士得福奄巽兄弟"，道光二十七年十一月二十四日（1847.12.31）签署道契；《北华捷报》1850年创刊号载有该行出售该分地在内的三块土地的广告

分地号	道契号	租地洋行（中文）	租地洋行（外文）	国别	租地亩数	租地时间	资料来源	备注
78	44	森和大班娑尔	Wolcott Bates & Co.	–	2	道光二十七年正月二十三日（1847.3.9）	《英册道契》	道契载租地人"洋商娑尔"，道光二十七年正月二十三日（1847.3.9）签署道契
79	61	名利	Mackenzie, Brothers & Co.	英	7.4	道光二十七年十二月初六（1848.1.11）	《英册道契》	道契载租地人"英商查理士麦金西"，道光二十七年十二月初六（1848.1.11）签署道契
80	62	皮尔、打喇士、士都呱、利永士敦、金呢地、波文	–	81.7	道光二十七年十二月二十四日（1848.1.29）	《英册道契》《1852年上海租地名录》	道光二十七年十二月二十四日（1848.1.29）签署道契；《1852年上海租地名录》记为Park of Shanghae

开埠之初洋行空间分布讨论

一、开埠之初：1844—1845 年租地分析

根据表 1，1844 年即在上海租地的有宝顺洋行第 8 分地、麦都思第 24 分地、怡和洋行第 1 分地、和记洋行第 2 分地、仁记洋行第 3 分地、义记洋行第 4 分地、融和行第 25 分地。其中最早为 1844 年 5 月至 6 月间租地的宝顺洋行，租地面积 13.8 亩。据笔者考证，该地占有今九江路、四川中路、汉口路与外滩地块。紧随其后的是当年 8 月租地的英国公理会伦敦差会（London Missionary Society）传教士麦都思，租地面积 11.9 亩，地块即今汉口路以南、江西中路以东、福州路以北、四川中路以西，用作"本港英众商民义冢埋葬之所"[11]。而怡和、和记、仁记、义记四大洋行的道契都是在 10 月签订，租地面积分别为 18.6、

---

11 《上海道契》第一册，英册道契第 2 号第 24 分地，第 3 页。

17.9、15.9、15.4 亩，地块沿黄浦滩南北相连，自今南京东路以北至北京东路以南，西界即四川中路。而关于融和行的情况，史料记载语焉不详，仅知其地在今江西中路、汉口路路口一带。

由《1849 年上海英租界租地图》（图 8，见 24 页）可见，除麦都思和融和行之外，其他洋行的地块都紧邻黄浦滩，此举无疑是就黄浦江之航运便利，为之后搭建栈房码头发展航运做前期准备。宝顺洋行所选之地或不止于此。作为最早换单成功的洋行，该行具有更大的选择范围是毋庸置疑的。考该行所选之地，位于当时上海北郊的斗鸡场附近（九江路外滩南侧），是开埠之前外滩地区乡民们的公共娱乐场所，同时也是农闲时间附近乡民赶集之地，开埠之初外国人最早、最集中的活动地点亦在此处 [12]。从后来的《土地章程》可知，当时要修建的四条出浦大道，除旧打绳路（今九江路）为二丈五尺宽外，其余都是二丈宽 [13]，由此可以推断宝顺洋行在此处租地，或因此地最为热闹之故。

而怡和、和记、仁记、义记等洋行向北发展，则应为考虑到地近苏州河。苏州河作为联系上海与长三角地区的重要航运通道，在上海租界的形成过程中一直发挥着重要作用。选择在苏州河入黄浦江处设立洋行，可见各商行之用心。1850 年，在怡和洋行所出的通讯月报上，有一封信这样写道："请记住，中国过去有一段时期货币严重不足，我们依靠吴淞站才得到相当多的货币，如果没有这些供应，我们将会感到很大的不便。" [14] 可见，怡和洋行在上海口岸的地位关乎其在华贸

---

12 钱宗灏，陈正书，等. 百年回望：上海外滩建筑与景观的历史变迁 [M]. 上海：上海科学技术出版社，2005：12，16.

13 郑祖安. 英国国家档案馆收藏的《上海土地章程》中文本 [J]. 社会科学，1993（3）：51.

14 勒费窝. 怡和洋行：1842—1895 在华活动概述 [M]. 陈曾年，乐嘉书，译. 上海：上海社会科学院出版社，1986：10.

易的发展，具有重大战略意义。

根据道契资料，1845 年有明确时间标示的共有 10 块分地，分别为李百里公司的第 7 分地、第 42 分地，德记洋行的第 5 分地，太平洋行第 27 分地，打喇士（怡和洋行大班）第 32 分地，公平洋行第 35 分地，宝文兄弟第 39 分地，奄巽兄弟第 40 分地、第 43 分地，和记洋行第 41 分地。其中在道光二十五年四月（1845 年 5、6 月间）签署了 6 块分地，五月（6、7 月间）2 块，九月（10 月）2 块。而第 6 分地道契不存。再进一步检索《1853 年上海租地名录》，发现在租地名单中所列 "Dirom, Gray & Co." 洋行名下，有第 6（A）分地以及第 31 分地。再回去查找道契第 31 分地的租户为 "英商裕记行，即太伦客理公司"，因此可推断第 6 分地为英商裕记洋行（1850 年前在沪开设，1856 年后不再营业）所租之地。不仅如此，由于早期租地号基本按照租地前后顺序排列，故可推断该行租地的时间应当也在 1845 年。

该年租地的大多为实力不凡的大洋行，但其中有两家兄弟洋行并不多见于史料。奄巽兄弟在 1850 年《上海侨民名录》中未见踪影，可能是当时来沪经营的散户小商，但同期报纸上倒是有其所租地块的广告，可借此觅得奄巽兄弟的踪影：

资产租售

第 40、43 和第 77 号地块以及建筑在地块之上的两间小屋为 Messrs. A. & C. Empson 所有，此三处地块位于领事馆稍西，可租可售，条款宽松。根据需要，租售个别或部分地块均可。请洽

Robert Powell Saul.

上海，一八五〇年八月三日

显而易见这是一份租售广告，租售之地皆为道契所属奄巽兄弟所租之地，其中第 77 块分地是奄巽兄弟在 1847 年租得。其中"Messrs. A. & C. Empson"目前并未见于行名录等相关资料，从音译来看，"奄巽"很可能就是"Empson"之转音。另外，按照当时公司命名的一般原则，A 和 C 极有可能是这对兄弟名字的缩写。由此基本可以推断，该兄弟或因经营不善，或出于其他原因，需将所租之地出手。而到《1853 年上海租地名录》上，这几块地已经为 J · 葛兰敦（Crampton, Jas.）所拥有，开埠之初土地交易之频繁，由此可见一斑。

　　另一对兄弟是宝文兄弟，《1853 年上海租地名录》中记为 Bowman, A. and J.。《北华捷报》1850 年曾登载这对兄弟的相关信息如下：

Bowman, A.，商人（Merchant），太平洋行（Gilman, Bowman & Co.）

Bowman, John，商人（Merchant），宝顺洋行（Dent, Beale & Co.）

　　由此或可推断，这对兄弟一起来沪创业，但到 1850 年后已经各事其主。兄长 Bowman, A. 1850 年为太平洋行服务，该洋行名称含 Bowman 一词，估计他应该在其中占有一定股份；而到 1856 年 9 月该行改名为 Gilman & Co.，可能是他已撤资或离开该行。弟弟 Bowman, John 则为宝顺洋行服务。当然也可能两人只是挂靠于不同洋行之下，在当时似乎没有严格的门户之见，个人可以自行经营一些产业并同时在一些实力较为雄厚的洋行任职。

　　接下来看 1845 年租地分布情况。结合图 8 和表 1 中的道契注册号，可知该年最早出手的是李百里公司。该行大班很早就奔波于华人租地之事，与宝顺洋行等几乎同时行动，不知何故真正土地到手稍稍落后，但也占据了九江路外滩之地。但是其第 7 分地土地面积仅 4.8 亩，显然不够支撑该行的发展，所以很快该公司再次出手，租得北京东路以北、四川中路以东以及当时的一条小河（今虎丘路）以西第42分地，成为自租地以来最大的一块地，共22.7亩，毗邻后来的英国驻沪总领事馆。

德记洋行的草签时间为1845年6、7月间，并非该年较早的租地者，却仍旧占据毗邻南京东路并沿黄浦江滩的有利位置，与裕记第6分地和李百里第7分地连成一片。至此，汉口路以北的滨江之地全部被租用。

公平洋行在1845年5、6月间租得了南京东路以北、四川中路以东、义记洋行以西的第35分地。因已无汉口路以北的滨江之地，而当时汉口路以南之地为清政府于1843年设置的"西洋商船盘验所"，即后来的江海北关 [15] 所用，公平洋行只好退而求其次，选择位于今南京东路的地块了。

宝文兄弟和奄巽兄弟则放弃与大洋行争夺黄浦江沿岸，将租地选择在更靠近苏州河的北京东路附近。和记洋行是继李百里公司后第二个得到两块土地的大洋行，租得其第一块地与怡和洋行之间的地块，显然是将自己的势力范围进一步扩大。与此同时，太平洋行在九江路以北、江西中路以东、四川中路以西租得一地。至此，在《土地章程》订立之前的洋行租地大致完成。

仔细比对《1849年上海外国人居留地地图》，纵观1844年、1845年两年的所有租地，一方面，仅公平洋行一家的土地没有临河 [16]，其他土地或临黄浦江、苏州河，或临次一级的小河，具有明显沿河选择的

---

15 钱宗灏，陈正书，等. 百年回望：上海外滩建筑与景观的历史变迁 [M]. 上海：上海科学技术出版社，2005：18.
16 奄巽兄弟的第43分地未临河，但与其第40分地仅一路之隔，可一并讨论。

趋势。当然首选黄浦江、次以苏州河，可见当时交通运输以水路为主，黄浦江连接长江航线，苏州河则沟通太湖流域，两者都沟通着广阔的腹地。另一方面，从道路方位来看，除去麦都思所租的那块非商业用地，当时所有的租地都在今汉口路以北一带，1845年的租地则更仅限于今九江路之北。究其原因，《土地章程》或可揭示："新关南首房屋，地基价值比北首较贵，究竟应该多少，须仿照估价纳税章程，由地方官会同管事官，派公正华、英商人四五名，将房价、地租、迁费、垫工各项秉公估计，以昭平允。"[17]可见租地费用并非仅租金一项，另有多项费用需要考量，靠近洋泾浜一带的土地可能离上海县城较近，开发程度较高，所以出现"地基价值较贵"的现象。而对于外商来说，临近苏州河的地段更加具有区位优势，汉口路以北至苏州河的地区自然成为洋商热衷的对象了。

二、《土地章程》之后：1846—1847年

自开埠以来，上海在贸易上被动卷入资本主义市场，同时，上海本土文化也逐步受到一股外来势力的影响，即西方基督教和天主教的传播。上文已提到，英国传教士麦都思是开埠最初的租地人之一，此后英国伦敦会的多位传教士和美国各差会的传教士纷纷涌入上海。

1846年最早的几块租地就是传教士所租。其中第一名租地人仍是麦都思，他此次所租之地为第61分地，在今山东路、福州路一带，即后来成为著名的"麦家圈"的处所。其后为英人洛颉，租得第62分地，紧挨着麦都思的第61分地。这位道契上记为"洛颉"的先生外文名为

---

17 郑祖安. 英国国家档案馆收藏的《上海土地章程》中文本 [J]. 社会科学，1993（3）：53.

William Lockhart，即与麦都思同属一个差会的雒魏林[18]，他也是第二任英国驻沪总领事阿礼国（Alcock, Rutherford）的姐夫（或妹夫）[19]。雒魏林是位年轻的医生，与麦都思同时到达上海[20]，自上海开埠伊始已携带家属住在沪上，先后在广州和厦门工作了多年。

之后租地的也是一名医生，Kirk, Dr. T.，道契署"格医生"名，而1854 年《上海年鉴》中的行名录署"长脚医生"名[21]。不过其地在北京东路以南、河南中路以东、作为苏州河支流的一条小河之北，面积竟然有 20 亩之大，是当时仅次于李百里第 42 分地的第二大块土地，且因业主经营有方，最终将其租地紧靠的马路以自己的名字命名，即现在的宁波路，当时名为 Kirk's Aveune。由于在沪洋人日益增多，且外人认为中国的蔬菜是不合卫生的，容易导致腹泻、痢疾、肝病等病症[22]，关乎生存和健康的医生这一职业遂较早地进入上海这片土地。

和记洋行第三次出手，将北京东路与四川中路路口之地纳入囊中，为第 37 分地，将自己三年以来的租地从黄浦滩边拓展到今北京东路一带。美国人开办的第一个也是最重要的旗昌洋行（Russell and Co.）终于登上了上海的历史舞台，租得天津路以南、四川中路以西、南京东路以北之地，是为第 34 分地。

---

18 中华续行委办会调查特委会．1901—1920 中国基督教调查资料 [M]．北京：中国社会科学出版社，2007：1591．

19 Ernest O. Hauser．Shanghai: City for Sale[M]．Shanghai: The Chinese-American Publishing Company, INC., 1940：30.

20 熊月之．西学东渐与晚清社会 [M]．上海：上海人民出版社，1994：182-183．

21 《工部局董事会会议录》曾记载该医生在承办工部局全体护理并提供药物项目中投标，与他竞争的是当时沪上另外两位医生 Hall 与 Murray，后者最终中标（1854 年 9 月 21 日第五次会议）。参见：上海市档案馆．工部局董事会会议录：第一册 [M]．上海：上海古籍出版社，2001：570．

22 Ernest O. Hauser．Shanghai: City for Sale[M]．Shanghai: The Chinese-American Publishing Company, INC., 1940：19.

得利又名长利（McDonald, Jas.），则又获得一块沿黄浦江的第 14 分地，在广东路地段。1853 年 8 月 20 日的《北华捷报》中一个迁址告示似与该行有关：

> 签署人请求给予通知如下内容：他们的机构已搬迁至仓库（原 Alam Godown），长利洋行（James MacDonald）对面，毗邻黄浦江。

James MacDonald 应为长利洋行，1854 年、1856 年、1858 年行名录有载，由该报道可知当时它应该在沿江建有一定的仓储之地，这也在 1855 年《上海外国租界地图：洋泾浜以北》中得到证实，可见当时的黄浦江沿岸地区寸土寸金，倘若发展航运或者仓储业务，便利的交通实为不可或缺之区位条件。

英商功敦在 1846 年 10 月 29 日草签得到在今南京东路以南、江西中路以东、四川北路以西、太平洋行以北共 15 亩的第 30 分地，1847 年 12 月至次年 1 月初签订道契得到第 35 号注册号，而后在 1849 年 2 月 23 日将其中的 13.3 亩地转租给美国同珍洋行，即上文所讨论的出品《1849 年上海外国人居留地地图》的洋行。

其他如加勒得租得四川中路、江西中路间近洋泾浜第 17 分地，祥泰洋行租得南京东路以南、江西中路以西、九江路以北第 52 分地，公易洋行租得福州路以北、四川中路以东靠近黄浦江第 55 分地，宝顺大班皮尔租得汉口路以南、河南中路以东、江西路以西第 57 分地，参位得租得九江路与河南中路路口的第 58 分地，紧邻祥泰洋行。

名利洋行则租得九江路以北、四川中路以东、李百里公司第 7 分地以西地区的第 28 分地。怡和大班打喇士再次出手，在紧邻 1845 年所租地的边上即天津路、江西中路附近又得 11.5 亩地，为第 64 分地，另外还租了北京东路以南、江西中路以西第 32 分地[23]。

　　娄尔购得四川中路以西、福州路以北、麦都思第 24 分地以南的第 22 分地，起初为二亩四分地，1847 年 8 月 12 日从英商麦金西兄弟公司购得五分地，后来在 1850 年 7 月 1 日一并转给美商华地玛公司（Wetmore & Co.）。检索 1850 年《上海侨民名录》，娄尔任职于美国森和洋行（Wolcott Bates &Co.），职位为商务助理（Mercantile Assistant），属早期携带家眷一并来沪的人员。

　　1845 年 11 月公布的第一次《土地章程》规定将洋泾浜以北、李家场以南之地，准租与英国商人，以为建造房舍及居留之用，后修建界路（即河南路）为限[24]。从此时的租地情况看，仅麦都思和洛颉的第 61、62 两块分地为宗教用地，超过规定范围。而《土地章程》要求租地面积限制在 10 亩之内[25]，但是从 1846 年的租地情况来看，似乎该章程完全没有起到限制作用。

　　至 1847 年，来沪洋行增多，租地亦然。自开埠之始至 1849 年年底，1847 年为洋行租地最多的年份，共有 21 块分地。由《1849 年上海英租界租地图》（图 8，见 24 页）可知，当年租地中分量最重的是大英钦命管事官即英国领事馆的租地。开埠之初，英国领事馆在老城区租了一名华商的房子，共 52 间，供居住和办公之用。但由于该处人烟稠密，当地人在好奇心的驱使之下不时观察洋人的日常生活[26]，存在诸多不

---

23 《1849 年上海外国人居留地地图》有两处标号 32，一处在今北京东路以南、江西中路以西，一处在今南京东路以北、江西中路以西，北京东路与江西路附近应为 82 分地，详见后文考订。

24 上海公共租界史稿 [M]．上海：上海人民出版社，1980：68．

25 郑祖安．英国国家档案馆收藏的《上海土地章程》中文本 [J]．社会科学，1993（3）：53．

26 Ernest O. Hauser. Shanghai: City for Sale[M]．Shanghai: The Chinese-American Publishing Company, INC., 1940：10-11．

便，英国人一直在寻找合适的地方建造新领事馆，最终他们选中了苏州河南岸与黄浦江河岸交界处即李家场（北京东路）以北到苏州河地块。1847年英国领事馆已私自租地，道契载第16号但租地之时未编分地号，1867年编为第582分地，"大英国官署基地量见一百二十六亩九分六厘七毫"[27]，成为史上最大的一块租地，《1849年上海外国人居留地地图》注"British Govz-Lot"。

1847年租地名单中又有一名医生，哈尔医生，租得江西中路与广东路路口的第18分地，与早前租地的格医生（第65分地）分占英租界南北。有趣的是这位西人医生在小刀会占领上海县城的时候，与另一西人（Mr. Caldecott Smith）冒险进城去救道台，用大竹篮将他从城墙上悬挂下去，最终得以脱险[28]。

这一年中，华记洋行入手四块地，其中包括近福州路外滩的第11分地及第11（A）分地，四川中路以西、广东路以北的第21分地，江西中路以西、广东路以北路口的第60分地，连同1846年租的两块地以及1849年租的第11（B）分地，共租7块地，成为截至1849年租地块数最多的洋行。当时实力最强的怡和洋行也只租了4块地。

广隆洋行的租地也需稍加解释。该地为九江路、山东路交汇的第74分地，《1849年上海外国人居留地地图》上标注其范围为"Cemetery"即墓地。如前文所述，麦都思所租第24分地为英人义冢预留地，但在"（道光）二十七年正月十八日（1847年3月4日）由承董义冢会书纪司账英人麦都思先生将所原租第二十四分租地全数换交英商林赛公司之原租第七十四分租地"，同时广隆洋行的租地单上也有相关记载：原为广隆洋

---

27 《上海道契》第一册，英册道契第16号，第26页。

28 Ernest O. Hauser．Shanghai: City for Sale[M]．Shanghai: The Chinese-American Publishing Company, INC.，1940：38，65．

行所租，"二十七年正月十八日由麦都思用第二十四分地与之换单"，作为英人义冢之用[29]。麦都思用原来较为靠近外滩的 11.9 亩地换取了当时界路以西的 12.1 亩地，从面积上并未有多大增补，自然不是出于经济利益考虑，而是因为外滩一带地势低洼，不适宜建造公墓[30]。

1847 年租地者尚有租得第 33 分地的阿各士颠哈。检索《1853 年上海租地名录》，这块地租地者为 Augustine Heard & Co.，可据此推测，道契所载名称即该行外文名称之对音，即琼记洋行。该块地在天津路北、江西中路和四川中路之间。

上文提及的娑尔又租得南京东路以北、河南中路以西的第 78 分地和福州路以北、四川中路以西的第 22（A）分地。名利洋行则将福州路以南、江西中路和四川中路之间的第 71、72 分地于 1847 年纳入囊中，随后在 1848 年的元月另将紧邻第 72 分地的第 79 分地也收归所有。仁记洋行也将自己的领地从沿黄浦江拓展到今圆明园路（当时为一河流），租得第 38 分地。加勒得则在沿洋泾浜、江西中路以东段租了第 19 分地。

新的租地者不断涌现，利查士第一次出现于租地名录中，租得第 73 分地，在天津路以北、江西中路以西。同样刻兰得第一次租地，租得今南京东路以北、河南中路以东的第 66 分地。位于福州路以北、河南中路和江西中路之间的第 59 分地为安达生瓦生所租，该人应为丰茂洋行的大班。美国丰裕洋行租得位于洋泾浜入黄浦江河口之地，是为第 50 分地。

还有一点需要说明：第一批道契的签注时间为道光二十七年十一月二十四日即 1847 年 12 月 31 日，前文提及的道契绝大部分为此日批注。至 1848 年，租地基本上直接签发道契。

---

29 《上海道契》第一册，英册道契第 43 号第 74 分地，第 72 页。

30 钱宗灏、陈正书，等. 百年回望：上海外滩建筑与景观的历史变迁 [M]. 上海：上海科学技术出版社，2005：29.

三、道契正式颁布之后：1848—1849 年

1848 年作为道契正式颁发后的第一年，土地交易比较平稳，然而一些租地者几乎无视《土地章程》的条款，最典型的就是后来成为第一跑马场的第 80 分地。

道契载英商皮尔、士都呱、金呢地、打喇士、利永士敦、波文遵照和约租地八十一亩七分四厘四毫，东至公路，西至华民吴、唐姓界，南至第 78 分地华民吴、徐、张姓界，北至河。按《土地章程》规定，虽然允许西人租地之后建房居住、屯储货物、养花种树、设戏玩处所，但是对租地面积也明文规定，"每家不得超过十亩以外，免致先到者地宽大，后来者地窄小"。但是上述分地有 81 亩之多，远远超过了 10 亩之限。不仅如此，租地在今南京东路以北、河南中路转角一带，也溢出了此前订立的以今河南路为"界路"的界线。还有一点就是这第 80 分地系上文提及的多人代为租定，设作公游之所，即作跑马场之用，按照章程应不能作为他用。但是随着外滩地价的一路飙涨，跑马场多次外迁亦是自然。1854 年 2 月 11 日，英商皮尔、士都呱、金呢地、打喇士、利永士敦、波文将前所租地基划出 10 份大小约为七至九亩的土地转与白兰、威律士、拔在、史几那、腾格格、堂尊、郎利、兰退租用，第一跑马场遂变为商业用地[31]，被瓜分殆尽。

1848 年租地尚有英商安达生瓦生租用了北京东路以南、江西中路以西第 82 分地，西人阿各士颠哈在年初租用了第 36 分地，其他还有裕记洋行的第 31 分地，在南京东路以西、四川中路以东、德记洋行以北。名利的第 79 分地，在今福州路与江西中路路口。娄尔的第 22（B）分地，在其原先第 22 分地稍西之处。还有一位租地者为第 26 分地的英商士吻，

---

31 《上海道契》第一册，英册道契第 62 号第 80 分地，第 107-109 页。

不见其外文名称，其地在福州路以南、江西中路以西。

随着 1847 年租地数量的猛增以及道契手续的逐步规范，1848 年租地似乎进入一个比较平稳的态势，之后也是如此格局。道契所载确切为 1849 年的租地者仅华记洋行一家，其第 11（B）分地在其第 11 分地稍北之处，原盘验所之西。

然而梳理全部《1849 年上海外国人居留地地图》上的租地者，却出现了道契所载晚于 1849 年的租地信息。包括 1850 年名利洋行所租沿黄浦滩近福州路路段的第 13 分地、1851 年帕西架记洋行所租地处江西中路近第 19 分地的第 19（B）分地、沙逊洋行所租洋泾浜沿岸近江西中路路段的第 19（C）分地、长利洋行在原第 14 分地上又划分出的第 14（A）分地。

另外，地图上有明确标注但道契缺失的有 15 块分地，其中除去可以推断裕记洋行第 6 分地为 1845 年所租、地图标为 10 的应为盘验所即后来的海关新关，其他 13 块地无具体租地信息。

虽如上文所述，晚于 1849 年的租地者以及租地信息不明的地块出现在《1849 年上海外国人居留地地图》上，但应无需由此质疑该图的可靠性。道契由人为签发，疏忽大意难以避免，例如英册道契第 66 号第 26 分地载：

　　□□年□月□日（□为空白，系笔者所加）由该英商士吻将所原租第二十六分地基八亩六分八厘八毫与添租地基五分一并全数转与花旗商福立勒、亚勒、经租用 [32]。

可见道契的时间脱落情况确有存在，而第 73 号第 23 分地的广

---

32 《上海道契》第一册，英册道契第 66 号第 26 分地，第 114 页。

隆分地，载首次租地时间为道光二十年³³，显而易见，道光二十年即1840年，上海尚未开埠，怎可能有租地一说？猜想道契签署或有公文将部分格式誊写在案，之后只需将租地年份、租地人等具体信息添加上去即可，而广隆此份道契的签注者可能疏忽未将具体道光年份写上，以至于出现租地年份在前、上海开埠在后的纰漏。

至此，开埠初期上海洋行的分布情况已经大致厘清。

---

33 《上海道契》第一册，英册道契第 73 号第 23 分地，第 124 页。

第 2 章 洋行初兴：1850—1855 年

1845年第一次《土地章程》颁布，确定租界范围。洋商纷纷涌入新辟的租界租地发展贸易，上海对外贸易迅猛发展，与此同时，原本的社会、经济结构也相应调整以应对变局，农业土地逐步转化成商业用地。这种变化是惊人的，正如英国植物学家罗伯特·福钦（Robert Fortune）在1848年第二次到访上海时所言："我曾听说上海已经建造了英美的洋行，我上次离开中国时的确有一二家洋行正在建筑。但是现在，在破烂的中国小屋之地，在棉田及坟地之上，一座规模巨大的新城迅速建立起来。"[1] 1854年第二次《土地章程》颁布，重新划定英租界范围。《土地章程》逐渐成为租界基本法，对上海产生重要影响。英国领事馆独揽签发租地的大权被废除，洋商开始前往美国领事馆租地，促进了英美租界的共同发展。

本章内容主要基于1853年《上海年鉴》刊录的《1852年上海租地名录》、1854年《上海年鉴》刊录的《1853年上海租地名录》、1852—1854年三份载于《上海年鉴》的行名录以及《北华捷报》刊印

---

[1] Fortune, Robert. Two Visits to the Tea Countries of China and the British Tea Plantations in the Himalaya[M]. London：John Murray，1853：12-13.

的 1850 年、1851 年、1852 年三年的《上海侨民名录》，考订 19 世纪 50 年代前半期洋行租地及其空间分布。同时，对 1855 年《上海外国租界地图：洋泾浜以北》的出版时间和版本进行相关考证，结合租地信息细致复原该年的洋行分布和土地利用。

1852—1854年《上海年鉴》解析

一、《上海年鉴》中的行名录

1852 年《上海年鉴》首次刊印[2]，为研究开埠之初的上海提供了全面的资料。其中有两份名录对研究上海开埠初期洋商、洋行至关重要，其一为《上海侨民录》，其二为《上海、广州、厦门、宁波和福州外侨名录》（后文简称《五口外侨名录》）。

这两份名录虽取名"侨民"，实际是最早的记载上海洋行、洋商信息的行名录。仔细对比两份名录，都包含外国在沪领事馆和洋行的信息，首先刊印了在沪领事馆及主要的领事馆工作人员，包括英国（大英公馆 British Consulate）、美国（大合众国公馆 United States Consulate）、法国（大法兰西国领事衙门 French Consulate）、丹麦（大丹国公馆 Danish Consulate）、葡萄牙（大西洋国公馆 Portuguese Consulate）。《五口外侨名录》中还记录了荷兰（大荷兰国公馆 Dutch Consulate）和汉堡（大黄旗国公馆 Hamburg Consulate）[3]相关信息。领事馆工作人员两者略有出入，但大致设置相同。

---

2 原书藏于上海图书馆徐家汇藏书楼，经上海图书馆重新整理，2019 年由上海书店出版社出版。
3 当时德国尚未统一，汉堡属于自由市。

在编纂体例上，两份名录都将服务于某洋行的人员列于该行之下，有些甚至标明其具体职位，便于读者了解该行的具体设置和人员变动。以领事馆为例，不仅可以从中了解驻沪领事馆数量的变化，例如1854年增加了普鲁士（大布路斯公馆 Prussian Consulate），而且可以从领事馆工作人员的设置方面大致了解当时各国在沪业务的轻重。英国领事馆配备了一套完整的工作人员，从领事、副领事、翻译、高级助理到执行助理，1853年配备初级助理，到1854年更配备了临时助理和法警等相关人员。除了行政工作人员以外，英国领事馆甚至还配有自己的包裹代理商。英国领事馆的分工如此细致，可见作为当时在沪最大以及最重要的外国势力，本国应当给了足够的支持。

相比之下，美国领事馆1852年只配有领事、副领事、助理、元帅和仓库管理员，1854年增加了翻译与警察。法国领事馆则只有一名领事、一名翻译和一位大臣，明显逊于英国，无怪乎法国商人会抱怨说法国政府对于在上海的侨民完全不在意，法国侨民得不到良好的保障。其他如丹麦、葡萄牙、荷兰、汉堡四国的领事馆都仅设领事一名，且为商人兼职，其中皮尔（Beale, T. C.）更是一人兼任葡萄牙的领事和荷兰的副领事（荷兰未记领事），霍格（Hogg, Wm.）则担任汉堡的领事。

两份名录记载的上海洋行信息略有不同，前者共计洋行62家，后者73家，较前者减少6家、增加17家；其中部分洋行中文名称不统一，例如 Ameeroodem, Jafferbhoy & Co. 在《上海侨民录》中记为"沙逊"，而在《五口外侨名录》中记为"祥记"。令人费解的是，《上海侨民录》中共有三家洋行的中文名为"沙逊"，除上述一家外，尚有 Cowasjee Pallanjee & Co.（《五口外侨名录》中记为"广昌"），以及 Sassoon, David, Sons & Co.。现将1852年《上海年鉴》中的相关记录整理为表2。

表2 1852年《上海年鉴》两种行名录信息对照表

《上海侨民录》			《五口外侨名录》上海部分		
外文名称	中文名称	经营种类	外文名称	中文名称	经营种类
Adamson，W. R.	天长	丝绸检查	Adamson，W. R.	天长	丝绸检查
Ameeroodem. Jafferbhoy & Co.	沙逊	–	Ameeroodem. Jafferbhoy & Co.	祥记	–
–	–	–	Baird, J.	–	–
Bach & Arone	公生	–	–	–	–
Baylies, N.	–	港口主及家人	Baylies, N.	顺和	–
–	–	–	Birley, Worthington & Co.	祥泰	–
–	–	–	Black J.	–	船管家
Blenkin, Rawson & Co.	和记	–	Blenkin, Rawson & Co.	和记	–
–	–	–	Bowman, James	博满	–
Brine, R. A.	–	会计	Brine, R. A.	白兰	拍卖行
Broughall,W.	中和	丝绸检查、票据代理	Broughall,W.	中和	丝绸检查、票据代理
Bull, Nye & Co.	同珍	–	Bull, Nye & Co.	同珍	–
Cassumbhoy, Nathabhoy & Co.	–	–	Cassumbhoy, Nathabhoy & Co.	架记	–
Cowasjee Pallanjee & Co.	沙逊	–	Cowasjee Pallanjee & Co.	广昌	–
–	–	–	Dallas & Co.	裕泰	–
Dent, Beale & Co.	宝顺祥记	–	Dent, Beale & Co.	宝顺	–
–	–	–	Dhurnmsey Poorjabhoy	–	–
Dimier, Brothers & Co.	泰昌	–	Dimier, Brothers & Co.	泰昌	–
Dirom, Gray & Co.	裕记	–	Dirom, Gray & Co.	裕记	–
Dewsnap, J.	–	工程师和机械师	Dewsnap, J.	下海浦	工程师和机械师
Donaldson, C. M.	酒馆	运输供应商及家人	Donaldson, C. M.	酒馆	运输供应商和商业用房

续表2

《上海侨民录》			《五口外侨名录》上海部分		
外文名称	中文名称	经营种类	外文名称	中文名称	经营种类
Eduljee Framjee, Sons & Co.	-	-	Eduljee Framjee, Sons & Co.	-	-
Fogg, H. & Co.	丰裕	船舶代理	Fogg, H. & Co.	丰裕	船舶代理
-	-	-	Gabriel, M., & Co.	-	-
Gibb, Livingston & Co.	仁记	-	Gibb, Livingston & Co.	仁记	-
Gilman, Bowman & Co.	太平	-	Gilman, Bowman & Co.	太平	-
-	-	-	Gougon & Lesept	-	铜匠、船舶制造
-	-	-	Green, J.	-	屠夫、供应商
Hall & Murray	太全	外科医生	Hall & Murray	太全	外科医生
Hall & Holtz	福利	烘焙师、仓储	Hall, E.	福利	烘焙师、仓储
Hargreaves & Co.	裕盛	-	Hargreaves & Co.	裕盛	-
-	-	-	Head, C. H.	-	-
Heard, Augustine & Co.	琼记	-	Heard, Augustine & Co.	琼记	-
Hobson, Rev. J.	同兴	英国牧师及家人	Hobson, Rev. J.	-	英国牧师及家人
Holliday, Wise & Co.	义记	-	Holliday, Wise & Co.	义记	-
Hooper, J.	-	保险经纪人及运输商	Hooper, J.	-	-
Irons, J., M. R. C. S.	-	医生	-	-	-
Jardine, Matheson & Co.	怡和	-	Jardine, Matheson & Co.	怡和	-
-	-	-	Khan Mohammed Aladinbhoy	-	-
Kirk,T.	-	外科医生	Kirk,T.	长脚医生	外科医生
-	-	-	Lewin, D. D.	利荣	茶叶检查
Lindsay & Co.	广隆	-	Lindsay & Co.	广隆	-
Locke, J. B.	-	上海药房	-	-	-
Lockhart, W., M. R. C. S.	-	伦敦差会及家人	Lockhart, W., M. R. C. S.	-	伦敦差会及家人

《上海侨民录》			《五口外侨名录》上海部分		
外文名称	中文名称	经营种类	外文名称	中文名称	经营种类
Lockhart, J., & Co.	–	屠夫与船舶供应商	Lockhart, J., & Co.	洋泾浜牛肉店	屠夫与船舶供应商
–	–	–	London Mission Press	墨海书馆	–
Lungrana, F. S. & N. M.	架记	–	Lungrana, F. S. & N. M.	复源	–
Mackenzie, Brothers & Co.	名利	–	Mackenzie, Brothers & Co.	名利	–
MacDonald, Brokther & Co.	长利	–	MacDonald, Brokther & Co.	长利	–
Meredith, R.	–	木匠、建筑商及家人	Meredith, R.	–	木匠、建筑商及家人
Miller, J.	–	拍卖行	Miller, J.	–	–
Mottley, G., M. R. C. S.	–	医生及家人	Mottley, G., M. R. C. S.	–	外科医生
North–China Herald Office	新闻纸房	–	North–China Herald Office	新闻纸房	–
Oriental Bank Corporation	丽如	–	Oriental Bank Corporation	丽如	–
–	–	–	Parker, H.	下海浦	住宿
Pestonjee. Framjee. Cama & Co.	顺章	–	Pestonjee. Framjee. Cama & Co.	顺章	–
–	–	–	Platt, Thomas, & Co.	–	–
Purvis, G., & Co.	–	造船厂	Purvis, G., & Co.	–	木匠与造船厂
Rathbones, Worthington & Co.	满吉利	–	–	–	–
Reiss & Co.	泰和	–	Reiss & Co.	泰和	–
Richards, P. F. & Co.	隆泰	船舶代理	Richards, P. F. & Co.	隆泰	船舶代理和仓储
Rémi, D.	利名	钟表商	Rémi, D.	利名	钟表商
–	–	–	Rozario, F. J.	–	上海药店
Russell & Co.	旗昌	–	Russell & Co.	旗昌	–
Sassoon, David, Sons & Co.	沙逊	–	Sassoon, David, Sons & Co.	沙逊	–

《上海侨民录》			《五口外侨名录》上海部分		
外文名称	中文名称	经营种类	外文名称	中文名称	经营种类
Shaw, Bland & Co.	李百里	–	Shaw, Bland & Co.	李百里	–
Sillar, Brothers	祥胜	–	Sillar, Brothers	祥胜	–
Smith, E. M.	–	票据代理	Smith, E. M.	–	票据代理
Smith, Kennedy & Co.	公易	–	Smith, Kennedy & Co.	公易	–
Smith, King & Co.	四美	–	Smith, King & Co.	四美	–
Strachan, G.	泰隆	建筑师	Strachan, G.	泰隆	建筑师
Sammers, J.	–	校长（英国圣公会）	–	–	–
Sykes, Schwabe & Co.	公平	–	Sykes, Schwabe & Co.	公平	–
Turner & Co.	华记	–	Turner & Co.	华记	–
Watson & Co.	丰茂	–	Watson & Co.	丰茂	–
–	–	–	Wendler, James	浦东	–
Wetmore & Co.	哗地玛	–	Wetmore & Co.	哗地玛	–
Wolcott, Bates & Co.	德记	–	–	–	–
–	–	–	Whitaker, B. F.	–	船帆制造
Wright, J.	–	橱柜制造商、圣三一教堂管事	Wright, J.	–	橱柜制造商

这两份名录关于洋行的记载虽然不尽相同，但是作为近代上海目前所见最早的整理出版的行名录，具有重要的史料价值。名录不仅刊登了洋行信息，包括中外文行名、粤语发音、主要负责人和其他职员，更有部分洋行注明经营业务种类，这对厘清开埠初期在沪洋行的经营种类以及了解当时外资经济分配具有举足轻重的作用。除此之外，两份名录后面都记有传教士以及在吴淞口停泊船只的信息，列为"At Woosung"，《五口外侨名录》末尾还增加了两家迟交信息的洋行——哈巴（Hooper, J.）和丽泉（Smith E. M.），另外还有5位引航员的信息。

后文会将之与 1854 年《上海年鉴》进行对比研究，进一步讨论这一时段内洋行的增减、经营种类等。

二、《1852 年上海租地名录》解读

《1852 年上海租地名录》刊于 1853 年《上海年鉴》，是目前可见开埠初期最早的租地名录。此前关于上海开埠初期的租地复原大多借助于道契资料，然而道契资料存在一定的散佚，该租地名录对于清晰地复原开埠最初的租地及相关转手情况等具有重要意义。本书结合道契资料和行名录，补出道契注册号与洋行中文名，纵列稍作调整以便于检索，成表 3。表中内容主要包括分地号、面积、租金以及租地人等，以租地人姓氏为序，共记录租地信息 131 条。

表3　1852年上海租地名录

外文名	中文名	道契号	分地号	面积				租金（文）
				亩	分	厘	毫	
Augustine Heard & Co.	琼记	34	33	10	8	8	3	16 324
		27	36	8	0	2	7½	12 041
Blenkin, Rawson & Co.	和记	4	2	17	9	4	3	26 922
		24	37	6	2	7	3	9 409
		14	41	5	2	7	3	7 909
Bowman, A.	宝文	67	82	6	2	5	2	9 378
Bowman, A. and J.	宝文兄弟	12	39	16	1	7	7	24 265
Broughall,W.	英商伯劳合	74	86	6	3	8	7	9 580
Bull, Nye & Co.	同珍	35	30	13	2	5	8	19 887
Calder, Alexander	加勒得	26	17	3	6	0	0	5 400
Cemetery	英人坟地	43	74	14	1	0	0	21 150

续表3

外文名	中文名	道契号	分地号	面积				租金（文）
				亩	分	厘	毫	
Church Trustees	教堂托事部	–	56	24	2	9	0	36 435
Coverjee Bomnjee			20（a）	4	0	0	0	6 000
Croom, A., and Dow, J	融和	7	25	5	1	5	9	7 739
Cunningham, E.	花旗国商人金能亨	68	83	2	3	0	0	3 450
Cassimbhoy Nathabhoy	架记	–	19（a）	4	4	2	0	6 630
		78	19（b）	1	5	0	2	2 280
Dallas, A. G.	打喇士	20	32	5	6	4	1	8 462
		–	32（a）	4	3	6	4	6 546
Dent, L.	宝顺大班	1	8	13	8	9	4	20 841
		–	9	7	4	8	3	11 224
Dirom, Gray & Co.	裕记	–	6	5	4	3	5	8 152
		–	6（a）	0	8	6	0	1 290
Dirom, Gray & Co.and Wolcott, Bates	裕记和德记	–	31	11	2	6	7	16 900
Empson, Arthr. & Christr.	–	–	40	7	6	6	3	11 494
		–	43	17	2	3	0	25 845
		–	77	4	6	1	9	6 928
Fives Court	戏玩处所	44	78	2	0	0	0	3 000
Fogg, H.	丰裕	59	50	2	5	0	0	3 750
		–	50（a）	0	3	0	0	450
Forbes, D.	–	–	73	2	9	7	6	4 464
Gabriel & Aron é	–	–	73（a）	2	8	3	8	4 275
Gibb, Livingston & Co.	仁记	5	3	15	9	6	0	23 940
		58	38	8	8	4	0	13 260

外文名	中文名	道契号	分地号	面积				租金（文）
				亩	分	厘	毫	
Gilman, R.	太平	18	27	8	4	7	1	12 706
Grant, Jasmes	刻兰得	–	63	8	8	7	5	13 313
		45	66	6	9	0	3	10 354
Griswold, J. N. A.	祁理蕴	–	12	7	7	0	0	11 550
		–	94	20	2	8	3	30 425
		–	95	1	2	0	0	1 800
Hall, Dr. G. R.	哈尔医生	–	60（a）	5	2	5	0	7 875
Helbling, L.	–	–	89	5	8	4	9	8 774
Hobson, Rev. John	英国教生合信	84	97	5	7	5	0	8 625
Holliday, Wise & Co., sub	义记	6	4	15	3	9	2	23 088
Hospital, Med, Missionary	仁济医院	–	62（a）	6	1	0	0	9 150
Hubertson, G. F.	合巴洋行大班	9	36（a）	3	1	0	7	4 660
		–	79（b）	4	3	8	8	6 582
Ice Committee	–	53	75	16	0	0	0	24 000
Jardine, Matheson & Co.	怡和	3	1	18	6	4	9	27 973
Kirk, Dr. T.	长脚医生	37	64	7	1	3	5	10 703
		23	65	21	1	6	9	31 753
Layton, F.	–	–	87	7	7	2	5	11 588
Lind,H.	英商林德	63	81	5	2	0	0	7 800
Lindsay & Co.	广隆	73	23	7	0	0	0	10 500
		2	24	11	7	4	9	17 623
		–	25（b）	5	0	3	9	8 153
McDonald, Jas.	长利	33	14	8	8	1	7	13 225

外文名	中文名	道契号	分地号	面积				租金（文）
				亩	分	厘	毫	
Mackenzie, Brothers & Co.	名利	36	28	8	3	5	0	12 525
		48	29	2	5	0	0	3 750
		49	71	3	5	0	0	5 250
		54	72	2	9	3	7	4 405
		61	79	0	5	2	0	780
			68	1	6	0	1	2 402
Maitland, S.	英商美德兰	80	90	5	9	3	4	8 901
Medhurst, Rev. Dr.	麦都思	21	61	13	3	0	1	19 952
		–	61（a）	1	0	0	0	1 500
		22	62	5	5	0	0	8 250
Meredith, R.	英人麦理地	87	96	2	8	0	0	4 200
Moncreiff, T.	英商满吉利	72	84	8	8	8	0	13 320
Park of Shanghae	跑马场	62	80	81	7	4	4	122 616
New Park of Shanghae	新跑马场	–	–	22	7	9	7	34 196
Pestonjee F. Cama & Co.	顺章	60	18	5	3	7	5	8 062
Rathbones, Worthington & Co.	祥泰	28	52	8	8	4	7	13 270
		–	52（a）	10	1	5	3	15 229
Reiss, Leopold	–	4	25（a）	9	4	6	0	14 190
Ripley, Thomas	李百里	9	7	3	9	5	3	5 929
		–	7（a）	2	3	0	4	3 456
		13	42	22	7	2	5	34 087
Road Committee	道路委员会	–	77（a）	0	7	8	1	1 711
Roundy, —	–	–	98	1	5	0	0	2 250
Russell & Co.	旗昌	25	34	11	9	5	3½	17 930
Reubens, J.	英商爱释罗宾	70	20	6	0	0	0	9 000

外文名	中文名	道契号	分地号	面积				租金（文）
				亩	分	厘	毫	
Sassoon, A. D.	沙逊	42	19	4	9	1	8	7 377
		79	19（c）	3	0	0	0	4 500
Saul, Robt. P.	娑尔	64	22（b-d）	6	8	0	0	10 200
		–	22（c）	3	3	0	0	4 950
Saur, Julius	公易	–	67	0	7	1	0	1 065
Sillar, David	浩昌洋行	47	60	10	7	0	0	16 050
		–	60（c）	2	0	0	0	3 000
Smith, J. Caldecott	英商卓恩阁第克士密	82	91	5	1	0	1	7 652
		–	93	1	0	0	0	1 500
Smith, J. Mackrill	广沅洋行大班	66	26	9	1	8	8	13 782
		–	26（a）	4	4	0	0	6 600
Smith, Kennedy & Co.	公易	29	55	10	2	0	0	15 300
		–	55（a）	2	5	0	0	3 750
Strachan, Geo	–	–	60（b）	10	7	0	0	16 050
Sykes, Schwabe & Co.	公平	11	35	7	8	2	1	11 731
Sykes, Adam	–	–	35（a）	7	0	5	5	10 582
Thorburn, Wm.	客地利洋行职员	–	79（a）	4	0	0	0	6 000
Thorne, A.	丰茂职员	85	88	6	1	0	0	9 150
		–	88（a）	1	7	3	0	2 595
		–	88（b）	0	8	0	0	1 200
Turner & Co.	华记	55	11	10	7	8	8	16 182
		51	11（a）	9	8	0	0	14 700
		69	11（b）	5	8	6	0	8 790
		40	21	35	3	5	0	53 025
Wade, John	参位得	32	58	5	7	9	5	8 692
		–	58（a）	6	3	0	5	9 457
Wardley, W. H.	华厘公司	31	57	17	9	6	0	20 940

外文名	中文名	道契号	分地号	面积				租金（文）
				亩	分	厘	毫	
Watson, J. P.	丰茂大班	46	59	17	0	0	0	25 500
Wetmore & Co.	哗地玛	39	22	2	9	5	8	4 437
		52	22（a）	4	6	0	0	6 900
		–	13	3	0	0	0	4 500
Woldcott, Bates & Co.	德记	–	5	5	4	3	5	8 152
Wright, J. W.	–	81	92	1	9	6	3	2 945
British Government Lot	英国领事馆	–	–	126	9	6	7	190 450

　　洋行来沪租地始于 1844 年，至 1849 年，较大的英美洋行大多入驻沪上，成功抢占先机。而随着市场开放和西人对上海了解的加深，一些小洋行及个体洋商也涌入上海，期许在这个开埠的港口谋得利益。因此，伴随着洋行的增加，开埠初期土地交易十分频繁。1844 年 5 月宝顺洋行与上海本地农民草签租得第 8 分地，成为第一个在上海租地的洋行，至 1847 年第一批道契颁布，这四年间有明确时间记载的有 39 块分地租于洋商或洋行。1844—1846 年三年间，土地皆为一手租用，没有出现转手记录。1847 年土地开始交易。

　　关于 1844—1849 年首租的土地第 1 章中已厘清，下文先将 1844—1849 年发生土地转手或需要特殊说明的地块进行梳理，然后结合《1852年上海租地名录》，1853 年、1854 年《上海年鉴》所刊行名录，以及一些地图资料，将 19 世纪 50 年代租地的情况逐一厘清。

　　由于行名录最早有明确地址记载要到 1863 年，此前的租地信息就成为定位洋行的重要线索。经由租地情况的梳理，可重现开埠早期洋行的分布，以及洋行在上海最初的发展态势和区域——从土地利用的角度来看，洋行分布范围的扩展也表征着土地利用的改变，即城市化的过程。

（一）1847—1849 年土地交易

1847 年道契制度最终确立，这是中国传统法制和以英国为代表的近代法律冲突与调试的产物，有学者认为这是科学的地政管理方法[4]，但是无论如何，道契见证了此后上海城市一个世纪的土地交易。由于道契正式颁发之前，洋行和上海本地农民订立的都是"草签"，于是大量洋行在 1847 年换取了正式道契。当年不仅存在大量"换单"，而且土地交易也十分频繁，14 块地首租、2 块地转手，1847 年由此成为 19 世纪 40 年代租地最多的一年。

1847 年 3 月 4 日，英商加勒得首租第 42 号第 19 分地，面积为九亩一分五厘八毫[5]，在洋泾浜近江西中路处。同年 10 月 26 日，加勒得将其地划出四亩九分一厘八毫转与英商颠租用，《1852 年上海租地名录》载租地人为沙逊，面积相同。一个月后即 11 月 17 日加勒德又将所原租第 19 分地内所余四亩二分四厘转与白头商人达德培珀乍治租用。《1852 年上海租地名录》中与第 19 分地相关的土地有四块，分别为第 19、19（a）、19（b）、19（c）分地，对比面积发现与道契所载面积最为接近的为第 19（a）分地，其租地人为 Cassimbhoy Nathabhoy，即架记洋行，面积为四亩四分二厘，与道契资料稍有出入。再对比刊印于 1855 年 10 月 13 日《北华捷报》上的 1855 年《英国领事馆租地表》，可发现第 19（a）分地租户信息相同，皆为架记洋行，然租地面积后者

---

4 夏扬. 上海道契：法制变迁的另一种表现 [M]. 北京：北京大学出版社，2007：82.
5 本书援引土地面积时遵从原材料的写法，道契为中文系统，西人租地表则用阿拉伯数字。

刊为四亩二分四厘，综合可知《1852 年上海租地名录》资料有误。

1847 年另外一块转手的土地为麦都思 1844 年租得的在今汉口路、江西中路、四川中路段的第 2 号第 24 分地，即当时所规划的西人坟地。麦都思因担心该地靠近外滩，地势较低不宜作为坟地，与广隆洋行在山东路一带的第 74 分地交换。道契将此过程清楚记载，《1852 年上海租地名录》亦将第 24 分地租者列为广隆洋行。

1848 年作为道契正式制定之后的第一年，土地交易量较 1847 年稍有回落，但在整个 40 年代其交易量仅次于上年，共有 9 块土地交易，其中 7 块土地首租。除去跑马场之第 80 分地之外，大多租地人此前都已有过租地，仅第 81 分地的租地者为首次出现在租地名单中。另外，1848 年有 2 块土地转租，分别为第 64 分地和第 75 分地。

第 63 号第 81 分地，由英商林德于 1848 年 2 月 15 日租得，该商人 1848 年首次租地，其地在今河南中路以西、南京东路以东。1850 年《上海侨民名录》载林德为商务助理，但是没有具体说明供职于哪个单位。

第 37 号第 64 分地，原为英商打喇士租得十一亩五分，1848 年 6 月 12 日打喇士划出六亩八分八厘转与英国格医生租用，后于 1852 年 2 月 20 日再添加二分五厘五毫转与英国格医生租用，即《1852 年上海租地名录》中的七亩一分三厘五毫。

第 53 号第 75 分地，道契载为英商位利孙租用，其地有十六亩，1848 年全部转租给英商西拉，1851 年又全部转与美商金能亨，英商金呢地、麦金西租用。《1852 年上海租地名录》列为制冰委员会（Ice Committee），在今北京东路、河南中路附近。

作为 19 世纪 40 年代的最后一年，1849 年租地数量下降，但是出现了一些新的洋行，土地交易一共 5 块，其中首租 3 块、转手 2 块。

第 60 号第 18 分地，原为哈尔医生于 1847 年 9 月 9 日租得，仅一个多月后即 10 月 26 日便被全数转与英商拂兰治北士颠治嘉玛公司租用，1849 年 4 月 25 日租地又增加了四分，即《1852 年上海租地名录》所记载顺章洋行所租五亩三分七厘五毫之地。

第 35 号第 30 分地，原为英商功敦租用，后在 1849 年 2 月 23 日全数十三亩二分五厘八毫转与美商布尔乃公司租用，即同珍洋行。

第 67 号第 82 分地，宝文于 1849 年 4 月 7 日租得，在今北京东路以南、江西中路以西路口。

第 68 号第 83 分地，道契载租地人刻宁贤，即美国副领事金能亨，该商人为旗昌洋行大班，1849 年 4 月 17 日租得此地，在今天津路以南、河南中路以东路口。

（二）1850—1853 年土地交易

1850 年是上海开埠之后的新十年的开始，持续着之前的态势，土地出租较为稳定，新的洋行逐步登陆，全年土地交易 7 块，其中首租 3 块、转租 4 块。

第 66 号第 26 分地，英商士吻首租八亩六分八厘八毫，后全部转租给美国商人福立勒、亚勒等租用，然租地时间材料脱落，只知士吻在 1850 年 3 月 22 日增加了五分租地，《1852 年上海租地名录》记载的面积为九亩一分八毫八厘，应是添加了五分租地之后的面积，所以此租地最早应在 1850 年 3 月 22 日之后租得。考租地名录所载租地者为 Smith, J. Mackrill，为广沉洋行（J. M. Smith & Co.，1852 年改为 Smith, King & Co.）大班。

第 72 号第 84 分地，英商满吉利于 1850 年 1 月 15 日租得，在今九江路以南、河南中路以西路口。满吉利供职于祥泰洋行（Rathbones,

Worthington & Co.），1850 年《上海侨民名录》所列职能为商人。该洋行为 1845 年即已在上海营业的英国洋行。

第 46 号第 59 分地，原为英商安达生瓦生公司租用，十七亩，后在 1850 年 5 月 18 日全部转给英商瓦生（Watson, J. P.），即丰茂洋行（Watson & Co.）大班，这也是该行首次在沪租地。

第 52 号第 22（a）分地，原为娑尔租用，后在 1850 年 7 月 1 日由娑尔从第 22 分地的甲字地块划出三亩、乙字地块划出一亩六分，共四亩六分全数转与美商华地码（Wetmore & Co.，1854 年《上海年鉴》载"哗地玛"）。该地在今福州路以北、四川中路以西路口。

第 22 号第 62 分地，原为洛颉租用，1850 年 7 月 23 日全数转与伦敦传教会，并以麦都思为代理人。后在此分地附近建造了一所医院，即后来的仁济医院，是为第 62（a）分地。

1851 年，来沪租地的洋行又开始呈现上升趋势，年内土地交易 10 块，其中转手 4 块。

第 77 号第 89 分地，道契载租地者为英商黑布林，为麦克威克洋行（Macvicar & Co.）职员。该地在 1851 年租得，在今汉口路、河南中路路口。

第 74 号第 86 分地，英商伯劳合于 1851 年 3 月 20 日租得，1850 年《上海侨民名录》载该商为祥泰洋行（Rathbones, Worthington & Co.）职员。

第 70 号第 20 分地，英商胡巴原租地十亩，1850 年 11 月 4 日全数转与英商爱释罗宾租用，即《1852 年上海租地名录》中的 Reubens, S.，1851 年 5 月 16 日划出四亩转与英商右弗治波文治，故名录所载租地面积为六亩。其地在今广东路以南、江西中路以西路口处。

第 47 号第 60 分地，原为英商华记行租用，后部分转手哈尔医生，

1849 年 5 月 18 日将地基内剩余的十亩零七分转与英商麦格刺租用，1851 年 6 月 1 日该地再次转手给英商德惠锡刺尔租用，即《1852 年上海租地名录》所记 Sillar, David。1853 年《上海年鉴》与此相关的为祥胜洋行（Sillar, Brothers）。

第 81 号第 92 分地，英人徕，量见一亩九分六厘三毫，1852 年 9 月 2 日又加租一亩三分。1852 年《上海年鉴》载为橱柜制造商和教堂司事，检索行名录后命名为天孙洋行，后兼营仓储业务。

第 79 号第 19 (c) 分地，沙逊于 1851 年 6 月 6 日租得，紧邻洋泾浜，近江西中路处。

第 80 号第 90 分地，英商美德兰于 1851 年 6 月 11 日租得，1854 年 8 月 22 日转与英商呢柯里，即暄格（Nicol, G. S.）。

第 86 号第 68 分地，名利洋行于 1851 年 9 月 2 日租得。

第 82 号第 91 分地，道契载英商位林霍先租地五亩一分一毫，1851 年 9 月 15 日全数转与英商卓恩阁第克士密（Smith, J. Caldecott）租用。卓恩阁第克士密同时租得第 93 分地。

1851 年租地的洋行不仅数量增多，而且经营种类也更为细化。1852 年交易的土地数量更多，共 14 块，其中转手 8 块。此后一些在上海产生较大影响的洋行也开始进入视野范围，如天长洋行。

第 84 号第 97 分地，道契载英国教生合信于 1852 年 1 月 16 日租用。1852 年《上海年鉴》记 Hobson, Rev. J. 为"同兴"，1854 年《上海年鉴》则记为"礼记"，身份为英国圣三一教会的牧师。道契又载 1852 年 3 月 20 日教生合信将所租地转与教会所托英商士密，然《1852 年上海租地名录》似乎没有反映这一变化，仍将租地人记为 Hobson, Rev. John。不过，此地基本可确定为宗教用地，从后来的地图看，圣三一堂更是占据了当时英租界的中心位置。

第 31 号第 57 分地，最初为英商皮尔租用，地基计七亩九分六厘，1852 年 2 月 18 日转与英商华厘公司租用，一年之后即 1853 年 1 月 16 日再次全数转与惇信租用。租地名录所载租地者为 Wardley, W. H.，应为华厘公司，而惇信洋行为 Barnet, Geo. & Co.，始见于 1856 年行名录。

第 90 号第 14 (a) 分地，道契载英商麦多拿于 1852 年 4 月 7 日租用，即为长利洋行（McDonald, Jas.）。

第 92 号第 15 分地，天长洋行于 1852 年 4 月 7 日租用，在今广东路外滩，此为该洋行在上海的第一块租地。《1852 年上海租地名录》未登录该行，直至第二年租地表才登记。1854 年《上海年鉴》载该行经营种类为丝绸检查，应为早期在上海从事丝绸生意的洋行。

第 91 号第 98 分地，英人当那逊于 1852 年 4 月 17 日租得，在今河南中路以西、广东路至延安中路路段。

第 89 号第 85 分地，英人惠利士在 1852 年 4 月 17 日租得，在今天津路以北、河南中路以东路口。查 1850 年《上海侨民名录》，惠利士为怡和洋行第二任大班，属于商务助理。

英人曙格分别在 1852 年 8 月 13 日与 1852 年 11 月 12 日至 12 月 10 日间租得第 95 号第 101 分地、第 97 号第 103 分地，前者位于广东路南侧的河南中路、山东中路路段，后者位于福州路以北、福建中路与山东中路路段。

第 76 号第 87 分地，原为英商列敦租用，1852 年 9 月 30 日由该商将租地全数转与沙逊租用，该地在广东路以南、河南中路与江西中路路段。

第 15 号第 40 分地、第 19 号第 43 分地以及第 50 号第 77 分地为英商奄巽兄弟租用，其中第 77 分地在 1847 年 5 月 12 日由奄巽兄弟划出一亩一分八厘一毫转与道路委员会租用，即《1852 年上海租地名录》中的 Road Committee。而到了 1852 年 5 月 1 日，包括第 77 分地剩下的四亩六分一厘九毫及其他两块地全部转手给美商士密，同年 12 月 20 日，士密又将所有土地转给英商 W·葛兰敦租用，即《1853 年上海租地名录》所载 Crampton, W.，可见当时上海已有专门从事土地交易的洋商或洋行，就此《北华捷报》可以提供明证。前文已引的《北华捷报》创刊号上那则出售奄巽兄弟第 40、43、77 三块分地的广告，签署人是 Robert Powell Saul.，这位应当就是中间商，但他是否为道契中土地中间商"士密"则无法确定。

检索《1852 年上海租地名录》可知，第 1、4 分地都未经转手，怡和洋行、和记洋行、仁记洋行、义记洋行依旧占据着今北京东路、南京东路路段的黄浦滩，而第 5 分地道契载原租者为美国商人德记行，即吴鲁国北士公司，该行租定之后于 1845 年 7 月 1 日划出五亩四分三厘五毫转与英商裕记租用，此后 1852 年又将基内剩余五亩四分三厘五毫转与英商打喇士。此地应为外滩一线从开埠至 1852 年间惟一一块易主的土地。

1852 年土地转手交易频繁，而到了刊行《1852 年上海租地名录》的 1853 年，明确为该年交易的土地仅两块。猜测名录整理可能在该年较早期，一些年中或年末的租地未统计入表。至 1854 年《上海年鉴》出版，汇编整理了此后的租地，刊印了《1853 年上海租地名录》。1853 年作为开埠十周年，整个租界的发展远不止此，一大批新的洋行、洋商出现在租地名录中，上层权力机构也正酝酿着一场更大的权力争夺与扩张之战。

第 94 号第 100 分地，道契载英商格心拜拿达拜公司租地七分五厘，于 1853 年 5 月 11 日获道契号。《1853 年上海租地名录》署为打喇士（Dallas, A. G.），租地面积为四亩二分多地，差异较大。查 1855 年《北华捷报》刊登的《英国领事馆租地表》租地洋行为 Cassurmbhoy & Co.，即架记洋行，"格心拜拿达拜"则是洋行外文名之对音，面积亦为七分五厘，与道契资料相同。推测《1853 年上海租地名录》早于道契资料，但道契资料所记原租业户为华人庄以景而非打喇士，其中是否有转手等情况已无从考证。

第 98 号 104 分地，原道契中契已佚，英契载租地人为 British Beale，即宝顺职员皮尔，于 1853 年 5 月 18 日租得土地四亩二分。而后道契又记录了一次土地的分割，即 1853 年 8 月 20 日从第 104 分地划出二分五厘归第 15 分地的天长洋行所有：

前揭英国商人皮尔已于一八五三年八月二十日将上述第 104 号地块之一面积为二分五厘的地块转入租户天长名下的第 15 号地块并纳入第 15 号地块之中[6]。

对比 1853 年和 1855 年天长洋行的租地记录：三亩四分零厘零毫与三亩六分五厘零毫，增加数目确为二分五厘。然而《1853 年上海租地名录》中的租地者并非皮尔，而为 Purvis, Geo.，即 Geo. Purvis & Co. 洋行大班，面积为三亩零分二厘，与第一次划地之后的面积也不符。而 1855 年《英国领事馆租地表》上此分地的租用人则又是皮尔，面积为三亩九分五厘，与之前划出去的二分五厘合为最初的四亩二分。《1853 年上海租地名录》是否有误，需加考证。

6　《上海道契》第一册，第 154 页，中契已佚。

《1853 年上海租地名录》还有一份需要解释的租地是第 88 分地。道契载美国商人士密士租用该地，租户为白兰洋行（Robert A. Brine），然名录中载租地人为 Thorne, A.，供职于丰茂洋行。此道契给地契时间为 1856 年 12 月 10 日，颁发时间晚于《1853 年上海租地名录》刊行时间。由于道契首租的原业主应为上海本地农民，而此份道契的业主已为外人，所以可以推测该地块应当不是首次租用，故而 Thorne, A. 应与士密士为不同的租地者，并且前者应当先租此地。

《1853 年上海租地名录》中有 43 块分地的道契资料不存，只能判定这些地块至迟到 1853 年的时候都已经租于西人。此份租地名单弥补了道契资料残缺的遗憾，比如第 12 分地道契资料残缺，《1853 年上海租地名录》载租地人为 Griswold, J. N. A.，据此可知此人为美国驻沪首届正式领事祁理蕴，同时又是当时美国旗昌洋行的职员，然而，1855 年《上海外国人租界地图》上没有发现第 12 分地。祁理蕴领事所租用的其他如第 94、95、95（a）分地，道契全部不存，着实是件令人费解的事，但通过租地名录可知开埠初期美国驻沪领事也可谓在上海"开疆扩土"。

上述 43 块没有道契资料的租地，从租地名录中提供的租地人信息可知，大多为当时在上海已有多块租地的商人或洋行，如打喇士、哈尔医生、娑尔、Smith, J. Caldecott（英商卓恩阁第克士密）、架记洋行、裕记洋行、李百里公司、华记洋行等。

不仅如此，这两份租地表还公布了为数众多的新到沪的商人与洋行，如 Hubertson, G. F.、Lewin, D. D.、Murray, Dr. J. I.、Ottoson、Strachan, Geo、Thorburn, W.、Thorne, A. 等。这些租地的商人部分供职于洋行，Hubertson, G. F. 为合巴洋行（Hooper, J.）大班，行名录记载

该洋行性质为保险经纪人及运输等[7]。Thorburn, W. 为裕盛洋行（Hargreaves & Co.）职员[8]，Thorne, A. 则供职于丰茂洋行（Watson & Co.）[9]。除此之外，一些经营非实业性质业务的西人也登上历史舞台，如 Murray, Dr. J. I.，他后与哈尔医生合开诊所，名为 Hall & Murray，即太全行[10]。

三、洋行经营业务分析

《1852 年上海租地名录》《1853 年上海租地名录》各洋行的租地情况已经梳理完毕，可对开埠至 1853 年的租地情况及在沪洋行有大致了解。然而因租地资料所限，只能知其名称及所租地块，并不能全面了解当时在沪洋行的经营种类和发展模式。整理 1852—1854 年《上海年鉴》中刊印的行名录，发现这三年洋行经营种类变化不大，仅船舶相关行业 1853 年较之于 1852 年的 7 家增加 3 家，至 1854 年又回落到原来水平，其他仓储类、保险类 1854 年增加各 1 家。基于此，下文以1852 年《上海年鉴》的《五口外侨名录》上海部分为例，共有 75 家洋行和洋商在记，其中涉及经营种类的为 30 家，占总数的 40%，利用该材料梳理和分析开埠最初的洋行经营种类和功能分工，表 4 对这些详细标注分类的洋行作了大致归类（因个别洋行经营多种业务，故而此表所列洋行总数大于上文所列数目）。

---

7 1854 年《上海年鉴》载合巴洋行，外文行名 Hooper, J.，大班 Hubertson, Geo. F.。

8 1854 年《上海年鉴》载裕盛洋行，外文行名 Hargreaves & Co.，大班 Hargreaves, W.，名列第二的 Thorburn, W. 为该行职员。

9 1854 年《上海年鉴》载丰茂洋行，外文行名 Watson & Co.，大班 Watson, J. P.，名列第二的 Thorne, A. 为该行职员。

10 1854 年《上海年鉴》载太全行，外文行名 Hall & Murray，洋行性质定为外科医生，分列两名医生：Hall, G. R.、Murray, J. I.。《工部局董事会会议录》中译本将两名医生合译为一个人名"霍尔·默里"，有误。工部局董事会会议录：第一册 [M]. 上海：上海古籍出版社，2001：571.

表4 1852年《上海年鉴》洋行种类及数量统计

经营类别	洋行或洋商数量	经营类别	洋行或洋商数量
船舶相关	7	木匠等	2
医疗类	5	银行	1
仓储类	3	保险等	1
丝绸业	2	拍卖行	1
饮食	3	钟表店	1
票据代理	2	印书馆	1
宗教	2	工程师与机械师	1
建筑师	1	茶叶	1

由表 4 可知，1852 年与船舶有关的洋行最多，共 7 家，主要业务为帆船制造、船舶供养、航运置备以及船舶铁匠与造船等。船舶类的洋行不仅数量众多，而且分工明确，这自然与当时上海作为航运中心有关。已有研究成果表明，上海开埠之后洋行经营的航运业十分发达，黄浦江上时常停泊有百余艘轮船，报纸上也每期都有洋行招揽生意或租船售船的广告[11]。《北华捷报》《上海新报》等报纸上还会刊登各大洋行开往不同城市的轮船航班信息，洋行借由这些轮船连接着与其他港口的埠际贸易。一些大洋行航运的发展在整个洋行业举足轻重，而一些中小洋行更是依赖于航运业的物品流通，这自然需要一整套完备的维修保障等船舶服务业来支持航运业的良好发展。

其次较多的是医疗相关的洋行或者洋人，共 5 家，细分为医院、药房、外科医生与一般医生，其中有几名医生还是英国皇家外科医师学会会员（行名录上医生姓名后有"M. R. C. S."字样，即 Member of

---

11 上海社会科学院经济研究所，上海市国际贸易学会学术委员会. 上海对外贸易：1840—1949[M]. 上海：上海社会科学院出版社，1989：83.

the Royal College of Surgeons）。随着英人的进入，医疗等有关生活保障及生命安全的服务行业紧随其后进入上海，并且伴随着英人的逐年增加，医疗事业愈发分工细化。这类与民生有关的洋行可能不像一些贸易或金融等大型洋行那么令人耳熟能详，然正是这些确实存在的鲜活例证，证明上海当时如何在生产、生活等各方面都朝着一个现代化的城市而学习和进步。

再次，仓储类洋行1852—1853年共3家，1854年为4家。其中仅泰兴洋行（Gabriel M., & Co.，1853年中文名为公生）单为仓储，其他如丰裕洋行和隆泰洋行兼船舶供养，福利洋行则同时从事面包业。然而根据1855年《上海外国租界地图：洋泾浜以北》，可以清楚地知道当时上海的仓储能力远超出这几家洋行的经营范围。当时在上海较为兴盛的产业如棉花、丝茶等，商品体积都较为庞大，需要较大的仓储空间。大洋行如宝顺洋行、怡和洋行、旗昌洋行、李百里洋行等，都自己拥有广大的仓储空间和栈房供给，并不需要借助其他洋行。而伴随着中小洋行的增多，一些小洋行可能无法自设仓库，于是面对这些客户的专门或者兼营仓储的洋行开始出现。

1852年经营丝绸类生意的洋行有2家，一家丝绸检验商天长洋行，一家丝绸代理商中和洋行。这应当与当时西方人比较中意中国的丝绸有关。代理商和检验商，恰巧是贸易的两个环节，一为进货渠道，一为检验或曰出货渠道。饮食相关洋行1852年有3家，记为屠夫和肉类供应商的 Green, J. 至1854年已不见记载，其余2家为面包商。这应当与西人的饮食习惯有关，西人喜肉类、面包等食物而不习惯米饭，故而伴随着西人的进入，其最主要的饮食业也立即入驻上海，虽然经营规模不一定有其他洋行大，但是纵观行名录编纂的一个多世纪，饮食类行业一直屹立不倒且种类越来越多。其中福利洋行不仅经营面包类生意，同时兼营仓储，后来发展成为沪上有名的饮食类洋行。

后来占据上海大半江山的金融行业此时还未拥有执牛耳的地位，仅 1 家银行，即最早经英国财政部特许入驻上海的丽如银行。可见当时金融业并非上海主要产业，因为一些大的洋行如宝顺洋行、怡和洋行等自有一套完整的资金周转体系，无需借助外在的金融货币银行体系。然而丽如银行的进入却给中小洋行带来了福音，逐渐其他银行也来上海开设分行，上海的金融业到 19 世纪六七十年代就开始兴盛[12]。另外行名录列有 2 名票据代理商，与当时的交易体系有关。1850 年 8 月 3 日的《北华捷报》上一则广告透露了一些相关信息：

> 出售
>
> 九十天后在伦敦交易，观察期六个月，信用兑现方为成交，卖方：
>
> 德记洋行（Wolcott, Bates & Co.）
>
> 上海，一八五〇年八月一日

从这则广告可知，部分洋行代理伦敦的汇票。由于当时银行业并没有发展起来，几家大的洋行都从事汇票、汇兑等业务，自然会产生一批票据代理商进行相关业务。

1852—1854 年在沪的拍卖行仅 1 家，为白兰洋行。该行是有记录可查最早的拍卖行，然在 1858 年之后未见于行名录，可视为在沪歇业。然而拍卖行却没有因为该洋行的结束而衰退，此后涌现出多家拍卖行且各有分工。因为当时上海的人员和货物往来十分频繁，

---

12 钱宗灏，陈正书，等. 百年回望：上海外滩建筑与景观的历史变迁 [M]. 上海：上海科学技术出版社，2005：43.

洋人所用的一些家当或洋行经营的一些货物，所有者离沪或者转换行业时就会进行拍卖，有时拍卖行还会将拍卖信息刊于报纸，以求更多人参与竞拍。

日用品有关的为1家钟表店，利名洋行，这也是当时在册的惟一一家法国洋行。钟表作为西式科技的浓缩品，最初仅限于宫廷及达官贵人所有。随着西洋物品不断进入中国市场，手表等物品也逐渐为华人所拥有。虽然无法判定最早的这家利名洋行的主要服务对象是当时在沪的西人还是华人客户，但是此后的行名录中经营钟表的洋行越来越多，显然不是当时在沪西人消费群体可以支撑起来的产业，应当已面对广大华人客户了。

文化产业相关的洋行1家，即1843年成立的墨海书馆。墨海书馆是上海最早的一家现代出版社，也是最早采用西式的汉文铅印活字印刷术的一家印刷机构。墨海书馆不仅印制了许多关于西方政治、科学、宗教的书籍，而且还培养了一批精通西学的学者如王韬等，在上海文化事业发展史上具有重要地位。1863年歇业，最后见于1863年行名录。

除去从事实业的洋行外，还有1家经营娱乐产业的洋行，腊蜜打球房，为台球室。包括跑马场在内，当时在沪西人的日常休闲活动已经不再单一，不仅有跑马、台球等活动，他们也热衷于去郊外打猎。可见当时的在沪西人十分注重生活品质，各种休闲娱乐活动都不曾放弃，导致最后上海被认为是"纸醉金迷"之所在。

其他从事生产类的技术人员有：建筑师1名、1852—1853年木匠等2名（Meredith, R. 1854年不见记载）、工程师与机械师1名。这些很显然与当时社会的需求密切相关。洋行入驻上海，大量移民涌入，各种洋行、公司、住宅都需要修建，然而西式建筑与中式建筑差别较大，必须由西人的建筑师以及相关的木工与华人配合才能营造一些大体量的建筑。而工程师与机械师则应与当时船舶维修以及西式机器的使用有关，一些西式机器的引入，自然促生了维护群体。

上文主要是以《上海年鉴》中提供的信息将当时在沪洋行的经营范围做了分类和简单介绍。需要说明的是，一些洋行除了行名信息所列的经营业务外，可能还经营一些其他业务。以隆泰洋行和利名洋行为例。

隆泰洋行建立于1844年，为船舶杂货商、杂货及一般代理商，该行也在1850年8月3日的《北华捷报》上刊登了该行的介绍及产品的广告：

签署人同时请求宣布他们能够依照以下价格提供高级苏打水和柠檬汽水：

苏打水——一打八十分

柠檬汽水——一元

回收水瓶。

隆泰洋行（P. F. Richards & Co.）

上海，一八五〇年七月二十四日

隆泰洋行此则广告主要针对该行出售的苏打水、柠檬水，并列出了单价。该行不仅推广他们的饮料，此则广告之后还刊有该行的创建年份、经营范围并宣传可提供新鲜的船舶杂货。

与隆泰洋行有相同经历的还有利名洋行。史载利名洋行经营表行，但是在1855年10月13日的《北华捷报》上发现一则广告，似乎表明在经营手表等业务之外，利名洋行还经营各种酒类：

出售

高档红白葡萄酒、香槟、白兰地、甜酒，以及色拉油。请洽

利名洋行（Remi, Schmidt & Cie.）

上海，一八五五年八月二十四日

从广告中可以看到高级干红葡萄酒、香槟、干邑白兰地、利口酒和色拉油等，各种酒类应有尽有。西人喜爱饮酒，当时的洋行大班热衷于举办各类酒会舞会，对酒类的需求甚多。

这两个例子说明，虽然本书在讨论洋行经营业务的时候以行名录给予的"标签"为主，但并不是说这些洋行只经营这一种单一业务，因为多样性经营应当是当时洋行的生存之道。

当然上文梳理的洋行经营范围为行名录明确记载的，还有很大一部分洋行未见详细记录，然而可以从其他一些材料得知这些洋行的主要经营类型。如主要经营纺织品贸易的有公易洋行、义记洋行、泰和洋行、裕盛洋行、丰茂洋行、祥泰洋行、和记洋行、公平洋行、李百里公司、裕记洋行、惇信洋行等[13]。当然这些洋行都属于在沪较大的洋行，在诸如《北华捷报》等报纸上有详细记载，还有部分小洋行并不见诸其他史料，其经营的类别也只能随同它们自身一起湮没在跌宕起伏的历史潮流中。

---

13 上海社会科学院经济研究所，上海市国际贸易学会学术委员会. 上海对外贸易：1840—1949[M]. 上海：上海社会科学院出版社，1989：75-77.

1855年《上海外国租界地图：洋泾浜以北》解读

  1854 年，作为租界基本法的第二次《土地章程》颁布。虽然它是在中方缺席的情况下制定的，但依旧对当时的上海产生了巨大的影响。第二次《土地章程》第二条载"凡欲向华人买房租地，须将该地绘图注明四址亩数，禀报该国领事官"[14]，这实际上是非明文地将英国领事馆颁发租地的特权废除了，从此洋人纷纷前往各自所在国领事馆租地，标志着英国领事馆在上海滩独揽大权的时代已经结束。1855 年美国领事馆的租地表中就不仅有美国承租者，也不乏英国人。

  1855 年是第二次《土地章程》颁布后的第一年，洋行租地无疑受到影响。此时上海租界经过十余年的建设，城市景观已经发生了巨大变化，郊野景观向城市景观逐渐转变。由于 1855 年相关资料丰富，不仅具有大比例尺实测地图（见 21 页图 6），同时还有详细的租地表可供对照，下文将针对该年份展开讨论，从考订地图的出版时间和版本入手，而后结合《上海道契》《北华捷报》等资料，考订英租界洋行租地，运用 GIS 技术复原洋行平面分布；再结合照片、油画等图像资料，利用 AutoCAD、3ds Max 等计算机技术将开埠初期英租界城市景观推进到立体复原的层面；在此基础上讨论城市功能分区与开埠历史事件的关系，并探讨开埠初期形成的景观、城市形态、城市建成区扩展等问题。

---

14 吴馨，江家嵋，姚文枏，等. 民国上海县志：卷十四 [M]. 上海：瑞华印务局，1936：892.

一、地图内容及相关研究

1855 年《上海外国租界地图：洋泾浜以北》一图流传甚广，是较早关于上海的西方实测城市地图，向来受到学界关注。较早关注该图的应是唐振常主编的《近代上海繁华录》，该书将此图全图影印（缩印）[15]，但是并无其他相关介绍，只能作检索之用。《老上海地图》一书以收集各类上海的历史地图著称，在"租界地图"中收入该图（命名为《大上海外国租界规划》），彩色影印，并简单介绍了该图的出版单位、印制单位以及比例尺和图幅大小等信息[16]，也有中心区域放大图，但也无法利用书中图进行大比例尺研究。《上海历史地图集》作为上海历史地理研究的里程碑著作，较早将该图纳入研究范畴，其中"租界图组"部分重绘此图，与现代地图叠加对比，今昔城市道路与租界区位一目了然[17]。

近年来，由于微观研究的影响以及 GIS 技术的运用，对该图的利用逐渐深化。吴俊范将图中描绘的河流、道路、码头作为水乡的景观要素，讨论它们的消失以及填浜筑路的过程[18]。陈琍以此图作为道契定位的参照，其切入点为地图实测的英租界洋行道契租地号，利用租地号将道契定位于现代地图之上[19]。张晓虹利用近代地图探讨上海开埠初期英租界的城市空间时同样引用该图，并简单讨论了该图与迄今为止所见较早的《1849 年上海外国居留地地图》之间的关系[20]。钟翀则从

15 唐振常. 近代上海繁华录 [M]. 香港：商务印书馆（香港）有限公司，1993：6.

16 上海图书馆. 老上海地图 [M]. 上海：上海画报出版社，2001：36-37.

17 周振鹤. 上海历史地图集 [M]. 上海：上海人民出版社，1999：70.

18 吴俊范. 从英、美租界道路网的形成看近代上海城市空间的早期拓展 [M]// 历史地理：第 21 辑. 上海：上海人民出版社，2006：131-144.

19 关于道契的研究参见：陈琍. 近代上海城乡景观变迁（1843—1863）[D]. 复旦大学历史地理专业博士学位论文，2010.

20 张晓虹. 近代地图与开埠早期上海英租界区域城市空间研究 [M]// 历史地理：第 28 辑. 上海：上海人民出版社，2013：248-261.

地图学史的角度，将此图置于前近代至近代初期西洋实测城市地图背景之中，讨论西方实测地图对中国地图的影响[21]。不仅历史地理学、地图学领域对此图情有独钟，建筑、城市规划专业论著同样多有援引。郑时龄利用该图证明英租界多次扩张的事实，并简单讨论洋商租地及修建洋行情况[22]。伍江用之佐证《土地章程》制定之后上海外国人居留地向完全殖民地化的租界演化过程[23]。张鹏利用此图分析外滩沿岸的城市空间关系[24]。上海章明建筑设计事务所在其所编著的上海外滩源项目相关成果出版物中引用此图与其他地图对比，证明当时外滩源周边并无重大建筑[25]。

围绕 1855 年《上海外国租界地图：洋泾浜以北》展开的研究虽然不少，然而其史料价值并未完全被挖掘。沈金根《1855 年上海英租界地图》一文揭示了上海市城市建设档案馆馆藏地图[26]，使笔者开始关注该图各版本之间的差别。以下将利用 1855 年《上海外国租界地图：洋泾浜以北》的各个版本，考证这些地图出版的前后序列。

二、地图版本与内容考证

1855 年《上海外国租界地图：洋泾浜以北》有多个版本流传于世。

（1）上海图书馆藏。上海图书馆所藏版本最为常见，因较早的出版物如《近代上海繁华录》《老上海地图》等都引用该版本，其后相

---

21 钟翀. 中国近代城市地图的新旧交替与进化系谱 [J]. 人文杂志，2013（5）：90-104.

22 郑时龄. 上海近代建筑风格 [M]. 上海：上海教育出版社，1995：13，34-35.

23 伍江. 上海百年建筑史：1840—1949：第二版 [M]. 上海：同济大学出版社，2008：13.

24 张鹏. 都市形态的历史根基：上海公共租界市政发展与都市变迁研究 [M]. 上海：同济大学出版社，2008：118.

25 上海章明建筑设计事务所，章明. 上海外滩源历史建筑（一期）[M]. 上海：上海远东出版社，2007：52-53.

26 沈金根. 1855 年上海英租界地图 [J]. 历史文化，2002（3）：37-39.

关研究也大多转引此图。2012 年上海图书馆 60 周年馆庆，曾展出此图并翻印，单张发行[27]。单张地图分辨率较书中插页大幅提高，可利用其将上海的城市史研究推进到街区的尺度，本文即采用此图作为研究底本。此版本右下角出版信息处以及左下角稍有破损，但并不影响主体内容，文字依稀可见：

□ Far East）Limited

□ & Shanghai Bank Building,

□ Shanghai, □ Hankow, Tiantsin, Peking（□ 表残缺处）

此处文字可推测为出版商的名称、处所以及所在城市。"Far East）Limited" 应当是指该地图出版商，缺文 "Plans"（地图）。"& Shanghai Bank Building" 应当是指 "Hong Kong & Shanghai Bank Building"，即汇丰银行大楼。汇丰银行于 1865 年同时在香港和上海开业，起初并没有自己的办公楼，而是借了外滩中央饭店（今和平饭店南楼）底层营业，直至 1874 年恢宏的汇丰银行大楼在外滩落成而在上海引起不小的轰动。由此推测上图的成图时间，最早应为 1865 年，即汇丰洋行开始在沪营业时间；保守估计则为 1874 年之后，因为直到此时才有所谓的 "汇丰银行大楼"。见 21 页图 6。

　　（2）上海市档案馆藏。较早由上海市档案馆编著工部局档案时揭示[28]。近年上海市档案馆甄选珍贵档案，编辑成《上海珍档》一书，该图在书中以单页刊印，较前述插图更清晰易读[29]，图下并附简单介绍，

27 王宏，黄国荣. 上海老地图 [M]. 上海：上海科学技术文献出版社，2012.

28 上海市档案馆. 工部局董事会会议录：第一册 [M]. 上海：上海古籍出版社，2001：书前附彩色插图.

29 上海市档案馆. 上海珍档 [M]. 上海：中西书局，2013：44.

认为 1855 年的上海这第一份"英租界地图"显示外滩地区的主要马路已经基本形成。此图地图内容与上海图书馆版一致，然而保存完整、边缘无破损、具体出版信息清晰可辨。此外，上海城建档案馆也藏有此图的完整版，但仅见一文引用[30]。见图 10。

（3）英国国家档案馆藏。此图为英国国家档案馆所藏，由安克强教授建立的共享平台 Virtual Shanghai 最早公之于众。见图 11。此版本与上述两个版本有较大不同，图幅明显小于上海各馆藏版本[31]，仅绘有 1855 年英租界图，地图两侧未附表格、上部空白处未添加《外滩，1849》一图。

笔者翻阅《北华捷报》时发现，上海各馆藏版本所添加的表格皆来源于此（详下），《外滩，1849》则为一油画的重绘版。笔者推测，上海各馆藏的 1855 年《上海外国租界地图：洋泾浜以北》是在原来单纯的英租界地图即英国国家档案馆所藏版本的基础上，添加了当时流行的一些信息之后的重印之物，见图 12，从线条相交之处判断，《外滩，1849》一图系后来添加于原有地图之上。不过，当时习以为常的信息，已成为如今不可多得的研究史料，以及复原当时租界城市景观的重要线索。

上述不同版本的 1855 年地图，内容最易识读的是现藏于上海图书馆的重印地图，该图也是本书所做上海英租界城市景观复原工作的主要依据之一。

从上海图书馆重印版 1855 年《上海外国租界地图：洋泾浜以北》的内容来看，该图所绘主要为上海英租界区域即地图中部三条主要河

---

30 沈金根. 1855 年上海英租界地图 [J]. 历史文化，2002（3）：37-39.

31 英图图幅尺寸为 31cm×60cm，见 Virtual Shanghai 提供数据；上海图书馆版图幅尺寸为 78cm×103cm，见《老上海地图》第 36 页。

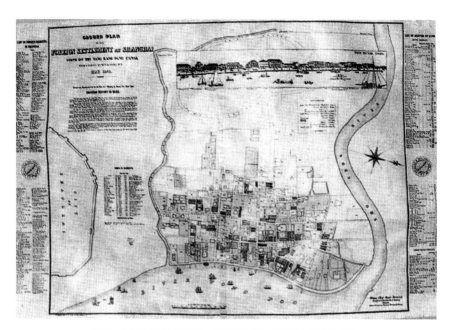

图10　上海外国租界地图：洋泾浜以北（上海市档案馆藏）

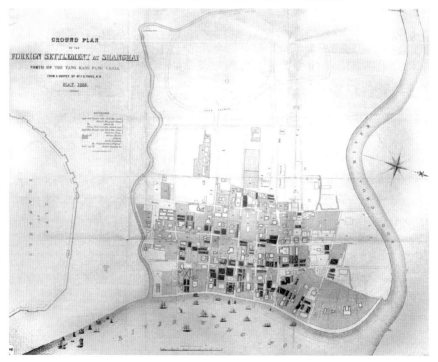

图11　上海外国租界地图：洋泾浜以北（英国国家档案馆藏）

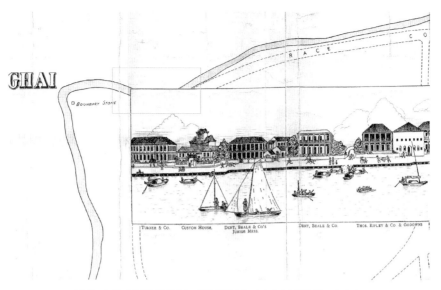

图12　上海外国租界地图：洋泾浜以北（上海图书馆藏，细部）

流包围之地，北自苏州河（Soo Choa River），南到洋泾浜（Yang Kang Pang Canal，今延安东路），东临黄浦江（River Wong Poo），西达周泾浜（地图未出河流名，今西藏路，为1848年租界扩充之后新的西界）。其中主要建筑集中在1846年所划定的界路（Barrier Road，今河南中路）以东，反映了英租界早期发展情况。

　　地图清楚地绘制了英租界内各条马路的走向，用红蓝两色标明英、美商行的位置。地图右上端绘有一幅1849年的外滩概貌，黄浦江上示意性地画了各式帆船及华人摆渡船，外滩一带的热闹程度可见一斑。其中较为重要的是在外滩沿线的建筑下方都清楚地标注出每所房子的业主（洋行名称），对本书重建外滩当年的景观十分重要。地图左上方印有上海简史（Shanghai History in Brief），介绍了上海从鸦片战争到开辟英、法、美几国租地的过程。其下方列出当时在沪各大洋行的轮船（Ships in Harbour, May 5th, 1855）以及在港备战人数（Man-of-War in Port），即枪支数量、战船及船员数量。除去主图所绘的英租界土地使用地图之主要部分外，图幅边幅所附的两份表格同样具有重要的研究价值。图幅左侧列有《1850年驻沪外侨名单》（*List of Foreign Residents in Shanghai, 1850*），按照音序排列，并列出外侨服务的洋行，对盘点开埠初期来沪洋人具有重要意义。图幅右侧则是1855年《英国领事馆租地表》和《美国领事馆租地表》（*List of Renters of Land, British Consulate, Shanghai October, 1855; United States Consulate, December, 1855*），两表来源于《北华捷报》，但与原表略有不同。下文将对英美两国领事馆的两份租地人名单做必要说明。这两份租地人名单对复原开埠初期洋行的分布至关重要，惟有结合文字材料，地图所绘制的地理信息才有可能被重新解读。

两分天下：英美租界的洋行状况

一、1855年《英国领事馆租地表》和《美国领事馆租地表》

正如上文所述，《北华捷报》所刊登的英国和美国两份领事馆租地表，成为判定1855年《上海外国租界地图：洋泾浜以北》出版时间的关键材料，而其更是厘清开埠初期洋行的重要史料。

1855年《英国领事馆租地表》原刊于1855年10月13日的《北华捷报》，本只是英领馆发布的一个《通知》（*Notification*）的附件，《通知》要求租地人在1855年10月8日之前将土地租金交与"官银号[32]"（Chinese Government Bank），并说明租地付款的收据须一式

---

32 此处借用第一次《土地章程》中文本的叫法。参见：郑祖安. 英国国家档案馆收藏的《上海土地章程》中文本 [J]. 社会科学，1993（3）：52.

三份，其中两份应归还英领馆办公室。租地表作为附件刊于《通知》之后，并详细列出已出租的土地、租地人的姓名以及每块租地的面积。译文如下：

通　知

英国驻沪领事馆，一八五五年十月二日

应女王陛下领事的要求，在上海的租户（请参随函声明）请依据各自所租地块付政府年租款至官银号，付款日期不得晚于下星期一，即本月八日，每亩现金一千五百文，涵盖一八五四年和一八五五年度，并不得违反相关规章制度。收据为三联单，其中两联归还本司，以备记录。

随函声明附有各使用地块之名称、租户以及到期年租款额。

Frederick Harvey

副领事

致上海各租户

（附表）

细读《通知》，可知该声明发表的时间为 1855 年 10 月 2 日，催缴日期为 10 月 8 日，见报之日为 10 月 13 日，故而催缴时效已过。另外根据 1854—1855 年租地条例，土地的租金为每亩 1 500 文。

参照第二次《土地章程》，第七条关于"纳租"有明确规定："每亩年租一千五百文。每年于十二月中预付该业户，以备完粮。先十日，又道台行文三国领事官，饬令该租主将租价交付银号，领取收单三张。倘过期不交，则领事官追缴。"[33] 对比第一次《土地章程》，要求"一

---

33 上海公共租界史稿 [M]. 上海：上海人民出版社，1980：54.

律每年十二月十五日，将次年年租由租户全行支给。其支取之时，先期十日由海关照会领事官，传知各租户"[34]。第一、第二次章程此点并没有大的改动，对比英国领事馆公告的时间节点，发现虽然英国领事馆公告时已过自定的催缴时限，但见报日为10月中旬，比《土地章程》中提及的"十二月中"还是早了将近两个月，实际操作方面仍具有时效性。根据《工部局董事会会议录》可知，租地表的整理编纂一方面是应《土地章程》规定，另一方面也是为租界内土地估价以及征集税收之用[35]。

1855年《美国领事馆租地表》同样也是一份催缴年租的产物，刊登于1855年12月1日的《北华捷报》，其告示内文如下：

通　知

美国驻沪领事馆

一八五五年十一月六日

随函声明所列各租户请于下月即十二月一日前（含）将政府年租款交予官银号，每亩现金一千五百文，并不得违反土地规章制度。收据为三联单，其中两联归还本司。

（签名）R. C. Murphy

美国领事

致上海各租户

（附表）

---

34 郑祖安. 英国国家档案馆收藏的《上海土地章程》中文本 [J]. 社会科学, 1993（3）：52.

35 1854年7月26日工部局召开的第二次会议旋即讨论"从各国领事馆收集租地人全部名单，供估价之用"，此后仍敦促此事，1854年8月10日第三次会议记录"总董致函上述各国领事，并要求送来在各国领事馆登记的租地西人的正确的名单"，在工部局的工作中确实也将租地人名单视为催缴税收的重要凭证，1861年12月11日记录"董事会审查并通过了几笔账目，指令总办呈报尚未付清码头捐的租地人名单，向他们寄发第二份催付捐税款申请表格"。参见：上海市档案馆. 工部局董事会会议录：第一册 [M]. 上海：上海古籍出版社，2001：570，630.

对比《英国领事馆租地表》的公告可知，两国领事馆的告示内容大同小异，仅美国领事馆催缴时限为 12 月 1 日，晚于英国领事馆，然而依旧在中方要求的"十二月中"之前，并未违背《土地章程》之义。

二、英租界洋行租地考订

由于开埠之后上海土地交易频繁，道契资料纷繁零散，无法系统看出洋行租地变化，为了实现复原英租界景观的可能，首先需要将1855 年《英国领事馆租地表》进行梳理。

该表所列内容包括租地人、道契号、分地号、租地面积、租金、租期、总租地面积、总租金等。由表中内容可知，部分租地所需要缴纳的租金为 1854—1855 年两年的年租，部分则仅需交付 1855 年一年的年租，原因未注明。结合表中洋行各分地的租金以及总租金来看，标明"1854—1855"的地块在计算时确实翻倍计入总租金，故有些总租金大于各分地租金之和。

由于该表内容较多，文幅有限，现将总租地面积和总租金列于每个洋行的单块租地面积和租金下一行，加粗以示区别，列表 5 如下。

表5 1855年《英国领事馆租地表》

外文名	中文名	道契号	分地号	面积				租金（文）	租期
				亩	分	厘	毫		
Adamson, W. R.	天长	38	63	8	8	7	5	13 313	
		92	15	3	6	5	0	5 475	1854—1855
		127	133	1	5	0	0	2 250	
		161	168	7	3	6	0	11 040	1855
		29	151（c）	1	1	0	0	1 650	1854—1855
				22	**4**	**8**	**5**	**56 416**	

外文名	中文名	道契号	分地号	面积				租金（文）	租期
				亩	分	厘	毫		
Adamson, W. R. and Young, A. J.	天长和米士央	108	114	4	4	7	3	6 710	1854—1855
		109	115	2	5	0	0	3 750	
		110	116	5	1	2	7	7 691	
		113	119	4	0	6	7	6 101	
		124	130	1	5	2	0	2 280	
				17	6	8	7	53 064	
<u>Aladinbhoy Habbibhoy</u>[36]	—	105	111	0	7	0	0	1 050	1854—1855
								2 100	
Ameeroodeen Jafferbhoy	祥记	96	102	2	4	0	0	3 600	1854—1855
								7 200	
Augustine Heard & Co.	琼记	27	36	8	0	2	7½	12 041	1854—1855
		34	33	10	8	8	3	16 325	
				18	9	1	0½	56 732	
<u>Barnett, Geo.</u>	惇信	31	57	14	4	9	0	21 735	—
								43 470	
Beale, T. C.	皮尔	32	58	5	7	9	5	8 693	1854—1855
		88	51	4	2	5	0	6 375	
		98	104	3	9	5	0	5 925	
		146	152	12	0	0	0	18 000	
		152	158	57	0	0	0	85 500	
		153	159	14	0	0	0	21 000	
				96	9	9	5	290 986	
Beale, T. C., *Trinity Church*	皮尔，圣三一教堂	30	56	24	2	9	0	36 435	1854—1855
								72 870	
<u>Birdseye, T. J., sub</u>	吧喏	—	80（e）	8	1	4	2	12 213	1854—1855
			80（i）	8	1	0	4	12 156	
				16	2	4	6	48 738	
Bland J.	<u>李百里大班</u>	—	80（j）	7	6	9	4	11 541	1854—1855
		35	125（a）	3	5	9	4	5 391	1855
				11	2	8	8	28 473	

---

36 表中行名加下划线者表示1855年新增租地洋行，后文将单独讨论。

外文名	中文名	道契号	分地号	面积				租金（文）	租期
				亩	分	厘	毫		
Blenkin, W.	威林璞兰金	4	2	4	4	8	7	6 731	1854—1855
		14	41	1	3	1	8[37]	1 977	
		24	27	1	5	6	8[38]	2 352	
				7	3	7	3[39]	22 120	
Booker, F., sub	裕泰大班	30	151（d）	4	7	5	8	7 137	1854—1855
		–	–	1	0	5	0	1 575	
				5	8	0	8	17 424	
Bowman, A. and J.	宝文兄弟	12	39	16	1	7	7	28 766	1854—1855
Bowman, John	约翰宝文	72	84	8	8	8	0	13 320	
				28	0	5	7	75 172	
Bowman, James	詹姆斯宝文	53	75	12	6	5	0	18 975	1854—1855
		101	107	4	3	5	0	6 525	
		111	117	20	0	0	2	30 003	
		115	121	2	0	0	0	3 000	
				39	0	0	2	117 006	
Brine, R. A.	白兰	–	80（a）	8	2	0	5	12 308	1854—1855
		35	88	8	8	3	4	13 251	
		99	105	0	7	5	0	1 125	
				17	7	8	9	53 368	
Broughall, Wm.	中和	74	86	6	3	8	7	9 581	1854—1855
								19 162	
Bull, Nye & Co.	同珍	35	30	13	2	5	8	19 887	1854—1855
								39 774	
Burjorjee, D. and Lalcaca	复源大班与腾格格（顺章大班）	114	120	10	0	0	0	15 000	1854—1855
								30 000	
Bussche de, E. M.	英商勃	26	17	3	6	0	0	5 400	1854—1855
								10 800	

---

37 原表注明：2—10月。

38 原表注明：2—10月。

39 原表注明：4—10月。

续表5

外文名	中文名	道契号	分地号	面积				租金（文）	租期
				亩	分	厘	毫		
Cassumbhoy & Co.	架记	78	19（b）	1	5	0	2	2 253	1854—1855
		94	100	0	7	5	0	1 125	1854—1855
		10	19（a）	4	2	4	0	6 360	1854—1855
				6	4	9	2	19 476	
Cobb, Benj	柯柏	163	170	11	9	1	6	17 874	1855
								17 874	
Consulate H.B.M.'s	英国领事馆	16	76	126	9	6	7	190 451	1854—1855
								380 902	
Cowasjee Pallanjee, sub.	利查士	17	20（a）	4	0	0	0	6 000	1854—1855
								12 000	
Crampton, Jas.	J·葛兰敦	14	41	7	6	6	3	11 495	1854—1855
		19	43	19	2	3	0	28 845	
		50	77	4	6	1	9	6 929	
		130	136	2	0	0	0	3 000	
				33	5	1	2	100 538	
Croom, A., and Dow, Jas	融和	7	25	5	1	5	9	7 739	1854—1855
								15 478	
Crossley, Jas	英民知米士格罗士理	56	58（a）	6	3	0	5	9 458	1854—1855
								18 916	
Dallas, A. G.	打喇士	20	32	5	6	4	1	8 462	1854—1855
		22	32（a）	2	6	9	0	4 035	
		—	—	1	6	7	4	2 511	
				10	0	0	5	30 016	
Deacon, E.	抵根	129	135	1	8	6	3	2 795	1854—1855
								5 590	
Dent, Beale & Co.	宝顺	1	8	13	8	9	4	20 841	1854—1855
		8	9	7	4	8	3	11 225	
				21	3	7	7	64 132	
Dirago, J.	迭腾格	148	154	0	6	0	0	900	1854—1855
								1 800	

外文名	中文名	道契号	分地号	面积				租金（文）	租期
				亩	分	厘	毫		
Dirom, Gray & Co., sub	裕记	1	6	5	4	3	5	8 153	1854—1855
		2	6（a）	0	8	6	0	1 290	
		65	31	7	0	1	0½	10 516	
				13	3	0	5½	39 918	
Fincham, A.	米士粉春	112	118	3	9	6	0	5 940	1854—1855
								11 880	
Fogg, H.	丰裕	59	50	2	5	0	0	3 750	1854—1855
								7 500	
Francis, Robt	英商罗白勿兰西	144	150	3	5	0	0	5 250	1854—1855
								10 500	
Gabriel, M., sub.	泰兴	11	73（a）	2	8	3	8	4 257	1854—1855
								8 514	
Gibb, Livingston & Co.	仁记	5	3	15	9	6	0	23 940	1854—1855
		58	38	8	8	4	0	13 260	
				14	8	0	0	74 400	
Gilman, Bowman & Co.	太平	18	27	8	4	7	1	12 707	1854—1855
		15	60（b）	10	7	0	0	16 050	
				19	1	7	1	57 514	
Grant, J.	刻兰得	45	66	6	9	0	3	10 355	1854—1855
								20 710	
Gray, H. M. M.	仁记职员	67	82	6	2	5	2	9 378	1854—1855
								18 756	
Griswold, J. N. A.	金能亨	83	95	1	2	0	0	1 800	1854—1855
								3 600	
Grove, F. H.	指望行	157	164	0	4	4	8	672	1855
Hall, G. R. sub	哈尔医生	13	60（a）	5	2	5	0	7 875	1854—1855
								15 750	
Head, C. H.	英商黑的	34	80（b）	7	7	2	6	11 589	1854—1855
		36	125（b）	2	1	5	4	3 231	
		131	137	0	8	0	0	1 200	
		151	157	8	0	0	0	12 000	
				18	6	8	0	56 040	

外文名	中文名	道契号	分地号	面积				租金（文）	租期
				亩	分	厘	毫		
Helbling, L.	公易职员	135	141	10	0	0	0	15 000	1854—1855
		28	151（b）	2	2	8	0	3 420	
				12	2	8	0	36 840	
Hogg, Wm	广隆大班	133	139	12	3	0	0	18 495	1854—1855
								36 990	
Hogg, Jas. sub.	兆丰	–	80（h）	7	5	1	1	11 267	1854—1855
								22 534	
Hobson, Rev. John	礼记	126	120	2	7	2	0	4 080	1854—1855
								8 160	
Holliday, Wise & Co., sub	义记	26	21（b）	11	7	5	9	17 639	1854—1855
		16	79（b）	4	3	8	8	6 582	
				16	1	4	7	48 442	
Hubertson, G. F.	–	9	36（a）	3	1	0	7	4 660	1854—1855
								9 322	
Jardine, Matheson & Co.	怡和	3	1	18	6	4	9	27 974	1854—1855
								55 948	
Kennedy, H. H.	英商黑布林	77	89	5	8	4	9	8 774	1854—1855
		27	151（a）	2	1	9	1	3 287	1854—1855
				8	0	4	0	24 122	
Kewsang, I.	–	142	148	2	6	8	1	4 022	1854—1855
								8 044	
Kirk, T.	长脚医生	23	65	21	1	6	9	31 754	1854—1855
		–	–	3	3	5	0	5 025	
		37	64	7	1	3	5	10 703	
		24	150（a）	4	0	0	0	6 000	
				35	6	5	4	106 964	
King, D. O.	金氏（广源职员）	68	83	2	3	0	0	3 450	1854—1855
								6 900	
Lewin, D. D. sub	–	20	21（a）	6	6	1	3	9 919	1854—1855
								19 838	
Lind, H.	英商林德	63	81	5	2	0	0	7 800	1854—1855
								15 600	

外文名	中文名	道契号	分地号	面积				租金（文）	租期
				亩	分	厘	毫		
Lindsay, Hugh H.	－	2	24	11	7	4	9	17 624	1854—1855
		73	25	7	0	0	0	10 500	
		23	22（d）	6	8	0	0	10 200	
		－	－	0	3	6	5	548	
		3	25（b）	5	0	3	9	7 559	
				30	9	5	3	92 862	
McCulloch, A., do	－	32	21（c）	10	5	0	0	15 750	1854—1855
								31 500	
McDonald, Jas.	长利	33	14	10	8	1	7	16 225	1854—1855
		90	14（a）	2	0	0	0	3 000	
				12	8	1	7	38 450	
Macduff, H. C. R., & Thorhurb, Trustees	－	145	151	161	1	4	7	241 721	1854—1855
								483 442	
Major, R. O.	太丰	－	－	1	7	5	0	2 625	1854—1855
								5 250	
Mackenzie, Chas. D.	名利	36	28	8	3	5	0	12 525	1854—1855
		48	29	2	5	0	0	3 750	
		49	71	3	5	0	0	5 250	
		54	72	2	9	3	7	4 406	
		61	79	0	5	2	0	780	
		71	13	3	0	0	0	4 500	
		86	68	3	2	8	6	4 929	
				24	0	9	3	72 280	
Mackenzie, Wm	名利职员	118	124	3	3	0	0	4 950	1854—1855
		128	134	2	7	0	0	4 050	
				6	0	0	0	18 000	

续表5

外文名	中文名	道契号	分地号	面积				租金（文）	租期
				亩	分	厘	毫		
Medhurst, Rev. W. H., Miss Socy	麦都思,伦敦会	21	61	13	3	0	1	19 952	
		22	62	5	5	0	0	8 250	
Medhurst, Rev. W. H., *Trustees Cemetery Committee*	麦都思，西人坟地代理	43	74	14	1	0	0	21 150	1854—1855
		132	138	0	2	0	0	300	
				33	1	0	1	99 304	
Moncreiff, Thos	满吉利	102	108	0	8	0	0	1 200	1854—1855
Moncreiff, Grove & Co.	指望	104	110	0	6	0	0	900	1854—1855
		149	155	9	8	0	0	14 700	
		158	165	2	1	0	0	3 150	1855
				13	3	0	0	36 750	
Murray, J. I.	太全莫利	134	140	1	9	0	0	2 850	1854—1855
								5 700	
Municipal Council sub.	工部局	38	57（a）	3	4	7	0	5 205	1854—1855
								10 410	
Nelson, R.	英商孙先生	123	129	8	0	0	0	12 000	1854—1855
								24 000	
Nicol, G. S.	英人暄格	80	90	5	9	3	4	8 901	1854—1855
		95	101	6	2	0	0	9 300	
		97	103	11	8	2	0	17 730	
				23	9	5	4	71 862	
Otterson, J. M.	英人五多	87	96	1	7	0	0	2 550	1854—1855
								5 100	
Perceval, A.	怡和大班	17	5	5	4	3	5	8 152	1854—1855
		155	161	3	0	0	0	4 500	
		156	162	5	0	0	0	7 500	
		22	31（a）	4	2	5	6½	6 384	
				17	6	9	1[40]	53 072	
Pert, Robt	英商泊脱	91	98	1	2	0	0	1 800	1854—1855
								3 600	

40 原表注明：5—10 月。

外文名	中文名	道契号	分地号	面积				租金（文）	租期
				亩	分	厘	毫		
Pestonjee Framjee	顺章	60	18	5	3	7	5	8 063	1854—1855
								16 126	
Purvis, George	英商巴菲士	93	99	3	0	2	0	4 530	1854—1855
								9 060	
Rathbones, W. and Gray, L.	下辈之威林拉得文、萨萨母儿格理拉得文	28	52	8	8	4	7	13 271	1854—1855
		57	52（a）	10	1	5	3	15 230	
				19	0	0	0	57 002	
Rawson, T. S.	多马士撒森罗孙	4	2	13	4	6	1	20 192	1854—1855
		14	41	3	9	5	4	5 932	
		24	37	4	7	0	4	7 057	
				22	1	2	0[41]	66 362	
Reiss, L., *sub*	–	4	25（a）	4	9	6	0	7 440	1854—1855
								14 880	
Reubens, I.	英商胡巴	70	20	6	0	0	0	9 000	1854—1855
								18 000	
Reynolds, E. A.	夜冷	–	96（a）	1	1	0	0	1 650	1854—1855
								3 300	
Reynolds, E. A. and Cobb, Benj	夜冷与靠拔	162	169	52	0	0	0	78 000	1855
Ripley, Julia	李百里	9	7	3	9	5	3	5 930	1854—1855
		10	7（a）	2	3	0	4	3 456	
		13	42	22	7	2	5	34 087	
		33	6（b）	3	9	5	3	5 930	
				32	9	3	5	98 806	
Road Committee, do	道路委员会	7	77（a）	1	5	8	1	2 371	1854—1855
								4 743	
Rogers, Jas.	–	147	153	1	0	0	0	1 500	1854—1855
								3 000	

---

41 原表注明：2—10 月。

外文名	中文名	道契号	分地号	面积				租金（文）	租期
				亩	分	厘	毫		
Russell and Co.	旗昌	25	34	11	9	5	3[42]	17 930	1854—1855
								35 860	
Ruttonjee, S. and Lungrana	–	41	73	2	9	7	6	4 464	1854—1855
								8 928	
Sassoon, A. D.	沙逊	42	19	4	2	4	0	6 360	1854—1855
		8	19（b）	4	9	1	8	7 377	
Sassoon, D.		75	26（a）	4	4	0	0	6 600	
Sassoon, R. D.		76	87	8	2	3	5	12 352	
Sassoon, A. D.		79	19（c）	3	0	0	0	4 500	
		126	132	1	1	8	0	1 770	
		136	142	4	0	0	0	6 000	
Sassoon, D. S.		141	147	1	2	0	0	1 800	
		66	26	9	1	8	8	13 782	
				40	3	6	1	121 082	
Saul, R. P.（Fives Court）	娑尔	44	78	2	0	0	0	3 000	1854—1855
								6 000	
Shaw, Wm.	–	122	128	8	4	2	0	12 630	1854—1855
								25 260	
Shearman, Henry	奚安门	–	–	3	2	0	0	4 800	1854—1855
								9 600	
Sillar Brothers, sub.	和昌	18	60	10	7	0	0	16 050	1854—1855
		–	60（c）	2	0	0	0	3 000	
		137	143	3	0	0	0	4 500	
				15	7	0	0	47 100	
Skinner, J.	仁记职员	–	80（c）	8	9	8	0	13 470	1854—1855
								26 940	
Smith & Co.（Robert）	四美	29	55	12	7	0	0	19 050	1854—1855
								38 100	

42 原表注明：5—10 月。

外文名	中文名	道契号	分地号	面积				租金（文）	租期
				亩	分	厘	毫		
Smith J. Mackrill *Trustee*	广源大班	84	97	5	7	5	0	8 625	1854—1855
								17 250	
Smith J. Caldecott	卓恩阁 第克士密	82	91	7	7	6	1	11 641	1854—1855
								23 282	
Smith E. M.	美商 磨利士思密	64	22（b）	2	9	3	5	4 403	1854—1855
								8 806	
Smith King & Co.	广源（四美）	–	4	3	0	0	0	4 500	1854—1855
		21	4（a）	12	3	9	2	18 588	
				15	3	9	2	34 176	
Strachan, Geo	–	–	60（b）	10	7	0	0	16 050	1854—1855
								32 100	
Sykes, Schwabe & Co.	公平	11	35	7	8	2	1	11 732	1854—1855
		6	35（a）	7	0	5	5	10 582	
				14	8	7	6	44 628	
Thorburn, R. F.	–	14	79（a）	4	0	0	0	6 000	1854—1855
								12 000	
Thorne, A.	丰茂职员	26	59（a）	6	1	0	0	9 150	1854—1855
								18 300	
Turner & Co.	华记	40	21	7	1	6	0	10 740	1854—1855
		51	11（a）	9	8	0	0	14 700	
		55	11	10	7	8	8	16 182	
		69	11（b）	5	8	6	0	8 790	
				33	6	0	8	100 824	
Vacher,W.	–	117	123	8	0	0	0	12 000	1854—1855
		–	163						
Waters, Chas.	哗咧士	150	156	4	0	0	0	6 000	1854—1855
								12 000	
Watson, J. P.	丰茂	46	59	10	9	0	0	16 350	1854—1855
								32 700	

外文名	中文名	道契号	分地号	面积				租金（文）	租期
				亩	分	厘	毫		
Wetmore & Co.	哗地玛	39	22	2	9	5	8	4 437	1854—1855
		52	22（a）	4	6	0	0	6 900	
		106	112	1	5	0	0	2 250	
		107	113	1	0	0	0	1 500	
		37	164（a）	1	2	5	2	1 878	
				11	3	1	0	33 930	
Webb, Ed.	—	25	80（a）	7	8	9	1	12 151	1854—1855
								23 672	
Wills, C.	惠利十	—	80（d）	9	2	8	6	13 929	1854—1855
		—	80（f）	8	2	0	5	12 307	
		89	85	8	2	0	0	7 800	
		100	106	4	4	7	6	6 714	
		103	109	9	5	8	0	14 261	
		138	144	4	3	0	0	6 450	
		139	145	2	0	0	0	3 000	
		140	146	3	0	0	0	5 250	
		143	149	13	1	6	5	19 747	
				59	7	1	2	179 134	
Winch, J. H., Trustee Hospital	—	5	62（a）	6	1	0	0	9 150	1854—1855,
								18 300	
Wright, J. W.	天孙	81	92	3	2	6	3	4 895	1854—1855
		159	166	5	9	3	6	8 904	1855
		160	167	1	7	0	0	2 550	1854—1855
				10	8	9	9	23 794	
Young, A. J.	米士央	116	122	1	3	0	0	1 950	1854—1855
		121	127	2	2	0	0	3 300	
		125	131	1	2	0	0	1 800	
				4	7	0	0	14 100	

　　结合道契资料将租地表所列各租地逐一考订，发现1855年《英国领事馆租地表》中两块分地的更新时间晚于1855年10月13日，即英领馆在《北华捷报》刊登《通知》之日。两地块均为 Wright, J. W. 承租，

其一为第 159 号第 166 分地，其二为第 160 号第 167 分地。第 166 分地道契载租地者为来帖，外文契为 Jose. Will. Wright，即 1855 年《英国领事馆租地表》所刊 Wright, J. W.，检索行名录，Wright, J. W. 供职于天孙洋行[43]，该地首租面积为六亩二分六厘六毫，后在 1856 年 1 月 16 日划出地基内的三分三厘转与美国商人克雷[44]，与 1855 年《英国领事馆租地表》面积五亩九分三厘六毫相符。第 167 分地道契载同样为来帖所租，该份英契刊出全名 Joseph William Wright，土地原租二亩二分，同样在 1856 年 1 月 16 日划出五分土地给美商克雷[45]，但与上块分地不同，1855 年《英国领事馆租地表》却没有记录这块分地的变化。虽不明白后一地块为何脱落更新信息，但可以确定的是，1855 年《英国领事馆租地表》记录的信息最早也要截止到 1856 年 1 月 16 日了，然而该份材料刊行于 1855 年 10 月 13 日的《北华捷报》，时间上并不匹配，暂且只能存疑待考。

若单以 1855 年《英国领事馆租地表》而论，自然可以弄清当时的租地情况，但是很难看出《土地章程》颁布前后洋行租地情况的变迁，下文将与 1854 年《上海年鉴》所载的《1853 年上海租地名录》对比进行讨论。由于租地表所涉洋商与洋行较多，倘若按序陈述不免显得拖沓冗杂，现分为四类洋行展开：租地增加、租地持平、租地减少、新增租地洋行，如此洋行实力的消长也清晰可辨。为行文方便，以租地表所列租地人顺序为序。

（一）租地增加的洋行

天长洋行时租有第 92 号第 15 分地[46]，其 1853 年租地面积为三亩

---

43 该行始见于 1856 年行名录，1854 年未见记载，可推定在 1855 年抵沪。

44 《上海道契》第一册，第 218 页。

45 《上海道契》第一册，第 219 页。

46 《上海道契》第一册，第 145 页。

四分，租金 5 100 文；而 1855 年租地面积为三亩六分五厘，租金 5 475 文。增加的二分五厘地为 1853 年 8 月 20 日从原宝顺洋行大班皮尔所租的第 98 号第 104 分地 [47] 划出。天长洋行至 1855 年新增租地四块，分别为第 38 号第 63 分地、第 127 号第 133 分地、第 161 号第 168 分地 [48]、第 29 号第 151（c）分地 [49]，连同此前租的第 15 分地，共租面积二十二亩四分八厘五毫，租金 56 416 文。天长洋行除去自己单独租地之外，还与米士央合租了 5 块地，分别为第 108 号第 114 分地 [50]、第 109 号第 115 分地 [51]、第 110 号第 116 分地 [52]、第 113 号第 119 分地 [53]、第 124 号第 130 分地 [54]，总计面积十七亩六分八厘七毫，租金 53 064 文。天长洋行在这两年间土地增长迅速，可推测其在沪贸易迅速发展。

皮尔名下的土地 1853 年只有第 88 号第 51 分地一块 [55]，1855 年

---

47 《上海道契》第一册，第 153 页。

48 《上海道契》第一册，第 183、220 页。

49 道契第 29 号第 55 分地为公易洋行首租。《上海道契》第一册，第 51 页。

50 道契载第 108 号第 114 分地为"米士央"一人在咸丰四年十二月二十日（1855 年 2 月 6 日）首租，咸丰五年三月初十日（1855 年 4 月 25 日）将所租基地转与"央"和"天祥行"。《上海道契》第一册，第 161 页。行名录中 Adamson, W. R. 在 1854 年、1855 年都载为"天长"，此后在 1858 年外文名改为 Adamson, W. R. & Co.（1861 年、1863 年行名录亦为此名），直至 1866 年中文名才改为"天祥"，1872 年之后外文名改为"Adamson, Bell & Co."。不知此处道契为何在 1855 年时已称其为"天祥"。

51 道契载第 109 号第 115 分地为"米士央"一人在咸丰四年十二月二十日首租，咸丰五年三月初十日英商"央"将所租基地转与英商"央"和"天祥行"，故而此表列为两人合租。《上海道契》第一册，第 162-163 页。从该道契在转租可以确定，道契中的"央"和"米士央"应为一人，这几块分地基本上属于一人首租之后另一人再加租，但道契全部将首租之人也作转手处理，两人重新租地。

52 所租基地转与英商"央"和"天祥行"。《上海道契》第一册，第 163-164 页。

53 道契载第 113 号第 119 分地为"天祥行"在咸丰四年十二月二十日首租，咸丰五年三月初十日英商"天祥行"将所租基地转与"天祥行"和"央"租用。《上海道契》第一册，第 166 页。

54 道契载第 124 号第 130 分地为"央"在咸丰四年十二月二十一日（1855 年 2 月 7 日）首租，咸丰五年三月初十日英商"央"将所租基地转与"央"和"天祥行"租用。《上海道契》第一册，第 180-181 页。

55 该份道契已佚，1855 年《英国领事馆租地表》中补出租地号为第 88 号。

增加了 5 块地，分别为第 32 号第 58 分地[56]、第 98 号第 104 分地[57]、第 146 号第 152 分地[58]、第 152 号第 158 分地[59]和第 153 号第 159 分地，租地面积从原来的四亩多骤增到九十六亩九分九厘五毫，增加了 2 282%，一举成为当时拥有土地最多的洋商[60]，其租金更高达 290 986 文。除去单独在皮尔名下的租地，还有第 30 号第 56 分地列入皮尔及圣三一教堂名下[61]，所租面积为二十四亩二分九厘，租金 72 870 文。

和记洋行所租第 4 号第 2 分地，道契载初为道光二十四年十月（1845 年 10、11 月间）租地十七亩九分四厘三毫。咸丰三年四月十三日（1853 年 5 月 20 日）该地四分之一即四亩四分八毫转与威林璞兰金，四分之三即十三亩四分六厘一毫转与多马士撒森罗孙（Rawson, T. S.）。因此，1855 年《英国领事馆租地表》第 2 分地同时列于两人名下。

和记的第二块租地为第 14 号第 41 分地[62]，1853 年面积为五亩二分七厘三毫，租金 7 909 文；到 1855 年降为一亩三分一厘八毫，租金 1 977 文。该地与第 2 分地情况相同，在同一天将该地的四分之一留给威林璞兰金，另四分之三转与多马士撒森罗孙。而 1855 年《英国领事馆租地表》单独列出多马士撒森罗孙租用第 14 号第 41 分地，面积为

---

56 道契载该地块为参位得于道光二十六年八月间（1846 年 9、10 月间）租得，面积与 1855 年《英国领事馆租地表》同样为五亩七分九厘五毫，但是没有转手给皮尔；咸丰九年六月十日（1859 年 7 月 9 日）记载英商参位得将土地转与英商名以乞得姓韦伯租用。《上海道契》第一册，第 54-55 页。

57 该道契中契已佚，租地人为 Beale。《上海道契》第一册，第 153-154 页。

58 《上海道契》第一册，第 200 页。

59 该份道契已佚，相邻地块分别为第 151 号第 157 分地（《上海道契》第一册，第 206 页）和第 153 号第 159 分地（《上海道契》第一册，第 207 页），所以散佚的应当是第 152 号第 158 分地。

60 本章讨论洋行的租地面积排名皆为英领馆注册土地，未将美领馆注册土地合并计算。

61 该份道契已佚，相邻地块分别为第 29 号第 55 分地（《上海道契》第一册，第 51-52 页）和第 31 号第 57 分地（《上海道契》第一册，第 52-53 页），所以散佚的应当是第 30 号第 56 分地。

62 《上海道契》第一册，第 5-6 页。

三亩九分五厘四毫，租金为 5 932 文。两者相加差一毫，应该为小数点取舍缘故。

关于和记的另外一块租地信息，表格中所列道契注册号为第 24 号，分地号为第 27 分地，查道契资料第 24 道契号为第 37 分地，"英商和记租赁，量见三亩五分三厘一毫、二亩七分四厘二毫"[63]，土地面积相加之和与《1853 年上海租地名录》中六亩二分七厘三毫相符。土地交易分租面积减少可以理解，但分地号应不会改变，故而可以确定 1855 年《英国领事馆租地表》中关于和记的租地信息有误，应为第 24 号第 37 分地。倒是另外一位租地者多马士撒森罗孙名下写着第 24 号第 37 分地，面积为四亩七分零厘四毫，租金为 7 057 文。综上，上述三块分地之变迁，可能是洋行创立者分道扬镳重新分配土地之故。因洋行取名大多为创立者姓氏之和，所以原和记名为 Blenkin, Rawson & Co., 即为后来租地两人姓氏之和。

宝文兄弟第 12 号第 39 分地的租地面积，1853 年与 1855 年相同，皆为十六亩一分七厘七毫，但是租金却不同，1853 年载为 24 265 文，而 1855 年载为 28 766 文。道契载该地块由宝文兄弟于 1845 年 5、6 月间租定，当时面积为十六亩八分六毫八毫；1847 年 6 月 30 日在原地中划出二亩一分三厘三毫地给奄巽兄弟，同一天奄巽兄弟又从自己所租的第 40 分地中划出三亩零四厘二毫给宝文兄弟，此时宝文这块地的面积是十七亩七分七厘七毫。后载修造公路会将原租甲字第 77 分地中划出四分地转与宝文兄弟，但是该地转手时间脱落，而此分地的下一次土地交易时间是 1856 年 9 月 1 日 [64]，明显已不是 1855 年《英国领事

---

63 《上海道契》第一册，第 41 页。
64 《上海道契》第一册，第 19-20 页。

馆租地表》可以涵盖的时间范围了。那么算上此后道路会划给的四分地的话，这块土地的面积为十八亩一分七厘七毫，对照 1853 年和 1855 年的信息，应当是手误将"十八"记成"十六"，但是两年的租金数额由何而来就无法得知了。

宝文兄弟之前所租第 67 号第 82 分地，此时已经全部转与仁记职员 Gray, H. M. M. 租用，面积为六亩二分五厘二毫，租金为 9 378 文[65]——Gray 为 1855 年新出现的洋商。约翰宝文（Bowman, John，笔者译）单独租用第 72 号第 84 分地，面积为八亩八分八毫，租金为 13 320 文[66]。詹姆斯宝文（Bowman, James，笔者译）则独自租用四块分地：第 53 号第 75 分地[67]、第 101 号第 107 分地[68]、第 111 号第 117 分地[69]和第 115 号第 121 分地[70]，共计三十九亩左右。

架记洋行所租第 19 (a) 分地，1853 年载租地面积为四亩四分二厘，租金为 6 630 文，然 1855 年《英国领事馆租地表》列出道契注册号为第 10 号，租地面积减少为四亩二分四厘，租金亦减为 6 360 文。然该地道契不存，无从查证。另外，架记洋行新租第 94 号第 100 分地，面积为七分多，从《1853 年上海租地名录》和 1855 年《英国领事馆租地表》可知从打喇士处转租[71]。虽架记洋行租得三块土地，但总面积不大，

---

65 《上海道契》第一册，第 115 页。

66 该地原为满吉利所租，后在咸丰四年六月初十日（1854 年 7 月 4 日）转与雷顿，至该年七月初一日（1854 年 7 月 25 日）宝文置得此地。《上海道契》第一册，第 123 页。

67 该地几经转手，最后于咸丰五年二月十一日（1855 年 3 月 28 日）转至宝文名下。《上海道契》第一册，第 87 页。

68 该地道契载租地人为"宝文洋行"。《上海道契》第一册，第 154-155 页。检索行名录，宝文洋行外文名 Bowman, Jas. & Co.，记于 1854 年、1856 年和 1858 年的行名录。

69 该地道契载租地人为"宝文行"。《上海道契》第一册，第 164-165 页。

70 该地道契载租地人为"宝文行"。《上海道契》第一册，第 168-169 页。

71 道契没有记载这次交易，倒是列出同治元年二月十九日（1862 年 3 月 19 日）英商老架记将土地转与新架记。推测该地在交易之前确实在老架记即当时架记手中。《上海道契》第一册，第 19-20 页。

共六亩四分九厘二毫，租金 19 476 文，比 1853 年只是稍微增加。

1853 年载华盛洋行大班 W·葛兰敦[72] 所租地到 1855 年全部转到 J·葛兰敦名下，两年所租的土地信息不尽相同。1855 年第 50 号第 77 分地，面积为四亩六分一厘九毫，租金 6 929 文，与 1853 年面积相同，租金却多 1 文[73]。第 19 号第 43 分地，1853 年面积为十七亩二分三厘，租金为 25 845 文；而 1855 年为十九亩二分三毫，租金为 28 845 文。面积增加二亩，此为 J·葛兰敦在 1853 年 7 月 4 日向原户主添租地二亩[74]。而第 15 号第 40 分地到 1855 年《英国领事馆租地表》记为第 14 号第 41 分地，由上文可知，第 14 号第 41 分地是威林璞兰金和多马士撒森罗孙合租之地，应当是 1855 年《英国领事馆租地表》之误。另外该洋商新租第 130 号第 136 分地，面积为二亩，故该洋商至 1855 年总租地面积三十三亩五分一厘二毫，租金 100 538 文，较之 1853 年略有增加。

太平洋行 1855 年除去原有的第 18 号第 27 分地[75]，新增第 15 号第 60（b）分地[76]，面积十亩七分，租金 16 050 文。然道契未见此分地记载，无法确定该地信息。倘若加上这块分地面积，那么太平洋行租地稍有扩展。

义记洋行在 1844 年租得南京东路外滩的第 6 号第 4 分地，即第一批最早的抢滩者，然而到了 1855 年，该地已改为广源洋行所有。从 1855 年《英国领事馆租地表》中可知，第 4 分地被分割成两块分地，其一仍是第 4 分地（无道契号），面积三亩，租金 4 500 文；其二为第

---

72 1854 年《上海年鉴》行名录信息中 W·葛兰敦列在华盛洋行名下。

73 道契载租金为 6 928 文。《上海道契》第一册，第 83 页。

74 《上海道契》第一册，第 30-32 页。

75 《上海道契》第一册，第 29 页。

76 道契第 15 号为第 40 分地。《上海道契》第一册，第 24 页。道契第 1-300 号未见第 60（b）分地。

21 号第 4 (a) 分地，面积十二亩三分九厘二毫，租金 18 588 文，两地之和确为当时义记洋行所租之地面积。道契资料载广源洋行先租得第 4 (a) 分地，一年之后再租得其余三亩地，经过两次交易才拥有整块分地[77]。

义记洋行新租的两块地，1855 年《英国领事馆租地表》记为第 26 号第 21 (b) 分地[78]，面积十一亩七分五厘九毫，租金 17 639 文；第 16 号第 79 (b) 分地，从 Hubertson, G. F. 处转租而来[79]，面积四亩三分八厘八毫，租金 6 582 文。两地面积略大于 1853 年租地面积。

原为义记洋行所有的第 4 分地的易主，不单单意味着一块土地的交易，更表明了义记洋行从外滩一线撤退。由 1855 年《上海租界地图：洋泾浜以北》可知，第 79(b) 分地在今福州路与江西中路路口。第 21(b) 分地虽无法确定地点，但是第 21 分地和第 21 (a) 分地均在今广东路与四川中路路口附近，按照租地原则第 21 (b) 分地应当也在这一带，说明此时的义记洋行已经不再位于黄浦江沿岸之地。

长脚医生(又称格医生)在原来租地不变的基础上又加租了 3 块地：第一块地未列出道契注册号和分地号，仅知道面积三亩三分五厘，租金 5 025 文；第二块地为第 37 号第 64 分地[80]，面积七亩一分三厘五毫，租金 10 703 文；第三块地为第 24 号第 150 (a) 分地，面积四亩。这样下来长脚医生已经拥有土地三十五亩六分五厘四毫，租金达 106 964 文，租地面积已经超过了大多数的洋行和洋商。

广隆洋行原租的第 43 号第 74 分地，1853 年列为英人坟地，至

---

77 《上海道契》第一册，第 8-9 页。
78 道契载第 26 号为第 17 分地。《上海道契》第一册，第 45-46 页。
79 道契载第 16 号为英领馆租地，1847 年未编分地号。《上海道契》第一册，第 26-27 页。
80 《上海道契》第一册，第 61-62 页。

1855 年又列为麦都思所租地，面积和年租没有变化[81]，另外与麦都思换单之地第 2 号第 24 分地也没有变化。然而 1855 年《英国领事馆租地表》中关于广隆洋行的记载多处出错。广隆洋行一租地为第 73 号第 23 分地，误记为第 73 号第 25 分地，查道契资料，第 73 号为第 23 分地，第 25 分地对应的是第 7 号道契[82]，此处自是租地表之误。道契载第 73 号第 23 分地原为英商卓恩阁第克士密在道光三十年四月十六日（1850 年 5 月 27 日）租得，面积七亩，后在咸丰元年八月二十日（1851 年 9 月 15 日）转与英商休哈密顿林赛租用，应当就是 Lindsay, Hugh H.。

表中广隆洋行另外一块租地记为第 3 号第 25（b）分地，其租地面积与 1853 年没有变化，但是第 3 号道契注册号应为怡和洋行所租的第 1 分地[83]，应仍是租地表之误。广隆行还有一块地第 23 号第 22（d）分地，也出现同样的错误，道契第 23 号注册号为第 65 分地[84]，该地为此前所说的长脚医生所租。最后该行还租有一块没有道契注册号及分地号的面积三分六厘五毫的土地，总租地三十亩九分五厘三毫，租金 92 862 文。

长利洋行原所租第 33 号第 14 分地，面积八亩八分一厘七毫，租金 13 225 文。1855 年租地面积增加了二亩，租金也相应增加。查道契资料可知，长利行此分地的租地过程可谓旷日持久，1853 年所载的土地面积其实分为 1846 年 11 月 9 日首租的二亩三分，以及此后的四分三厘三毫、八分、一亩五分、四分三厘四毫、五分、二亩八分五厘，共分六次租得，其中最后一次添加租地为 1850 年 11 月 30 日。之后在

---

81 《上海道契》第一册，第 72 页。
82 《上海道契》第一册，第 124 页、第 10 页。
83 《上海道契》第一册，第 4 页。
84 《上海道契》第一册，第 40 页。

1859 年 6 月 16 日，该地划出六分四厘为（名）者未士（姓）戈壳（注：名、姓等标记为道契原有）租用，到 1877 年 4 月 4 日将所剩地八亩一分七厘七毫转与罗伯麦根士。长利行原有租地减去划出的六分四厘，恰恰为最后转租时候的土地数，所以该分地的面积应当即为 1853 年的数字而非此后增加的数目，这多余的二亩地不知编者从何得来[85]。

Lewin, D. D. 所租第 20 号第 21（a）分地，1853 年面积五亩九分三厘一毫，1855 年增至六亩六分一厘三毫，租金 9 919 文。然道契第 20 号为第 32 分地，为打喇士原租之地[86]，此处道契号再次出现错误，而道契中也没有相关第 21（a）分地的记载，因而无法解释该地面积为何增长。

麦都思到 1855 年有四块地，其中一块为作为伦敦差会代表所租的第 21 号第 61 分地[87]，另外一块为作为英人坟地代表所租的第 43 号第 74 分地，即与广隆洋行换单之地[88]。此前租得的第 22 号第 62 分地没有变动，后新增第 132 号第 138 分地，面积不大，仅为二分，租金 300 文[89]。

指望洋行大班满吉利[90]原租之第 72 号第 84 分地此时已转入约翰宝文之手，后租地第 102 号第 108 分地，面积八分，租金 1 200 文[91]。1855 年列指望洋行所租地为三块，第 104 号第 110 分地、第 149 号第 155 分地和第 158 号第 165 分地，连同第 108 分地，租地面积共十三亩三分，租金 36 750 文。

---

85 《上海道契》第一册，第 56-57 页。

86 《上海道契》第一册，第 33 页。

87 《上海道契》第一册，第 35-37 页。

88 《上海道契》第一册，第 72 页。

89 《上海道契》第一册，第 189 页。

90 Moncreiff, T., 1854 年《上海年鉴》记于指望洋行 Moncreiff, Grove & Co. 名下，该行在 1854 年、1856 年、1858 年的《上海年鉴》中文名均为"指望"，1861 年、1863 年使用"宝兴"之名，此后不见记载。

91 《上海道契》第一册，第 155-156 页。

英人曀格在《1853 年上海租地名录》中为 Nicol, G. G.，然到了 1855 年《英国领事馆租地表》中列为 Nicol, G. S.，该商租地没有多大变化，原先的第 95 号第 101 分地 [92] 和第 97 号第 103 分地仍在其名下 [93]。新增第 80 号第 90 分地，原为美得兰租用，道契载"咸丰四年七月三十日（1854 年 8 月 23 日）转与英商呢柯里" [94]。道契所载的租地人虽多为音译，但同一人基本上以一个名字出现，且第 101 分地和第 103 号分地的交易时间都晚于 1855 年，可推测 Nicol, G. S. 和 Nicol, G. G. 应为一人，可能是记录失误造成。该商 1855 年时共租地二十三亩九分五厘四毫，租金共 71 862 文。

第 87 号第 96 分地，原为英人麦理地租用，其地面积为二亩八分，在咸丰二年三月初二日（1852 年 4 月 20 日）划出一亩一分与英人五多（Ottoson），即《1853 年上海租地名录》中的第 96（a）分地，故而该年麦理地的租地面积列为一亩七分。而咸丰三年七月十一日（1853 年 8 月 15 日）英人麦理地将其原租地剩余的一亩七分转与五多，故 1855 年租地表上已经不见麦理地，第 96 分地属于五多（Otterson, J. M.，应与 Ottoson 为同一人）。而到了咸丰四年三月初九日（1854 年 4 月 6 日），英人五多又将其地中的一亩一分地转与英人连那士租用 [95]，即 1855 年租地表中的 Reynolds, E. A.，1856 年行名录名为夜冷，列为一般拍卖行 [96]。

---

92 道契载该地为英人曀格在咸丰二年六月二十八日（1852 年 8 月 13 日）首租，但在 1855 年前未见土地交易，最早的交易为咸丰七年十一月初七日（1857 年 12 月 22 日）英商曀格将该地转与兀勒得租用。《上海道契》第一册，第 149 页。

93 道契载该地为英人曀格在咸丰二年十月（1852 年 11 月）首租，但在 1855 年前未见土地交易，最早的交易为咸丰十年六月二十二日（1860 年 8 月 8 日）英商曀格将该地划出部分转与英商位里门哈租用。《上海道契》第一册，第 152 页。

94 《上海道契》第一册，第 132-133 页。

95 《上海道契》第一册，第 140-141 页。

96 Reynolds, E. A. 在行录中 1856 年记为"夜冷"，1858 年、1861 年记为"船厂"，至 1863 年才转为"连那士"，使用到 1868 年，后在 1872 年改为"利查南"，此后未见更改。

Purvis, George 在《1853 年上海租地名录》中列租地第 104 分地，然由道契资料可知第 104 分地对应的道契号是第 98 号，为皮尔所租[97]，应为 1853 年租地表有误。对照 1855 年表，列该商在沪租地为第 93 号第 99 分地，道契资料载第 93 号第 99 分地租与英商巴非士，面积为三亩二厘[98]，"巴非士"应是"Purvis"的转音。道契与 1855 年表相符，所以此处可以更正 1853 年租地表中的一处错误，可能在登记分地号时将 99 记成 98 了。

李百里 1855 年表记为 Ripley, Julia，1853 年为 Ripley, Thomas。租地并无大的变化，1855 年租地中增加了第 33 号第 6（b）分地，面积为三亩九分五厘三毫，租金为 5 930 文[99]。但是同样的问题再次出现，1855 年表将李百里的第 7（a）分地道契号列为第 10 号，然而道契第 10 号缺，而 1855 年租地表同样将架记洋行的第 19（a）分地道契号列为第 10 号，这第 10 号真正的租地者目前无法确认。

道路委员会（Road Committee）租地为第 77（a）分地，1855 年所列第 7 号道契号，有误。检索道契可知第 7 号为第 25 分地，由融和行所租[100]。第 50 号第 77 分地的道契提供相关信息：道光二十七年三月二十八日（1847 年 5 月 12 日）由奄巽兄弟将原租地基内划出一亩一分八厘一毫转与道路委员会租用，此后该分地便没有再划出土地给道路委员会了[101]。1853 年租地表记道路委员会租地面积为七分八厘一毫，道契载租地面积为一亩一分八厘一毫，1855 年表为一亩五分八厘一毫，是为一个渐增的过程，应是道路委员会继续扩大租地的缘故。

---

97 该份道契中契已佚，英契载租地人为"Beale"。《上海道契》第一册，第 153 页。
98 《上海道契》第一册，第 146-147 页。
99 道契载第 33 号为第 14 分地。《上海道契》第一册，第 56 页。
100 《上海道契》第一册，第 10 页。
101 《上海道契》第一册，第 82-83 页。

沙逊洋行在 1855 年共有 9 块租地，虽然租地人的姓名不尽相同。1855 年表载 Sassoon, A. D. 租得第 42 号第 19 分地[102]、第 8 号第 19（b）分地[103] 和第 79 号第 19（c）分地[104]，Sassoon, D. 租得第 75 号第 26（a）分地[105]，Sassoon, R. D. 租得第 76 号第 87 分地[106]，Sassoon, D. S. 租得第 126 号第 132 分地[107]、第 136 号第 142 分地[108]、第 141 号第 147 分地[109] 和第 66 号第 26 分地[110]。梳理以上几块租地，不能确定的是租借第 42 号第 19 分地的"白头商人达德培珀乍治"是否属于沙逊洋行，其他应当可以确定与之相关。同时，由于 1855 年表中将相同租地人所有的租地列出一个总租地和总租金项，虽然以上几块分地的租地人姓名不同，但最后表中统计租地数时是将上述所有租地共同统计的，所以"白头商人达德培珀乍治"应当也与沙逊洋行相关。沙逊洋行这几块租地中

102 道契载道光二十七年九月十八日（1847 年 10 月 26 日）由该商加勒德将其原租第 19 分地基地内所余四亩九分一厘八毫转与英商颠租用。道光二十七年十月初十日（1847 年 11 月 28 日）加勒德又将原租第 19 分地基地内所余四亩二分四厘转与白头商人达德培珀乍治租用。可见第 19 分地至 1847 年已经为两个洋商所租借了。《上海道契》第一册，第 70 页。

103 道契载第 8 号散佚。

104 道契载英商阿达喇德沙逊于咸丰元年五月初七日（1851 年 6 月 6 日）租地三亩，咸丰八年四月二十四日（1858 年 6 月 5 日）将其所租第 79 号第 19 分地计三亩转与渣敦租用。"阿达喇德沙逊"应为"Sassoon, R. D."。《上海道契》第一册，第 131 页。

105 道契载第 75 号为第 26（b）分地。《上海道契》第一册，第 128 页。

106 道契载英商列敦首租该地量见八亩二分三厘五毫，咸丰二年八月十七日（1852 年 9 月 30 日）全数转与沙逊租用。《上海道契》第一册，第 128 页。此分地已经明确记载租地人为"沙逊"了。

107 道契载马也披首租此地，面积为一亩一分八厘，于咸丰四年十月初八日（1854 年 11 月 27 日）转与英商沙逊。《上海道契》第一册，第 182 页。

108 道契载俺得胜咸丰四年十二月二十二日（1855 年 2 月 8 日）租得该地，面积四亩，又于咸丰五年三月二十二日（1855 年 5 月 7 日）转与丹商沙逊行。《上海道契》第一册，第 192 页。道契中将沙逊洋行定为"丹商"，由 1858 年行名录信息可知，丹国即 Danish，丹麦，此处道契有误。

109 该地为沙逊首租。《上海道契》第一册，第 194 页。

110 道契载士吻原租第 66 号第 26 分地，面积八亩六分八厘八毫，后于道光三十年二月初九日（1850 年 3 月 22 日）添租五分，咸丰四年十月二十五日（1854 年 12 月 14 日）英商经将其所租第 26 分地八亩六分八厘八毫转与英商沙逊租用。《上海道契》第一册，第 114 页。1855 年租地表载沙逊这块地的面积为九亩一分八厘八毫，应当是添加了士吻第二次添租的五分地，故而道契转租信息应脱落计算了这一部分。

最早的为 1847 年所租，然而比较集中是在 1854—1855 年间，到 1855 年沙逊洋行总租地已有四十亩三分六厘一毫，租金 121 082 文，一跃成为以英租界租地面积而论排行第三的洋行了，仅次于皮尔和怡和洋行的惠利士。

和昌洋行增加了一块分地，为第 137 号第 143 分地[111]，面积三亩，租金 4 500 文。其他两块地面积和分地号没有变化，只是其中第 60 分地道契号列为第 18 号存疑。道契资料载第 18 号为第 27 分地[112]，为太平洋行所租。根据 1853 年租地资料可知第 60 分地对应的为道契号第 47 号。检索道契可知第 60 分地原为华记洋行首租，后来几经交易，至咸丰元年五月初二日（1851 年 6 月 1 日）该地十亩零七分转与英商德惠锡剌尔租用[113]，即 1853 年租地资料所记 Sillar, D.，德惠锡剌尔为和昌洋行大班[114]，因而可确定 1855 年该分地为第 47 号第 60 分地，1855 年租地表道契号有误。

公易洋行（Smith, Kennedy & Co.）原租第 29 号第 55 分地，最初面积为十亩七厘一毫，道光二十七年八月初七日（1847 年 9 月 15 日）划出三分四厘九毫与华记洋行，道光二十八年八月初七日（1848 年 9 月 4 日）又从华记洋行的第 11（a）分地划进四分七厘八毫，面积为十亩二分，即 1853 年的租地数字。道光二十八年十一月十四日（1848 年 12 月 9 日）公易洋行向原租地者再租地二亩五分[115]，即为 1855 年的租地面积十二亩七分。道契载公易洋行在咸丰五年正月初一日（1855 年

---

111 道契载租地人"诗剌"。《上海道契》第一册，第 193 页。

112 《上海道契》第一册，第 29 页。

113 《上海道契》第一册，第 77-80 页。

114 Sillar, D. 见于 1854 年《上海年鉴》和昌行 Sillar, Brothers，于 1856 年改为浩昌行，1858 年后不见记载。

115 《上海道契》第一册，第 51 页。

2 月 17 日）将土地转与广源洋行 [Smith & Co.（Robert）]，故而 1855 年的表格中租地人已经易主。而公易洋行此前的另外一块第 5（a）分地也不见于其名下了。

广源洋行此时不仅租得了原公易洋行在福州路外滩的第 29 号第 55 分地，还租得了此前讨论过的原为义记洋行所租的第 6 号第 4 分地，即南京东路外滩之地。可见广源洋行异军突起，实力不可小觑，1855 年《美国领事馆租地表》更证明了这一点。

公平洋行 1853 年表记第 35 分地并未发生变化，并新添一地，为第 35（a）分地，原为 Sykes, Adam 所租，后全部转与公平洋行。补充一句，Sykes, Adam 将此地转租之后自己也就没有租地了。需要指出的是该第 35（a）分地 1855 年表中所记第 6 号道契号有误，第 6 号应为第 4 分地，即最先为义记洋行所租[116]，后转与广源洋行，与公平洋行毫无关系。

华记洋行的第 40 号第 21 分地，最先在道光二十七年正月十五日（1847 年 3 月 1 日）租得，当时面积为三十五亩八分，道光二十七年二月初四日（1847 年 3 月 20 日）添租三亩。而该商在其地基内分别于道光二十八年三月二十八日（1848 年 5 月 1 日）划出三亩四分五厘、咸丰二年二月初三日（1853 年 3 月 12 日）划出五亩九分三厘一毫、咸丰三年十月二十八日（1853 年 11 月 28 日）划出十亩五分、咸丰五年二月十二日（1855 年 3 月 29 日）划出十一亩七分五厘九毫转与义记洋行租用，最后所余面积七亩一分六厘[117]。

华记洋行的第 51 号第 11（a）分地，租于道光二十七年四月初五

---

116 《上海道契》第一册，第 8 页。
117 《上海道契》第一册，第 65-67 页。

日（1847 年 5 月 18 日），面积九亩九分二厘九毫。道光二十七年八月初七日（1847 年 9 月 15 日）划出四分七厘八毫转与公易洋行，同一天公易洋行则划出三分四厘九毫转与华记洋行[118]。经计算，彼时华记洋行租地面积九亩八分，与 1853 年、1855 年的材料所记相同。

华记洋行的第 55 号第 11 分地[119]和第 69 号第 11（b）分地[120]，分别于道光二十七年五月二十四日（1847 年 7 月 6 日）和道光二十九年三月（1849 年 3 月 24 日—4 月 23 日）租得，两块土地都没有再交易，面积即为表中所列面积。

1853 年租地表列为华记洋行的第 32 号第 58 分地，其面积与道契载相同，但道契的租地人为参位得，而非华记洋行。从道契的土地交易记录来看，该地到咸丰九年（1859 年）才开始几次转手，1853—1855 年间并无相关记录[121]。而 1853 年租地表将其列入华记洋行名下，1855 年则记在皮尔名下，具体情况如何不得而知。

1853 年所列的华记洋行另外一块分地第 56 号第 58（a）分地，出现与前地同样情况，即道契所载首租者为参位得，也没有相关记录表明该地曾转手华记洋行。不同的是《1853 年上海租地名录》清楚写明该地于咸丰三年五月十五日（1853 年 6 月 21 日）全部转与知米士格罗士理，即 1855 年表所载的 Crossley, Jas 名下[122]。据表中统计，华记洋行 1855 年共租土地三十三亩六分八毫，租金 100 824 文。

哗地玛的第 39 号第 22 分地初为娈尔所租，面积二亩四分五厘八毫。

---

118 《上海道契》第一册，第 84-85 页。
119 《上海道契》第一册，第 90-91 页。
120 《上海道契》第一册，第 118-119 页。
121 《上海道契》第一册，第 54-55 页。
122 《上海道契》第一册，第 91-92 页。

道光二十八年七月初二日（1848 年 8 月 1 日），英商麦金西兄弟公司将第 71 分地划出五分归入第 22 分地，后于道光三十年五月二十二日（1850 年 7 月 1 日）将所有土地转与美商哗地码[123]。

第 52 号第 22（a）分地同样为娄尔原租，面积初为三亩。道光三十年五月二十二日（1850 年 7 月 1 日）娄尔从其第 22（b）分地中划出一亩六分归入第 22（a）分地，并于同一天将合并之后的租地也转与哗地码[124]。故而 1853 年和 1855 年的租地表均记录哗地码租地面积为四亩六分。

第 106 号第 112 分地[125] 和第 107 号第 113 分地[126]，初为指望洋行列顿租用，分别于咸丰四年十二月二十日和二十一日（1854 年 2 月 6 日、7 日）租得，面积一地为一亩五分，另一地为一亩，后于咸丰五年五月初一日（1855 年 6 月 14 日）一并转租与美商哗地码大班（Wetmore W. S.），即 1855 年表中所列的两块地。美商哗地玛及其大班 1855 年共租地十一亩三分一厘，租金 33 930 文，较之 1853 年有所增多。

英人惠利士在 1853 年表中仅租有第 89 号第 85 分地，该地原租面积五亩二分，道契资料显示此后未有增减，延续至同治元年五月（1862 年 5—6 月）该地转让之时。1855 年表中记载该地面积八亩二分，应为记录有误。

惠利士另有两块土地无道契号，分别是第 80（d）分地和第 80（f）分地，应是第一跑马场迁移之后，将原先土地分割租与商人之故。

---

123 《上海道契》第一册，第 63-64 页。
124 《上海道契》第一册，第 86 页。
125 《上海道契》第一册，第 159-160 页。
126 《上海道契》第一册，第 160-161 页。

惠利士另租地第 100 号第 106 分地[127]、第 138 号第 144 分地、第 139 号第 144 分地、第 140 号第 146 分地和第 143 号第 149 分地[128]，道契资料全部不存，但根据前后道契推测，这些租地号和分地号应该正确。第 103 号第 109 分地原契证已经散佚，仅留下民国时期的相关附件[129]，该地的原始记录也无从而知。

惠利士众多的租地为何都残缺道契，是历史的巧合或其他原因？现在已无法解答。目前通过 1855 年表只能得知这些分地面积，该年惠利士总共拥有土地五十九亩七分一厘二毫，租金 179 134 文。作为怡和洋行的职员，惠利士此时大量租得土地，应该与其所在洋行在上海的扩张不无关系。怡和洋行的贸易业务范围不断增加，扩张土地则为最原始的手段。

Wright, J. W. 于 1853 年租得第 81 号第 92 分地，到 1855 年其所在天孙洋行又加租了两块分地，分别为第 159 号第 166 分地和第 160 号第 167 分地，即前文所述租地更新时间与 1855 年《英国领事馆租地表》不符的两块地。

上文已经提及的米士央除去与天长洋行合租的五块地之外，独自租有三块分地，分别为第 116 号第 122 分地[130]、第 125 号第 131 分地[131]和第 121 号第 127 分地[132]。各地面积都不是很大，总计四亩七分，租金 14 100 文。1854 年《上海年鉴》中并没有与米士央完全符合的名字，

---

127 道契存第 98 号第 104 分地、第 101 号第 107 分地。《上海道契》第一册，第 153-155 页。该段时间颁发的道契号与分地号前后连贯，可据此推定第 100 号为第 106 号。
128 道契存第 137 号第 143 分地、第 141 号第 147 分地。《上海道契》第一册，第 192-194 页。
129 《上海道契》第一册，第 156-157 页。
130 道契中契载租地人为米士央，英契记为 Young, A. J.。《上海道契》第一册，第 174 页。
131 道契中契载租地人为米士央，英契记为 Young, A. J.。《上海道契》第一册，第 181-182 页。
132 道契中契载租地人为米士央，英契记为 Young, A. J.。《上海道契》第一册，第 177-178 页。

不过有一家洋行可能与之相关，即"Young & Lamond"洋行，该行尚无中文名，经营船舶铁匠以及造船业，外文行名下记有"Young，—"，应该是该行大班。值得一提的是，这位从事航船业的先生与此后到达上海的美国传教士林乐知（Young J. Allen）名字缩写十分相似，可林先生要到 1860 年才到达上海[133]，1855 年时自然不会出现在上海的租地名录中。

（二）租地持平的洋行

与在上海开疆拓土的洋行对比，一些洋行尤其是知名洋行在租地上看起来似乎没有那么热衷，有诸多洋行 1853—1855 年两年之间完全没有新添土地。

此处统计土地没有增加的洋行是指以洋行之名所租的土地，洋行大班自行租地并未计入其中，因为在道契中倘若某行大班有相关租地转与其服务的洋行租借都会有明确记载，从侧面证明大班自行租地并不等同于洋行租地[134]。租地持平的洋行有：祥记洋行、琼记洋行、中和洋行（Broughall, Wm.）、同珍洋行、融和行、宝顺洋行、裕记洋行、仁记洋行、怡和洋行、名利洋行（Mackenzie, Brothers & Co.）。

需要解释的是，裕记洋行的租地并没有变化，倒是 1855 年《英国领事馆租地表》补出了其两块租地的注册号，第 6 分地道契注册号为第 1 号，第 6（a）分地道契注册号为第 2 号。这似乎与道契材料所记相左：道契注册号第 1 号为宝顺洋行租得的第 8 分地[135]，而道契注册

---

133 Edmund, F., Cook, D. D.: "Young J. Allen, D. D., L. L. D. 1859-1907, Statesman, Author, Missionary", Nashville, Tenn. Woman's Board of Foreign Missions M. E. Church, South, 1910.

134 例如第 17 号第 5 分地，几经转手之后为怡和洋行当时的大班 Perceval, A. 租用，但是等该地部分转为怡和行的时候，道契中才明确记载。《上海道契》第一册，第 28 页。

135 《上海道契》第一册，第 1-2 页。

第 2 号为麦都思租得的第 24 分地[136]。不知 1855 年表从何处得到这两个租地的注册号。还有名利洋行，该行的第 86 号第 68 分地《1853 年上海租地名录》载面积为三亩二分八厘七毫，1855 年表所记面积减少一毫，年租稍减。对照道契资料，该行首租地面积一亩六分，后在咸丰元年十二月三十日（1852 年 2 月 19 日）添租一亩六分八毫六厘[137]，两地之和应当是 1855 年表中之数字，故而应当是 1855 年表之误，并非土地交易之故。而该行其他的第 36 分地、第 48 分地、第 49 分地、第 54 分地、第 61 分地、第 71 分地都完全没有变化，总租地二十四亩九厘三毫，租金 72 280 文。因此将该行归入本类。

1855 年租地名单中有几位洋商 Gabriel, M.、Murray, J. I.[138] 和 Strachan, Geo 的土地也并未增加。Murray, J. I. 在 1853 年记有租地一块，但未列出租地号和分地号，1855 年则补出为第 134 号第 140 分地。道契载租地人为太全莫利，而 1854 年《上海年鉴》将该商与哈尔医生（Hall, G. R.）同列为"太全"（Hall & Murray），洋行业务为外科医生，应为合作经营诊所等。而 1854 年《上海年鉴》将 Strachan, Geo 记为建筑师。

（三）租地减少的洋行

1848 年，在洋人的要求下租界扩张，面积较之于 1846 年所划定的范围增加了 1 990 亩之多[139]。一时间土地交易变得十分活跃，前述大量洋行在 1853—1855 年间不断租地，土地拥有量陡增，然而与此同时另外一些洋行洋商的租地减少，例如原先叱咤沪上的怡和洋行大班打喇士。还有一部分洋行洋商出手了自己所有的土地，譬如原为美国领事

---

136 《上海道契》第一册，第 2-3 页。
137 《上海道契》第一册，第 139-140 页。
138 1850 年《上海侨民名录》记为 Murray, J. J.。
139 上海公共租界史稿 [M]．上海：上海人民出版社，1980：68.

的旗昌洋行职员金能亨（Cunningham, E.）此时在英国领事馆已经没有注册之地了。当然这种情况需详加分别，一类可能是在上海歇业或者离沪，一类则为选择不同的领事馆注册租地，金能亨就属于后一类，将在后文关于美国领事馆租地的章节进行详细讨论。所以，此处所说租地减少的洋行是指在英国领事馆注册的租地减少。

打喇士租得第32(a)分地，原面积四亩三分六厘四毫，租金6 546文；1855年减少到二亩六分九厘，租金4 035文。不过1855年租地表标明此地道契号为第22号，然此份道契已缺。打喇士原先从美国德记行即吴鲁国北士公司转来的第17号第5分地，1855年时已转与怡和洋行新任大班Perceval, A.[140]，面积五亩四分三厘五毫，租金8 152文[141]，这是此一紧邻外滩地块的第二次易主。上文已述打喇士另外一块租地第94号第100分地，到1855年也已不在他的名下，转为架记洋行（Cassurmbhoy & Co.）所有，但是面积相差较大，1853年所列为四亩二分五厘六毫半，租金6 385文，后骤降为七分五毫，租金1 125文。倒是1855年表的数据与道契所载数据相同，租地者为英商格心拜拿达拜公司，面积为七分[142]，不知其中有否分割土地的情况。打喇士此时手上的总租地面积为十亩五毫，然他本人已于1851年离开上海回国[143]，怡和洋行的大班也由Perceval, A.接任，但是其名下的产业还没有全部转移。

美国领事祁理蕴（Griswold, J. N. A.）此前拥有三块租地，道契注册号不详，1855年租地表载其第95分地的道契号为第83号，其他租

---

140 1854年《上海年鉴》怡和洋行下大班列为Perceval, A.

141 道契载咸丰五年二月初五日（1855年3月22日）英商达赖士将所租第5分地转与英商白西哹尔租用，白西哹尔应当就是Perceval, A.。《上海道契》第一册，第28页。

142 《上海道契》第一册，第148-149页。

143 上海社会科学院经济研究所，上海市国际贸易学会学术委员会. 上海对外贸易：1840—1949[M]. 上海：上海社会科学院出版社，1989：68.

地第 12 分地、第 94 分地、第 83 号第 95（a）分地已经都不在他名下，并且也没有转租与其他人，这可能与祁理蕴的卸任有关。道契载第 95 分地为英商金呢地在道光二十九年十一月（1849 年 12 月—1850 年 1 月）所租，面积一亩二分，后于"道光三十年三月初二日（1850 年 4 月 13 日）转给合众国商人祁史滑租用"，这位"祁史滑"应当就是祁理蕴了，土地面积也与表中所提供的面积相同。该地直到"同治四年正月二十日（1865 年 6 月 13 日）转与旗昌行租用"[144]。

Reiss, L. 仍旧拥有 1853 年所租的第 25（a）分地，其对应的道契号为第 4 号，但是由道契资料可知，第 4 号道契号对应第 2 分地，为和记洋行所租，该分地的道契号应有误，导致无法对比 1853 年至 1855 年的变化。其租地面积从原来的九亩四分六厘变成了四亩九分六厘，无法确定是手写之误还是土地确实减少。

英商卓恩阁第克士密（Smith, J. Caldecott）在 1853 年时有三块土地，至 1855 年只剩下第 82 号第 91 分地。卓恩阁第克士密于咸丰元年八月二十日（1851 年 9 月 15 日）转租此地，面积五亩一分一毫。后来该商添加了三次租地，分别为咸丰元年十二月初四日（1852 年 1 月 24 日）添加一亩、咸丰元年十二月十四日（1852 年 2 月 3 日）添加六厘、咸丰二年二月初三日（1852 年 3 月 23 日）添加一亩六分，即 1855 年表中所列的七亩七分六厘一毫[145]。其实 1853 年租地表刊行的时候该商已经完成了三次扩地行为，所以当时所载的五亩多地应系没有及时更新信息之故，应当为七亩多地。

广源洋行的英商士密原先所租的第 26 分地和第 26（a）分地到

---

144 《上海道契》第一册，第 135-136 页。
145 《上海道契》第一册，第 134-135 页。

1855 年时均已转与沙逊洋行，该行则从礼记洋行即合逊教生（即合信，Hobson, Rev. John）处转租了第 84 号第 97 分地[146]，并列为教会托事部，故而 1855 年租地表标记为"Trustee"。

丰茂职员瓦生（Watson, J. P.）名下的第 46 号第 59 分地，道契载租地者安达生瓦生公司，最初租地十七亩，道光三十年四月十七日（1850年 5 月 28 日）该公司将租地全部转与瓦生。咸丰五年二月初四日（1855年 3 月 21 日）瓦生将土地中的六亩一分转与英商哆呢[147]，故而出现在1855 年表格上瓦生的租地面积为十亩九分，略减。

丰茂洋行（Watson & Co.）职员 Thorne, A.[148] 在 1853 年表中载有租地 4 块，到 1855 年只余一块，为第 59（a）分地，而该表所给出的第26 号道契号再次张冠李戴。第 26 号对应的为第 17 分地，最先为加勒得所租[149]。因为无法确定道契号，故无法确定该土地租地情况。另外丰茂大班瓦生于道光三十年四月十七日从安达生瓦生公司租得第 46 号第 59 分地，面积为十七亩。咸丰五年二月初二日（1855 年 3 月 19 日）瓦生将土地中的六亩一分转与英商哆呢租用[150]，故而 1855 年表格中所列土地为十亩九分。丰茂洋行当时的租地略有减少。

还有很多洋行或洋商此前有多块土地，至 1855 年只有一块了，详情如下。

丰裕洋行（Fogg, H.）原租有第 59 号第 50 分地和第 50（a）分地（无道契注册号），到 1855 年仅剩下第 50 分地。刻兰得（Grant. Jas.）原

---

146 《上海道契》第一册，第 137-138 页。
147 《上海道契》第一册，第 76 页。
148 1854 年《上海年鉴》丰茂行下列 Thorne, A.。
149 《上海道契》第一册，第 45-47 页。
150 《上海道契》第一册，第 76 页。

有第 63 分地已转与天长洋行，仅余第 45 号第 66 分地，面积六亩九分三毫，租金 10 355 文。哈尔医生原租有第 47 号第 60（a）分地和一块无租地号的地块，1855 年仅剩下第 60（a）分地。Hubertson, G. F. 原有第 9 号第 36（a）分地和第 79（b）分地，至 1855 年仅剩下第 36（a）分地。娄尔代表洋行所租的第 78 分地作为"戏玩处所"（Fives Court）依旧在其名下，租地面积没有变化，然而娄尔自己拥有的两块分地此时已不再属于他了。礼记洋行（Hobson, Rev. John）原租第 84 号第 97 分地，1855 年该地不见于租地表，另新租第 126 号第 120 分地，面积二亩七分二厘，租金 4 080 文。

相较于尚有一块土地的洋商来说，下面所列洋商可能面临更大的经营困难或其他原因，最终将自己在英国领事馆所租之地全部出售：加勒得（Calder, Alex）原租的第 26 号第 17 分地，全部转与 Bussche de, E. M.。英人利查士（Cowasjee, S.）1853 年租得第 41 号第 73 分地，全部转与 Ruttonjee, S. and Lungrana。英人当那逊（Donaldson, C. M.）所租的第 91 号第 98 分地全数转与 Pert, Robt。同珍洋行的美德兰（Maitland, S.）所租第 80 号第 90 分地，全数转为英人暖格所有。当然这些人将土地转手的原因可能并非全部是经营不佳，因为此时的第二次《土地章程》已经将只准英国领事馆发放租地的权利解除，故而很多洋行可能转投其他领事馆，比如金能亨，他此前在英国领事馆所租的第 68 号第 83 分地全部转给金氏（King, D. O.），而此后他却在美国领事馆租得了大量土地。

（四）新增租地的洋行

有消必有长，此为历史的规律。1853—1855 年两年之间若以在英领馆不再有租地且并未在美领馆新租土地的洋商是为歇业或者离沪的话，即上文提及的加勒得、利查士、当那逊、美德兰四位，而随着贸易的增长和租界面积的扩张，涌现出来的新洋行和洋商则远远多于此数。由于该部分无需与1853年进行对比，故先将这些新见诸1855年《英国领事馆租地表》的信息列出，并择要进行分析。

结合上表以及其他相关资料，吧啫（Birdseye, T. J.）在1855年新租第80（e）分地，面积八亩一分四厘二毫，以及第80（i）分地，面积八亩一分四毫。虽没有租地道契号，然从分地号可知该行所租得的土地应当为第一跑马场分割产生。

Booker, F. 租得第30号第151（d）分地，面积四亩七分五厘八毫；以及另一无租地号土地，面积一亩零五厘。Booker, F. 为裕泰大班。

白兰洋行（Brine, Robt. A. & Co.）大班Brine, R. A.1855年租得第80（a）分地、第35号第88分地和第99号第105分地，总租地面积十七亩七分八厘九毫，租金53 368文。据1854年《上海年鉴》中的行名录记载，该行在沪经营拍卖行。

Cobb, Benj 租得第163号第170分地，面积十一亩九分一厘六毫，租金17 874文；并与Reynolds, E. A. 合租第162号第169分地，面积52亩。第169分地成为仅次于皮尔第158分地的第二大租地。检索行名录可知，Reynolds, E. A. 从1856—1879年都有记载，初名"夜冷"（1856年），后改为"船厂"（1858年、1861年），又改为"连那士"，最后则冠以"利查南"之名。其经营范围应为一般拍卖行、造船等。该行在1855年独自租得第96（a）分地，面积一亩一分。

Head, C. H. 在1855年共有土地四块，分别为第34号第60（a）分地、第34号第80（b）分地、第131号第137分地和第151号第157分地，总面积达十八亩六分八厘，租金56 040文。由1854年行名录可知，该商主营汇票代理（bill broker），可见当时在沪经营颇顺，土地大增。

亨利·奚安门（Shearman, Henry）一手创办了《北华捷报》以及后来的《字林西报》，为上海洋商提供了信息发布的平台，对各埠之间的交流起了重要作用，同时也为后世提供了弥足珍贵的史料。他于1850年8月创办《北华捷报》，1855年《英国领事馆租地表》中他租有一块地却没有分地号，面积三亩二分，不知是否为《北华捷报》报馆所在之所。而1852年《上海年鉴》中将"North China Herald"直译为"新闻纸房"。

Perceval, A. 首次在租地名单中出现，该人为怡和洋行大班，1855年有四块租地，分别为原打喇士所租的第17号第5分地、第155号第161分地、第156号第162分地和第22号第31（a）分地。最后一块分地道契号又与其他地块重复，道契载第22号为第62分地，最先由英人洛颉所租，后转与麦都思[151]，此处列为第22号应存疑。该商当年租地面积共计十七亩六分九厘一毫，租金53 072文。

至此，将1855年《英国领事馆租地表》全部厘清。我们发现该表虽然较为系统地将当年的租地情况做了整理汇总，但其中错误较多，尤其是在道契号方面，还有部分是租地面积问题。这可能是因材料整理汇编时各单据零散所致，然而该表中还记有1856年年初土地交易的情况就实在难以理解，特此注明，待相关材料补充之后再行论证。

三、美租界洋行租地考订

本章开篇已述1854年的《土地章程》实际上解除了其他领事馆颁发租地契证的束缚，1855年除英国领事馆汇总租地表之外，美国领事馆也加入此行列，整理汇编自己领事馆的租地信息，以备租地者缴纳年租之用。

---

151 《上海道契》第一册，第38-39页。

（一）租地表整理

1855 年《美国领事馆租地表》刊印于《北华捷报》，总共有 65 条信息，与英国领事馆颁布的表内容相似，主要为租地人、道契号、分地号和租金，以及每位商人的租地面积和租金汇总。在道契注册号一列还注明新注册者（N. R. 即 New Register）或老注册者（O. R. 即 Old Register）信息。表中租金对应的租期需要解释。1855 年《英国领事馆租地表》中也有相同内容，在计算租金总额时与租期是对应的，即记录 1854—1855 年两年租期，租金就以双倍计入总租金；1855 年一年租期，就缴一年的租金。但是仔细比对《美国领事馆租地表》会发现，它的租期与租金并不对应，即便租期为 1854—1855 年两年，总年租依旧只收一年，其中缘由不明。

《美国领事馆租地表》所登记的信息是目前所见最早的美国领事馆租地实录，对研究美租界早期土地利用有重要意义。但由于《美国领事馆租地表》中并没有租地人更多的信息，因此，笔者结合道契、行名录等资料将租地人的基本信息进行考订和整理，成表 6，并在此基础上结合《上海年鉴》及行名录中的信息，具体分析美租界设立初期虹口地区租地状况及其特点。

表6 1855年《美国领事馆租地表》

外文名	中文名	道契号	分地号	面积				租金	租期	总面积				总租金（文）
				亩	分	厘	毫			亩	分	厘	毫	
Blodget, Rev. H.[152]	白汉理	30 N. R.	30	1	5	5	0	2 325	1855	1	5	5	0	2 325

152 据《中国基督教差会机关名称解要》所附"外国宣教士译名表"译。中华续行委办会调查特委会. 1901—1920 中国基督教调查资料 [M]. 北京：中国社会科学出版社，2007：1584. 此后由该表所译人名仅出书名和页码。

外文名	中文名	道契号	分地号	面积				租金	租期	总面积				总租金（文）
				亩	分	厘	毫			亩	分	厘	毫	
Bridgman, Rev. E. C.[153]	裨治文	23 O. R.	23	0	8	4	5	1 267	1854—1855	0	8	4	5	1 267
Carpenter, Revds. S. & N. Wardner[154]	嘉本德和黄德我	11 O. R.	11	2	0	0	0	3 000	1854—1855					
		6 N. R.	6	2	0	0	0	3 000	1854—1855	4	0	0	0	6 000
Carpenter, Revds. S.	嘉本德	16 N. R.	16	0	5	6	5	847	1854—1855					
		17 N. R.	17	3	6	8	2	5 523	1854—1855	4	2	4	7	6 370
Cunningham, Ed.	金能亨	45 O. R.	45	9	6	0	0	14 400	1854—1855					
		24 O. R.	24	2	2	0	0	3 300	–					
		16 O. R.	16	1	5	0	0	2 250	–					
		38 N. R.	38	0	8	0	0	1 200	–	14	1	0	0	21 150
Cunningham, Ed. & H. H. Warden	金能亨和华牧师	39 N. R.	39	21	5	0	0	32 250	–					
		34 O. R.	34	4	6	0	0	6 900	–	26	1	0	0	39 150
Dewsnap, John and F. Peterson	杜那普和–	11 N. R.	11	8	9	5	0	13 425	–	8	9	5	0	13 425
Dewsnap, John	杜那普	36 N. R.	36	20	0	0	0	30 000	–					
Dewsnap, John	杜那普	47 N. R.	47	16	5	0	0	24 750	–	36	5	0	0	54 750
Gray, G. G.	旗昌葛礼	51 N. R.	51	1	3	0	0	1 950	–	1	3	0	0	1 950
Hall, G. R. and G. G. Gray	哈尔医生和旗昌葛礼	35 N. R.	35	12	0	0	0	18 000	–					
		34 N. R.	34	12	0	0	0	18 000	–	24	0	0	0	36 000
Hall, G. R. and Ed. Cunningham	哈尔医生和金能亨	33 N. R.	33	17	0	0	0	25 500	–					
		32 N. R.	32	0	5	0	0	750	–					
		31 N. R.	31	6	0	0	0	9 000	–	23	5	0	0	35 250

153 《1901—1920 中国基督教调查资料》，第 1585 页。

154 《1901—1920 中国基督教调查资料》，第 1585 页、第 1597 页。

续表6

外文名	中文名	道契号	分地号	面积				租金	租期	总面积				总租金（文）
				亩	分	厘	毫			亩	分	厘	毫	
Hall, G. R.	哈尔医生	50 N. R.	53	18	5	0	0	27 750	–					
		24 N. R.	24	12	0	0	0	18 000	–					
		23 N. R.	23	13	0	0	0	19 500	–					
		22 N. R.	22	2	5	0	0	3 750	–					
		21 N. R.	21	15	0	0	0	22 500	–					
		20 N. R.	20	3	0	0	0	4 500	–					
		19 N. R.	19	1	0	0	0	1 500	–					
		8 N. R.	8	5	4	0	0	8 100	–					
			7	1	5	0	0	2 250	–	71	9	0	0	107 850
Jenkins, Rev. B.[155]	詹金斯	9 O. R.	9	3	8	0	0	5 700	1854—1855					
		4 O. R.	4	7	0	0	0	10 500	1854—1855					
		9 N. R.	9	4	0	0	0	6 000	1855	14	8	0	0	22 200
Jenkins, F. H. B.	詹金斯	10 N. R.	10	2	0	0	0	3 000	1855	2	0	0	0	3 000
King & Co.	广源	1 N. R.	1	0	0	5	0	75	–					
		2 N. R.	2	1	5	0	0	2 250	–					
		3 N. R.	3	6	8	0	0	10 200	–					
		4 N. R.	4	5	5	0	0	8 250	–					
		5 N. R.	5	1	5	0	0	2 250	–					
		46 N. R.	46	8	1	2	0	12 180	–					
		45 N. R.	45	1	6	2	0	2 430	–					
		44 N. R.	44	1	2	8	0	1 920	–					
		29 N. R.	29	1	7	2	0	2 580	–					
		28 N. R.	28	1	5	0	0	2 250	–					
		27 N. R.	27	4	9	5	0	7 425	–					
		26 N. R.	26	10	8	3	0	16 425	–					
		25 N. R.	25	3	6	0	0	5 400	–					
		12 N. R.	12	9	8	0	0	14 700	–	58	7	7	0	88 155

---

155 《1901—1920 中国基督教调查资料》，第1590页。

外文名	中文名	道契号	分地号	面积				租金	租期	总面积				总租金
				亩	分	厘	毫			亩	分	厘	毫	（文）
Peterson, F. and John Dewsnap	毕有生和杜那普	41 N. R.	41	2	6	0	0	3 900	–	2	6	0	0	3 900
Pierce, W.G.[156]	旗昌职员	49 O. R.	49	0	9	0	0	1 350	–	0	9	0	0	1 350
Potter, M. L.	巴塔	49 N. R.	49	43	0	0	0	64 500	–					
		42 N. R.	42	7	0	0	0	10 500	–	50	0	0	0	75 000
Pres. Board of F. Mission	美国长老会	56 O. R.	56	5	7	0	0	8 550	–	5	7	0	0	8 550
Ranlett, Capt. Chas.	尔奄厄特	48 N. R.	48	18	5	0	0	27 750	–	18	5	0	0	27 750
Russell & Co.	旗昌	37 N. R.	37	3	8	0	0	5 700	–					
		44 O. R.	44	24	0	0	0	36 000	–	27	8	0	0	41 700
Smith, Chester. F.	华记职员	43 N. R.	43	18	0	0	0	27 000	1855	18	0	0	0	27 000
South, Bap. Con. （M. T. Yates, Trustee）	晏马太	8 O. R.	8	3	2	1	2	4 818	–					
		48 O. R.	48	2	4	0	0	3 600	–	5	6	1	2	8 418
Stanton, Thomas	美领馆警察	40 N. R.	40	1	0	0	0	1 500	–	1	0	0	0	1 500
Taylor, Chas	戴安乐	2 O. R.	2	0	6	9	4	1 041	–					
Taylor, Chas	戴安乐	3 O. R.	3	2	2	2	0	3 330	–	2	9	1	4	4 371
Warden and M. L. Potter	–和巴塔	33 O. R.	33	10	0	0	0	15 000	–					
Warden and M. L. Potter	–和巴塔	35 O. R.	35	16	0	0	0	24 000	–	26	0	0	0	39 000
Wetmore, W. Shepard.	哗地玛	18 N. R.	18	4	8	6	0	7 290	–	4	8	6	0	7 290
				456	4	4	8	900 672						

---

156 1854 年《上海年鉴》列旗昌行下。

（二）租地人分析

1. 在华传教士及其租地情况

在以往有关美租界史的研究中，一般认为美租界主要由在华传教士租用，租地表中也确实有不少传教士的名字。为进一步明确虹口地区传教士租地情况，笔者梳理了 1854 年和 1856 年两年的《上海年鉴》中的行名录以及《1901—1920 中国基督教调查资料》[157] 等相关资料，将在美领馆注册租地的传教士及其所属差会整理成表 7，发现他们主要来自美国主要基督教差会公理会、南方监理圣公会、南方浸信会和安息浸礼会四个教派。另外，还有美国长老会（Presbyterian Board of Foreign Mission）以教会名义租地。

表7　1855年美国基督教在沪传教士及其所属差会

传教士外文名	传教士中文名	差会外文名	差会中文名
Blodget, Rev. H.	白汉理	Board of Commissioners for Foreign Missions	公理会或称美部会、纲纪慎会
Bridgman, Rev. E. C.	裨治文	Board of Commissioners for Foreign Missions	公理会或称美部会、纲纪慎会
Carpenter, Revds. S.	嘉本德	The Seventh Day Baptist Missionary Society	安息浸礼会
N. Wardner	黄德我	The Seventh Day Baptist Missionary Societ	安息浸礼会
Jenkins, Rev. B./ Jenkins, F. H. B.	詹金斯	Southern Methodist Episcopal Mission	南方监理圣公会
Taylor, Chas	戴安乐	Southern Methodist Episcopal Mission	南方监理圣公会
M. T. Yates, Trustee	晏马太	South, Baptist Convertion	南方浸信会

结合租地表中租地人信息和租地数据可见，基督教传教士在美国领事馆共注册 17 块分地（包括传教士与他人合租），计 41.668 亩。其

---

157 《1901—1920 中国基督教调查资料》，第 25-35 页。

中，租地最多者为美国南方监理圣公会的 Jenkins, B. 牧师，中文名为秦右或詹金斯，道契中记为"秦先生"。他名下租有 4 块分地，共 16.8 亩。与他同一个教会的戴安乐牧师(Taylor, Chas) 租有 2 块分地，面积仅 2.914 亩。两人均于 1848 年抵达上海，是美国派来中国最早的传教士，次年即在郑家木桥修建礼拜堂及学塾[158]，与在沪创办报纸、开创学院的著名传教士林乐知同属一个教派。

美国安息浸礼会的嘉本德牧师（Carpenter, Revds. S.）独立租有 2 块分地，另外，他还与同一差会的黄德我牧师（N. Wardner）合租有 2 块分地。这 4 块分地共计 8.247 亩。两人在 1854 年《上海年鉴》的"Foreign missionaries" 中列为"American Sabbatarian Board"，检索《1901—1920 中国基督教调查资料》以及一些早期美国来沪传教士及基督教的研究并未见此教派，仅从其名称推测当是安息浸礼会。两人确是美国安息浸礼会派往上海的牧师，史料载两人在 1847 年抵沪，翌年开始传教，1850 年在上海设立教堂[159]，不过到了 1856 年的《上海年鉴》，已经将两人列在美国安息浸礼会名下。另黄德我牧师还与 Potte、金能亨合租了 2 块分地，因金能亨本人即是一个政商结合的人物，所以与宗教人士合作也能理解。

美国南方浸信会和美国长老会并列第三。南方浸信会的传教士晏马太（M. T. Yates）为该会托事部租有 2 块土地，共 5.612 亩。美国南方浸信会于 1845 年成立，同年派传教士来华传教，最早进入广州，但是传教事业发展一般。直至 1854 年开始有所好转，1847 年晏马太夫妇

---

158 行名录资料中最早有明确记载是在 1872 年，中文名为"郑家木桥"，外文名为"Lambuth, J. W. and family"，地址只记为法租界。

159 黄光裕. 近代来华新教差会综录 [M]// 近代史资料：总 80 号. 北京：中国社会科学出版社，1992：82.

抵达上海建立新区，建老北门礼拜堂[160]，作为华中传教区之中心[161]。租地表中晏马太名下两块地在虹口，但是初设的教堂则选址在老北门近法租界，可能因该地位于老县城周边，便于向华人传教布道。此外，隶属美国长老会的克陛存牧师（Culbertson, Rev. M. S.）和怀德牧师（又译为魏德，Wight, Rev. J. K）租有一块 5.7 亩的土地[162]。

公理会的租地面积最小，2 块合起来也只有 2.395 亩。其中，于 1839 年来华传教、美国入华传教士第一人裨治文（Bridgman, Rev. E. C.）在美租界租有一块分地。他开创了美国差会在华传教的先河，而由租地情况可推测他至迟在 1855 年已经抵达上海，1857 年成立的"文学和科学学会"（Literary and Scintific Society）即由裨治文担任会长[163]。与他同一差会的白汉理牧师（Blodget, Rev. H., 或译柏亨利，道契载"勃来善"）也租有 1 块土地。

综上，虹口美租界内传教士租地面积仅占全部租地面积的 9.13%，不足总面积的十分之一。

2. 美租界的洋行及其租地情况

无论是租地数量还是租地面积都以洋行与洋商为最多。他们共有租地 26 块，计 174.83 亩。

但以洋行为租地者的数量很少，只有广源洋行和旗昌洋行两家。

---

160 行名录资料最早记载为 1872 年，其中文名"晏家宅"直接以晏马太为名，外文则为差会名称"Board of Foreign Missions of Southern Baptist Convention, U. S."，地址为法租界领事馆路（今金陵东路），法租界公董局以西两个街区。

161 黄光裕. 近代来华新教差会综录 [M]// 近代史资料：总 80 号. 北京：中国社会科学出版社，1992：80.

162 据道契记载，该地为第 56 分地，属克陛存和怀德名下。而核查 1854 年《上海年鉴》，两人当时均服务于美国长老会。

163 李天纲. 外滩."十里洋场"的开端 [M]// 上海：近代新文明的形态. 上海：上海辞书出版社，2004：209.

其中广源洋行（King & Co.）共租用 14 块分地，面积 58.77 亩。该行在咸丰四年八月（1854 年 9、10 月间）租得美国领事馆颁发的第 1 分地。其余租地都集中在 1855 年，分别是 1855 年 5 月租得 1 块分地、6 月 4 块分地、9 月 3 块分地。另外，还有 5 块分地道契不存，无法推知租地时间。从道契资料来看，该洋行的租地都未曾转手。位列第二位的旗昌洋行则只租有 2 块分地，面积 27.8 亩。

美租界大量的土地是以洋商个人名义租用。租地面积最大的一位洋商名为 M. L. Potter，他独自租有 2 块土地，面积有 50 亩之数。道契中将这位 Potter 先生记为"巴塔"，职业不详。经核查，1854 年《上海年鉴》将其列为引航员，1866 年《上海年鉴》记有"外虹口船厂 Potter, M. L."，洋行类型为造船，是为从事海上船舶运输行业的洋商。租地表中还有 Potter 和 Warden 合租的两块地，查阅 1854 年《上海年鉴》的"在吴淞港"一栏，发现有一名为"T. Warden"的大副列在英国双桅船（British Brig）顺记（Sea Horse）之下。Potter 应是与 T. Warden 合租租地，一人为引航员，一人为商船大副，皆与航运业相关。

面积次之的 Chester. E. Smith，其名下有 1 块 18 亩的分地。该人在道契中记为密四诗梅，是 1856 年《上海年鉴》中记为华记洋行（Turner & Co.）的职员。

曾作为美国驻沪领事在美租界设立和英美租界合并中发挥重要作用、后又任旗昌洋行大班的金能亨名下有 4 块分地，共 14.1 亩。此外，旗昌洋行职员葛礼租有面积 1.3 亩的第 51 分地，另一职员 W. G. Pierce 也租有 1 块面积 0.9 亩的分地。

3. 美租界的其他租地人情况

除宗教和商业用途的租地之外，美租界还有不少其他身份的租地者，共租有 13 块分地，面积为 127.9 亩，占总租地面积的 28.02%。

美租界以个人名义租地最多者是哈尔医生（G. R. Hall），他单独租地 9 块，面积达 71.9 亩。此外，工程师杜那普（John Dewsnap）独立租赁的 2 块分地面积分别为 20 亩和 16.5 亩，而尔奄厄特船长（Captain Charles Ranlett）租地 18.5 亩，美领馆警察（Thomas Stanton）在咸丰五年八月二十三日（1855 年 10 月 3 日）租有第 40 分地[164]。

此外，美租界设立初期合租现象十分普遍。金能亨与华牧师（H. H. Warden）合租 2 块分地，计 26.1 亩；与哈尔医生合租 3 块分地，共 23.5 亩。Potter 船长和大副 Warden 合租两块分地，计 26 亩。工程师杜那普与 F. Peterson 合租 2 块分地，计 11.55 亩。哈尔医生除与金能亨合租 3 块分地外，还与旗昌洋行职员葛礼共同租地 2 块，计 24 亩。

综上，合租土地共 9 块，面积 111.15 亩，占总租地面积的 24.35%。

显然，虹口美租界的设立虽与基都教会有密切关系，但从本书梳理的美租界设立之初的租地情况来看，传教士所占土地十分有限，可能因早期经费等问题，并没有大规模租地兴建教堂、书院等，更多以教务为主，其文化活动方面的影响也远不及当时的英国传教士[165]。当时 90% 以上租地均为洋商、洋行或投资土地的人士所租用，这一现象对随后美租界的发展十分重要，为此后与英租界的合并奠定了基础。

（三）土地使用状况与交易

由于此前没有系统的关于美国领事馆租地的整理汇编材料，故而只能将本书整理的 1855 年《美国领事馆租地表》与道契进行对比研究，讨论早期土地交易的情况。对比道契和租地表，共有 21 块租地道契已

---

164 1854 年《上海年鉴》列领事馆目下。

165 王立新. 美国传教士与晚清中国现代化 [M]. 天津：天津人民出版社，2008：169 页。

散佚，即无从判定这些地块早期是否发生交易情况。其余地块中有 12 块分地发生易主现象，另有 2 块分地有面积增减情况，但租地人并未发生变化。

先将道契不存的分地租地号列出，以备相关检索：11 O. R.、6 N. R.、17 N. R.、39 N. R.、11 N. R.、47 N. R.、51 N. R.、21 N. R.、20 N. R.、8 N. R.、7 N. R.、4 O. R.、2 O. R.、3 O. R.、4 O. R.、5 O. R.、26 O. R.、8 O. R.、2 O. R.、3 O. R.、18 N. R.。

由于《美国领事馆租地表》有所谓"新号"和"旧号"之分，会出现诸如一个新 16 号、一个旧 16 号的情况，在与道契进行对比时需判断新旧注册号和道契的前后传承关系如何，哪份材料在先、哪份材料在后，只有这样才能弄清土地的流转和买卖交易。为便于比对同一道契注册号新旧之间以及与道契的差别，特制对照表如下（表 8），租地人仅出外文名。

表8 美国领事馆新旧注册号与道契相关信息对比表

分地号	旧注册号		新注册号		道契		
	租地人	面积	租地人	面积	租地人	面积	注册时间
16	Cunningham, Ed.	1.5	Carpenter, Revds. S.	0.565	Soloman Carpenter	7.7	咸丰五年五月十六日（1855.6.29）
23	Bridgman, Rev. E. C.	0.845	Hall, G. R.	13	G. R. Hall	13	咸丰五年五月二十八日（1855.7.11）
24	Cunningham, Ed.	2.2	Hall, G. R.	12	G. R. Hall	12	咸丰五年五月二十八日（1855.7.11）
33	Warden and M. L. Potter	10	Hall, G.R. and Ed. Cunningham	17	Hall, G.R. and Edward Cunningham	17	咸丰五年七月初一日（1855.8.13）
34	Cunningham, Ed. & H. H. Warden	4.6	Hall, G.R. and G. G. Gray	12	G. R. Hall, G. G. Gray	12	咸丰五年七月十八日（1855.8.30）

分地号	旧注册号		新注册号		道契		
	租地人	面积	租地人	面积	租地人	面积	注册时间
35	Warden and M. L. Potter	16	Hall, G.R. and G. G. Gray	12	G. R. Hall, G. G. Gray	12	咸丰五年七月十八日（1855.8.30）
44	Russell & Co.	24	King & Co.	1.28	David O King	1.28	咸丰五年九月十九日（1855.10.29）
45	Cunningham, Ed.	9.6	King & Co.	1.62	David O King	1.62	咸丰五年九月十九日（1855.10.29）
48	South, Bap. Con. （M. T. Yates, Trustee）	2.4	Ranlett, Capt. Chas	18.5	Captain Charles Ranlett	18.5	咸丰五年九月二十一日（1855.10.31）
49	Pierce, W.G.	0.9	Potter, M. L.	43	Mark L Potter	43	咸丰五年九月二十一日（1855.10.31）
56	Pres. Board of F. Mission	5.7	–	–	M. S. Culbutson & J. W. Wright	1.3	咸丰五年（1855—1856）

　　由表8可以清楚地发现，除去第16分地道契的面积与新租地号的面积不同，以及第56号新租地号不存之外，其他新注册号与道契的租地人、租地面积都完全相同。由于道契明确记载所租用的土地出自本地农民，并且上表中相关道契的注册时间都早于《美国领事馆租地表》公布时间1855年11月6日，再加上租地表公示的意义在于向业已在领事馆注册的租地人催缴年租，因此可以排除道契晚于租地表的可能。

　　由于道契与新注册号的相似程度十分高，推断两者之间应当有一定的承袭关系。然而材料有限，似乎无法推断道契与旧注册号是否有必然联系。或者可以这样推测：旧注册号是在道契颁布之前，洋人与农民自行租地的产物，就此领事馆有备份，但是没有重新给道契号，而是按照洋人租地的编号为序，为了与后来有正式道契注册号的地块区分开来，就用"O. R."以示区别。新注册号则应与道契所记录的道契号一致，面积稍有变动的可能是首次租地后有增减之故。当然这些推测要做进一步论证，尚有待其他史料的发现。

由于早期美租界实测地图仅见《1864—1866年虹口暨美租界地图》[166]，一来时代相隔较远，二来该地图所绘内容与租地号并不匹配，因而无法将上文梳理的租地洋行定位于地图上。本章节旨在厘清开埠初期美租界的租地人及其土地使用情况，虽然传教士在美租界中具有较大的影响，但美租界大量的土地实则为商业用途，这一现象为此后与英租界的合并奠定了基础，城市功能的形成至为关键。

洋行空间分布及功能分区的初现

上文已将1855年《上海外国租界地图: 洋泾浜以北》的来龙去脉厘清，1855年《英国领事馆租地表》中的各分地也逐一细部考证出来，接下来利用AutoCAD重绘1855年地图，便于直观地分析土地使用情况(图13)。

1855年地图所示系租界第一次扩张之后的地域范围，由图13可知洋行的租地确已越过第一次划定租界西边的界路（今河南中路）和北边的界线李家厂一处（今北京东路一带）。而从各国洋行租地的分布范围来看，英国势力独大自不待言，其分布最广且占据了大量有利区位，黄浦江沿岸之地除近南京东路、近福州路和近洋泾浜三处为美国洋行，其余皆由英人控制。在英美势力悬殊对比的同时，一些中国人所有的地块穿插其间，应当是尚未交易的土地，主要分布在广东路以南、洋

---

166 孙逊，钟翀. 上海城市地图集成：上册 [M]. 上海：上海书画出版社，2017：43.

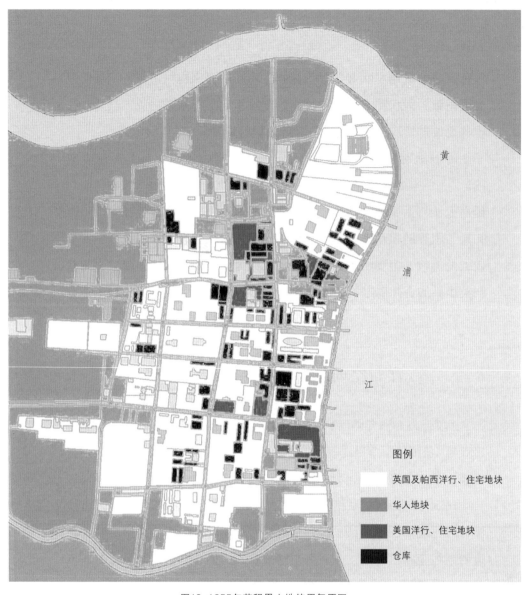

黄

浦

江

图例

英国及帕西洋行、住宅地块

华人地块

美国洋行、住宅地块

仓库

图13 1855年英租界土地使用复原图

资料来源：底图采用1855年《上海外国租界地图：洋泾浜以北》（上海图书馆藏，图6），

利用AutoCAD重绘。

泾浜以北，以及北京东路以北、英国领事馆以西。北京东路以北地区属于租界第一次扩张之后的范围，本地人保留一些土地尚未出租可以理解；洋泾浜一带一开始就已划为租界区，不知为何至1855年时还保留大量农村土地尚未开发。

据《上海对外经济贸易志》记载，洋商仓储大多始于码头仓储，起初设施十分简陋[167]，1850年之后才为适应进出口贸易而修造仓库[168]。由图9（见25页）可知，怡和、仁记、宝顺、李百里、华记等洋行，纷纷在黄浦江畔建造了仓库，旗昌、琼记和同珍洋行则在四川中路建造仓库。由图13可见，除去洋行，仓储用地占据了很大一部分。

倘若城市以仓储中心的形式出现，那必定是贸易发展到一定程度之后的产物[169]。仔细观察图13可以发现，仓储用地大多位于洋行后面（以朝向黄浦江一面为正面），这十分容易理解，即主要洋行朝向市口营业，仓储则巩固在后方。洋行这样布局的目的十分简单明确：保护商品、攫取资源、规范生产过程、占有产品等。为了达到这个目的，建造仓库，占领某个区域，控制交通枢纽和瓶颈地带，集中生产地点以利于监督[170]。各洋行本体建筑与仓库基本上紧密联合在一起，尤其一些大洋行，通常有四五间仓库用于储存待运的货物，洋行和仓库几乎占有了整个街区。与此同时由于当时棋盘式的道路规划，各大洋行都可以直接到达黄浦滩，交通无需受限于他者，这些布局和规划都是出自洋行最直接经济管控的目的。

---

167 《上海对外经济贸易志》编纂委员会. 上海对外经济贸易志：下 [M]. 上海：上海社会科学院出版社，2001：1833.

168 上海社会科学院经济研究所，上海市国际贸易学会学术委员会. 上海对外贸易：1840—1949[M]. 上海：上海社会科学院出版社，1989：68.

169 凯文·林奇. 城市形态 [M]. 林庆怡，等，译. 北京：华夏出版社，2001：3.

170 凯文·林奇. 城市形态 [M]. 林庆怡，等，译. 北京：华夏出版社，2001：248.

1848年，在洋人的要求下，上海道台复与英国领事商定将租界扩充，北界从原来的李家厂扩展到苏州河，西界从原来的界路（今河南中路）扩张到周泾浜，面积较之 1846 年所划定的范围大大增加。但是观察当时主要的英国洋行和住宅分布可见，其范围甚至小于初次划定的英租界范围。这些建筑主要集中在今河南中路以东、广东路以北、北京东路以南以及黄浦江以西之地，在洋泾浜地区依旧缺席。同样，仓储之地也未见于这一地带，而多见于华人之地。洋泾浜虽不及苏州河的航道，但终究有水利之便，不知为何此处的发展较为迟缓。

简言之，图 13 体现了这样一个城市景观：仓储空间占据城区重要区位，洋行码头则充分发展，上海逐步成为一个以航运、贸易为主的城市。由于 AutoCAD 只能将城区的道路、土地使用区块等框架厘清，无法将细部的洋行考订上去，而 Mapinfo 可将此前考证出来的租地地块、洋行等数据按照不同字段进行整理筛选，因而利用 Mapinfo 先将 1855 年《上海外国租界地图：洋泾浜以北》重新绘制，便于定位。

前文已经将英国领事馆租地表的各个分地的租地者考证出来，但是与地图结合绘图的时候会发现个别地块需要进一步论证才能最终定位，比如第 34、65、66 分地。

第 34 分地，为美国旗昌洋行于 1846 年租用，然 1855 年《上海外国租界地图：洋泾浜以北》上标有两处为第 34 分地且相距甚远，其一在今南京东路与四川中路路口，其一在今福州路靠近外滩的地方。考道契资料，第 25 号第 34 分地载"花旗国商人旗昌行即路撒公司遵照和约……赁租量见十亩九分七厘九毫，东至公路，西至第三十三分租地，南至公路，北至公路。"[171] 而第 34 号第 33 分地应为琼记洋行，道契载"本

---

171 《上海道契》第一册，第 43 页。

国商人各你理阿士唾恩聘请，在上海按和约所定界内租业户阿各士颠哈……计五亩三分二厘〇毫，北三十六分，南公路，东三十四分，西公路"[172]。两份道契比对来看，旗昌所租第34分地应在南京东路与四川中路附近，然而另一处的租地号从道契数据库检索依旧无法确定其谬误所在，有待其他材料的发现。

第65号和第66号两块分地则因为恰处1855年地图折痕处，稍有破损、字迹模糊，无法辨识。道契载第65分地为英人格医生（即行名录所载长脚医生）于道光二十五年十二月（1845年12月29日—1846年1月26日）租用，面积二十亩，四至分别为：东至第72分地，西至河，南至河，北至公路。然而，地图上第65、66分地东临的土地并未出现第72分地，一者为第82分地，一者为第64分地。查第72分地为英商查理士麦金西（名利洋行）于道光二十七年五月二十四日（1847年7月6日）租用，共三亩五分，东至第71分地，西至第78分地，南至第21分地，北至公路[173]。第71分地同样为名利洋行所租，位于福州路以南、江西中路与四川中路之间。由此可见，第72分地并未与第65分地接壤，道契关于第65分地四至的记载应当有误。查第82分地，载英商亚巴兰波文租用，量见六亩二分五厘二毫，东至第39分地，西至第65分地，南至半河，北至公路[174]。因第39分地确定在今北京东路与江西中路路口，故其西侧的分地应为第82分地，从而可以推定第82分地西侧的租地为第65分地。值得注意的是，《1849年上海外国人居留地地图》在今宁波路及向西的延长段上以河流表示，可见在

---

172 《上海道契》第一册，第57页。

173 《上海道契》第一册，第89页。

174 《上海道契》第一册，第115页。

1849 年之前这里应该还是河浜，与第 65 分地载南界为河和第 82 分地南至半河的记载相吻合，然而待到 1855 年，此河到今河南中路附近已经被拦腰斩断。与此同时，可以纠正《1849 年上海外国人居留地地图》的一处错误，即图幅上出现两处第 32 分地，近北京东路的一处应为手写谬误，当是第 82 分地。再从第 66 分地入手判断以上推论是否正确，道契载此地为英国民人刻兰得所租，共五亩九分〇厘三毫，北至华民奥界，南至公路，东至第 63 分地，西至公路 [175]，与所绘地图标示一致。至此，第 65 分地可确定在今北京东路以南、天津路以北、河南中路以东地块，而第 66 分地则在河南中路以东，南北皆与第 63 分地相邻，这样的分布与《1849 年上海外国人居留地地图》所标注的情况相符。

将考订后的洋行绘于 1855 年 Mapinfo 重绘图上，成《1855 年上海英租界租地图》（图 9，见 25 页），至此，1855 年洋行分布清晰可见。具体租地洋行分地号、道契号、中外文名称等见表 9。

表9 1855年英租界洋行分布对照表

ID	分地号	道契号	外文名称	中文名称
1	1	3	Jardine, Matheson & Co.	怡和
2	2	4	Rawson, T. S.	和记
3	3	5	Gibb, Livingston & Co.	仁记
4	4	–	Smith King & Co.	广源（四美）
5	4A	21	Smith King & Co.	广源（四美）
6	5	17	Perceval, A.	怡和大班
7	6	–	Dirom, Gray & Co.	裕记
8	6A	2	Dirom, Gray & Co.	裕记
9	7	9	Ripley Julia	李百里
10	8	1	Dent, Beale & Co.	宝顺
11	9	8	Dent, Beale & Co.	宝顺
12	10	–	Chinese Costum	中国海关

175《上海道契》第一册，第 73 页。

ID	分地号	道契号	外文名称	中文名称
13	11	55	Turner & Co.	华记
14	11A	51	Turner & Co.	华记
15	12	--	--	--
16	13	71	Mackenzie,Chas. D.	名利
17	14	33	McDonald, Jas.	长利
18	14A	90	McDonald, Jas.	长利
19	15	92	Adamson,W. R.	天长
20	17	26	Bussche de, E. M.	--
21	18	60	Pestonjee Framjee	顺章
22	19	42	Sassoon, A. D.	沙逊
23	19A	10	Cassurmbhoy & Co.	架记
24	19B	78	Cassurmbhoy & Co.	架记
25	19C	79	Sassoon, A. D.	沙逊
26	20	114	Burjorjee,D. and Lalcaca	复源和--
27	20A	17	Cowasjee Pallanjee	利查士
28	21	40	Turner & Co.	华记
29	21A	21	Lewin, D.D. sub	--
30	22	39	Wetmore & Co.	哗地玛
31	22A	52	Wetmore & Co.	哗地玛
32	22B	64	Smith E. M.	--
33	22C	--	--	--
34	23	--	--	--
35	24	2	Lindsay, Hugh H.	--
36	25	7	Croom, A., and Dow, Jas	融和
37	25A	4	Reiss, L.	--
38	25B	3	Lindsay, Hugh H. sub	--
39	26	66	Sassoon, D.	沙逊
40	26A	75	Sassoon, D.	沙逊
41	32A	22	Dallas, A. G.	打喇士
42	33	34	Augustine Heard & Co.	琼记
43	34	25	Russell and Co.	旗昌
44	35	11	Sykes, Schwabe & Co.	公平
45	35A	6	Sykes, Schwabe & Co.	公平
46	36	--	--	--
47	36A	9	Hubertson, G. F.	--
48	37	24	Rawson, T. S.	和记
49	38	58	Gibb, Livingston & Co.	仁记
50	39	12	Bowman, A. and J.	宝文兄弟
51	40	--	--	--
52	42	13	Ripley Julia	李百里

ID	分地号	道契号	外文名称	中文名称
53	43	19	Crampton, Jas.	J·葛兰敦
54	50	59	Fogg, H.	丰裕
55	52	28	Rathbones, W. and Gray, L.	—
56	52A	57	Rathbones, W. and Gray, L.	—
57	55	29	Smith & Co.（Robert）	
58	56	30	Beale, T. C., Trinity Church	皮尔教堂托事部
59	57	31	Barnett, Geo.	惇信
60	58	32	Beale, T. C.	皮尔
61	58A	56	Crossley, Jas	—
62	59	46	Watson, J. P.	丰茂
63	59A	26	Thorne, A. do.	丰茂职员
64	60	18	Sillar Brothers, sub.	和昌
65	60A	13	Hall, G. R. sub	哈尔医生
66	60B	—	Strachan, Geo	—
67	61	21	Medhurst, Rev. W. H., Miss Socy	麦都思
68	62	22	Medhurst, Rev. W. H., Miss Socy	麦都思
69	62A	5	Winch, J. H., Trustee Hospital	医院托事部
70	63	38	Adamson, W. R.	天长
71	64	37	Kirk, T.	长脚医生
72	64A	—	—	长脚医生
73	65	23	Kirk, T.	长脚医生
74	71	49	Mackenzie, Chas. D.	名利
75	73	41	Ruttonjee, S. and Lungrana	—
76	74	43	Medhurst, Rev. W. H., Trustees Cemetery Committee	麦都思，西人坟地托事部
77	75	53	Bowman, James	詹姆斯宝文
78	76	16	Consulate H. B. M.'s	英国领事馆
79	77	50	Crampton, Jas.	J·葛兰敦
80	78	44	Saul, R. P.（Fives Court）	娑尔
81	79A	14	Thorburn, R. F.	—
82	79B	16	Holliday, Wise & Co.	义记
83	80	62	Park of Shanghae	原跑马场
84	81	63	Lind, H.	英商林德
85	82	67	Gray, H. M. M.	仁记职员
86	83	68	King, D. O.	金氏
87	84	72	Bowman, John	约翰宝文
88	85	89	Wills, C.	惠利士
89	87	76	Sassoon, R. D.	沙逊
90	88	35	Brine, R. A.	白兰
91	89	77	Kennedy, H. H.	英商布林

ID	分地号	道契号	外文名称	中文名称
92	91	82	Smith J. Caldecott	卓恩阁第克士密
93	92	81	Wright, J. W.	天孙
94	96	87	Otterson, J. M.	–
95	97	84	Smith J. Mackrill Trustee	广源大班
96	98	91	Pert, Robt	–
97	101	95	Nicol, G. S.	英人暝格
98	102	96	Ameeroodeen Jafferbhoy	祥记
99	103	97	Nicol, G. S.	英人暝格
100	107	101	Bowman, James	詹姆斯宝文
101	108	102	Moncreiff, Thos	满吉利
102	112	106	Wetmore W. S.	哗地玛
103	113	107	Wetmore W. S.	哗地玛
104	114	108	Adamson,W. R. and Young, A. J.	天长和米士央
105	115	109	Adamson,W. R. and Young, A. J.	天长和米士央
106	116	110	Adamson,W. R. and Young, A. J.	天长和米士央
107	116	110	Adamson,W. R. and Young, A. J.	天长和米士央
108	117	111	Bowman, James	詹姆斯宝文
109	119	113	Adamson,W. R. and Young, A. J.	天长和米士央
110	122	116	Young, A. J.	米士央
111	124	118	Mackenzie, Wm	名利职员
112	127	121	Young, A. J.	米士央
113	130	124	Adamson,W. R. and Young, A. J.	天长和米士央
114	131	125	Young, A. J.	米士央
115	132	126	Sassoon, R. D.	沙逊
116	133	127	Adamson, W. R.	天长
117	134	128	Mackenzie, Wm	名利职员
118	135	129	Deacon, E.	–
119	136	130	Crampton, Jas.	J·葛兰敦
120	137	131	Head, C. H.	–
121	139	133	Hogg, Wm	广隆大班
122	147	141	Sassoon, R. D.	沙逊
123	151A	27	Kennedy, H. H.	英商黑布林
124	151B	28	Helbling, L.	公易职员
125	151C	29	Adamson, W. R.	天长
126	152	146	Beale, T. C.	皮尔
127	153	147	Rogers, Jas.	–
128	156	150	Waters, Chas.	–
129	159	153	Beale, T. C.	皮尔
130	216	–	–	–

第 3 章 洋行兴盛：1856—1859 年

由于开埠伊始行名录尚未正式修订，前文利用道契资料、《北华捷报》和地图资料复原当时的土地利用和洋行分布。随着1852年《上海年鉴》创刊，所记载的洋行信息日益完善，在此前提下，本章试图将19世纪50年代《上海年鉴》所载的洋行相关信息进行对比研究，讨论洋行的兴衰嬗变，另外结合《工部局董事会会议录》《北华捷报》等材料展开个案研究——一位以饮食业起家的埃凡先生跌宕起伏的一生，以及一位在英租界核心地段以自己名字命名道路的医生及其在沪产业，并基于此讨论当时在沪小型洋商、西医等在城市塑形中的重要作用。

洋行的更迭

一、洋行的增加与业务的扩展

　　《上海年鉴》收录开埠后上海各类信息，其中包括各类洋行的信息（图14），使得我们可以利用这份材料展开对比研究，探讨洋行的

图14 1856年《上海年鉴》

变迁。对比1854和1856年《上海年鉴》的行名资料，新增洋行41家，
整理如表10。

表10 1854—1856年新增洋行

洋行名称		经营范围	
外文	中文	外文	中文
Alladinbhoy Hubibbhoy	架记	–	–
Angier & Co.	晏治	–	–
Aspinall, Mackenize & Co.	名利	–	–
Baker, T. J.	丕吉	bill-broker	票据掮客
Barnet, Geo. & Co.	惇信	–	–
Bishop, J.	备商	tailor	裁缝

洋行名称		经营范围	
外文	中文	外文	中文
Bohstedt & Co.	惠兴	–	–
Buissonnet, E.	泰昌	–	–
Burjorjee, D.	复源	–	–
Camajee, R. H. & Co.	复源	–	–
Carvalho, J. H.	望益纸馆	printer	印刷
Clifton,S.	差馆	superintendent of police & overseer of roads	捕房及道路督察
Commercial Bank of India	汇隆银行	–	–
Commercial House	义利	–	–
Connolly,A.	公利	–	–
Hajee Abdoola Natha	–	–	–
Hancock,H.	恒吉	bill–broker	汇票掮客
Hardy, T.W.	公和	bill–broker	汇票掮客
Hubilbbhoy Ebrahim, Sons & Co.	–	–	–
Jordan, V.P.	渣敦	bill–broker	汇票掮客
Kupferschmid & Dato	泰兴	chronometer, watch & clock–makers, & general store–keepers	天文台表、钟表制造商和一般仓储
Lamond, M. & Co.	–	ship–smiths & ship–wrights	船匠和造船工
Mackenize, H.	–	boarding house–keeper	旅店
Mackenize, W.	–	bill–broker	汇票掮客
Mahamedbhoy, Thoverbhoy & Co.	架记	–	–
Mariner's Home	–	–	–
Mercantile Bank of India, London, and China	有利银行	–	–
Mottley, G.	外虹口	surgeon	外科医生
Muncherjee, B.	–	–	–
Overweg & Co.	柯化威	–	–
Potter & Co.	新裕记	–	–
Potter, M. L.	外虹口船厂	ship–wright	造船工
Pustau, Wm. & Co.	利荣	–	–
Reynolds, E.A.	夜冷	general auctioneer	一般拍卖行

洋行名称		经营范围	
外文	中文	外文	中文
Rogers, J.	—	carpenter & ship-wright	木匠和造船工
Scholedield, C.	阿花威	tea-taster	评茶
Shanghae Library	洋文书馆	—	—
Sibbald, F. C.	指望医生	medical director, M. R. C. S. E.	医生
Sutton, H.	—	sail-maker	船帆制造商
Trannack & Co.	—	ship-wrights	造船工
Ullett, R. B.	升泰	—	—
Wylie, A.	墨海书馆	—	—

由表 10 可知，实业类的洋行中汇票代理商增加最多，新添了 5 家，分别为丕吉、恒吉、公和、渣敦以及 Mackenize, W.。同时，与船舶航运业相关的洋行也迅速增加，其中造船厂四家：Lamond, M. & Co.（兼营船舶铁匠）、外虹口船厂、Rogers, J.（兼营木匠）以及 Trannack & Co.，还有一家从事船帆制造（Sutton, H.）。银行也逐渐增加，除去此前的丽如银行之外，汇隆银行和有利银行也见于行名录记载了。简单梳理后可以清楚地看出，当时金融相关的汇票代理商和银行等正在迅速崛起，而此前业已发展的航运船舶业依旧态势良好。

这一时期值得关注的还有一些新兴产业的兴起以及新门类的创立。首先新增的洋行中与印刷业相关的最多，有三家，分别为：望益纸馆、洋文书馆和墨海书馆。望益纸馆的负责人在 1856 年和 1858 年记为 Carvalho, J. H.，在 1861—1877 年间的行名录都记为 Carvalho, A. H.，而 Carvalho, A. H. 为《北华捷报》的监工。1858 年的行名录将两人的姓名都刊印在册，Carvalho, J. H. 为望益纸馆，Carvalho, A. H. 只出了姓名而没有标明具体从事的行业。可以判断的是 Carvalho 确为同姓两人，都从事印刷相关工作，可能还有亲缘关系。

然两位 Carvalho 所从事的印刷业却是针对完全不同的两个行业。《北华捷报》为开埠之后沪上重要的英文报纸，其地位无庸赘述，但是这个望益纸馆到底是从事什么业务的呢？《沪游杂记》中有一条目列为"白鸽票发财票"，如下：

> 别发洋行、望益纸馆皆有吕宋白鸽票寄售，一票洋六元，票以号数为凭。头彩得洋一万六千元，其次递减。闻届时先设二大柜藏纸卷，一为号数，一为彩之多寡有无，令人分柜摸纸卷，同时并掣喝报以定赢输，得彩电线报信。从前寓沪西人亦有仿此法者，名发财票。粤人之白鸽票以千字文八十字刊小票作据，先期密封二十字悬梁间。出银三分，随意点十字，能合所封中五字以上者得彩，十字全中，彩银百两。并有点十数字者，画图计算，最易蒙混。凡得彩皆扣一成半费用，今发财票、粤白鸽票皆禁。[1]

别发洋行外文行名为 Kelly & Co., 首见于 1872 年行名录记载[2]，称其经营业务为书商、文具店、新代理和烟草行。从这"白鸽票发财票"的介绍来看，望益纸馆和别发洋行每次设票时都要有两大柜纸卷，应当都是自行印制的，所以行名录将其定为"印刷"，但它们刊印的是类似博彩业的彩票，而并非一般意义上的"印刷业"。

墨海书馆是真正意义的印刷业了，虽然 1856 年行名录才单独列出"墨海书馆"，1854 年《上海年鉴》的传教士一栏中已经将"Wylie, A."记为印刷业。事实上，墨海书馆 1844 年就已经开设，初为伦敦会麦都思主持，1847 年伟烈亚力抵沪后由其负责。该馆印制了大量关于宗教

---

1 葛元煦. 沪游杂记 [M]. 郑祖安，点校. 上海：上海书店出版社，2006：141.
2 别发洋行，1872 年首见于行名录。1872—1876 年位于广东路 1 号，1877 年搬迁至外滩近汇丰洋行处，此后一直经营印书相关产业，至 1941 年行名录仍见记载。

和科学的书籍，是推动中西文化交流的一大功臣[3]。伟烈亚力来沪时携带了圆筒式印刷机为墨海书馆使用，以牛代替蒸汽为动力，华人十分惊奇并去参观，时常为人咏颂：

车翻墨海转轮圆，百种奇编宇内传。忙杀老牛浑未解，不耕禾陇种书田[4]。

洋文书馆则是 1849 年即已在上海成立，系由外国侨民将此前在广州和澳门收藏的书带到上海，建成的上海及中国最早的公共图书馆。到 1854 年，已经积累了 1 276 本著作，订购了 30 种期刊与报纸[5]。

此外，还出现了一家经营钟表的洋行泰兴行，主营计时表和钟表制造，兼营仓储。连同业已开张的利名钟表行（Remí, D.），此时上海已有两家钟表行，在沪洋人和本地人对钟表一类科技产品的需求可见一斑。另有一家旅馆 Mackenzie, H. 和一家评茶的洋行阿花威。

医疗方面，除去前文经常提及的哈尔医生和长脚医生之外，1856 年行名录名单上又多了一名医生——指望医生。该医生为爱丁堡皇家外科学会会员（Member of the Royal College of Surgeons of Edinburgh，即行名录中所记的"M. R. C. S. E."），同时他是上海第一位外侨社区医生[6]，最初服务于仁济医院，《北华捷报》1859 年曾刊登他署名的医院年度总结[7]。

---

3 汪晓勤. 中西科学交流的功臣：伟烈亚力 [M]. 北京：科学出版社，2000：1.

4 孙次公. 洋泾浜杂诗 [M]// 王韬. 瀛壖杂志. 上海：上海古籍出版社，1989：119.

5 李天纲. 外滩："十里洋场"的开端 [M]// 上海：近代新文明的形态. 上海：上海辞书出版社，2004：209.

6 E. S. Elliston. Ninety-five Years: A Shanghai Hospital, 1844-1938[M]// 近代上海英文文献选编：第 104 册. 上海：上海古籍出版社，2021：656.

7 《北华捷报》1859 年 4 月 30 日。

另外服务业相关行业出现了上海最早的一家西式裁缝店，即备商。该商主要客户群应兼有西人和华人，首先，它肯定为在沪的西人服务，满足他们对平日服装的需求，因西式服装和中式服装布料、样式等多有不同，华人裁缝店短时间内难以模仿或完成裁剪要求，该洋行自有一批十分稳定的西人客户群体。其次，它可能还拥有广大上海本地人的市场，因为上海自古就有"家无担石，华衣鲜履"的风俗，[8]"洋泾浜一隅，五方杂处，服色随时更易"[9]，可见伴随着大量洋人的涌入，尤其是妇女的进入，华人可能对各类奇装异服充满新鲜感，跃跃欲试。不仅有时尚等方面的考虑，实用功能的考量也十分明显。比如，大量的买办阶级为了融入洋商的圈子，自然需要得体的西服，以便自如地出入各类较为高档正式的场合，并适时抓住商机。因此，该洋行应运而生，当然这也体现了上海当时与洋人生活相关的服务类洋行门类多样化的趋势。

市政方面，新增一洋行 Clifton, S.，名为"差馆"，其职能为捕房及道路督察。Clifton, S. 全称 Clifton Samuel，是 1854 年 8 月由工部局所聘用的捕房督察员，同时还聘用了一位副督察[10]。该专员的设立一方面针对警察进行监管，同时还针对道路进行监督。这位 Clifton 先生是从香港聘请的首位总巡，原来是香港的高级警司，所以他能够罗致到很多优秀巡捕。他的月薪是 150 元。按照当时的通行汇率，这显然超过了每年 500 英镑[11]，应当属于高薪阶层了。Clifton 先生的聘用是西方文明的一种体现，即投入相对经费以维护公众的利益。

8 颜洪范，张之象，等. 万历上海县志 [M]. 刻本. 1588.

9 葛元煦. 沪游杂记 [M]. 郑祖安，点校. 上海：上海书店出版社，2006：79.

10 1854 年 8 月 19 日第四次会议载"聘用塞缪尔·克莱夫顿先生为捕房督察，每月薪金 150 元。聘用罗伯特·马根西先生为捕房副督察，每月薪金 75 元"。参见：上海市档案馆. 工部局董事会会议录：第一册 [M]. 上海：上海古籍出版社，2001：570.

11 兰宁，库寿龄. 上海史：第一卷 [M]. 朱华，译. 上海：上海书店出版社，2020：296.

从工部局对道路监管的重视可知当时的道路系统在城市的正常运作中具有重大的作用，洋人对上海县城最深刻的一个印象就是道路拥挤不堪，都被店铺所占据。[12] 第一次《土地章程》中明确规定租界内的道路像沿浦大路不仅要由租户修补，且只得正经商人行走，不准无业游民窥探。而租界内的其他道路则不准占塞公路，不准造房搭架，不得堆积污秽等。到了第二次《土地章程》，不仅对上述事情依旧明令禁止，更有五元至十元不等的罚款[13]。

1856 年较之于 1854 年，不仅是洋行数量的增加，更值得注意的是服务业洋行的涌现。服务性的洋行大幅提升了西人在沪的生活质量，这应当与产业的传播有关。首先进来一批单纯从事贸易的，接着服务这批特定人群的衣食住行以及医疗教育等的相关产业也顺势发展起来，所谓的"近代化"过程就是在这样的潜移默化中发生的。1858 年的行名录似乎更加证明了这一点，较之于 1856 年增加了 50 家洋行，与前面的增幅基本持平（1854—1856 年增加了 41 家）。为便于讨论新增洋行，列表 11 如下。

表11 1856—1858年新增洋行

洋行名称		经营范围		洋行名称		经营范围	
外文	中文	外文	中文	外文	中文	外文	中文
Baron, J. S.	得利	bread & biscuit baker	面包和饼干烘焙师	Kessowjee Sewjee & Co.	架记	–	–
Barros, D	恒泰	–	–	Legrand, L.	李阁郎	watch & clock-maker, photographer	钟表、摄影
Bell, Thos., Goodall, C. W.	柏医生	surgeons	外科医生	Lewis, J.W.	鲁意师	–	–
Birdseye, T.J.	–	–	–	Loureiro, P.J.S.	正丰	–	–

---

12 霍塞. 出卖上海滩 [M]. 越裔，译. 上海：上海书店出版社，2000：4.

13 上海公共租界史稿 [M]. 上海：上海人民出版社，1980：54.

洋行名称		经营范围		洋行名称		经营范围	
外文	中文	外文	中文	外文	中文	外文	中文
Bovet, Brothers & Co.	播喊	–	–	MacKenzie & C.	隆茂	ship chandlers, store-keepers, general agents	船用杂货商、仓储和一般代理
Burton, G.W.	补医生	meidical doctor	医生	Mackenzie, Wm.	复和	–	–
Cama, Pestonjee Framjee & Co.	顺章	–	–	McGregor,R.,& Co.	石记	–	–
Camajee, P. & D. N., & Co.	广南	–	–	Mitchell. A	浦东	shipwright, boatbuilder, and blacksmiths	造船者和铁匠
Carvalho, A. H.	–	–	–	Mottley, Geo.	摩医生药房	–	–
Commercial Hotel and Restaurant	义利	hotel	酒店	Muford, J. D.	润馨药房	apothecary	药剂师
Compton, C. S.	金顿	–	–	Nott & Co.	同孚	–	–
Coomas, F. D.	科富蓬店	sail-maker	船帆制造商	Oppert & Co.	泰源	–	–
Cushny, Alexander	–	–	–	Page, F. M.	悲支	bill broker	汇票掮客
Evans, H.	–	baker & confectioner	面包师和糖果师	Pattullo, S. E.	裕盛	secretary of British Chamber of commerce	英国商会秘书处
Fletcher & Co.	吠吼喳	–	–	Pearson, F.	皮而生	ship chandlers, general store-keeper	船用杂货商和一般仓储
Framjee Byramjee Metta & Co.	顺泰	–	–	Platt, T., & Co.	利兴	–	–
Gough, Capt., Str.	–	confucius	孔夫子号船长	Saur, J.	老旗昌	–	–
Hallpike, J.	–	opium-broker	鸦片掮客	Seaman's G. C	下海浦	boarding-house keeper	旅店
Hargreaves Wm.	客地利	–	–	Siemssen & Co.	禅臣	–	–

洋行名称		经营范围		洋行名称		经营范围	
外文	中文	外文	中文	外文	中文	外文	中文
Harkort & Co.	惇裕	–	–	Sutton, Henry	永成街色登蓬匠	sail-maker	船帆制造商
Hobson, Benj.	合信先生仁济医院	M. B.; M. R. C. S.	医生	Thorburn, Geo.	裕盛	–	–
Hogg, G.W., & Co.	新德记	wine, spirit, and beer merchants; auctioneers and general store-keepers	葡萄酒、烈酒和啤酒商、拍卖行和一般仓储	Thorne, Brothers & Co.	新丰茂	–	–
Holmes, C. M.	丰顺	butcher and general provisioner	屠夫和一般供应商	Tilby, A. R.	裕隆	ship broker, auctioneer for damaged goods, and general commission agent	船舶掮客、破损物品拍卖和一般佣金代理
Jones, C. Treasure, H. M. Naval Coal Depôt	大英水营煤局	–	–	Vaucher Freres	富硕	–	–
Judah & Co.	咮打	–	–	Wilson, Craven	天青威厘臣	tea inspector & general agent	茶叶检查和一般代理

依旧从洋行的经营类别进行分析阐述。这两年增设最多的为船舶相关的洋行，共有六家，分别为科富蓬店、隆茂、浦东、皮而生、永成街色登蓬匠以及裕隆。其中裕隆洋行需要稍加解释，该洋行为船舶掮客，并从事拍卖受损货物以及一般商贸代理的业务。该洋行所经营的业务首次见于行名录，应当与从事航运的中小洋行有关，因航运所承担的风险较高，故而也有相关的保险公司，此洋行估计将一些受损的货物回收拍卖，将遭难洋行的损失降为最低，当然也能谋取一定利益。

其次增长较快的为医疗行业，共有3位医生和1家药店开业，分别为柏医生、补医生、合信先生仁济医院和润馨药房。医疗机构自开埠以来发展迅速，不仅数量增长，且门类越来越细，此前即有的外科医生和普通医生保持增势，独立的药房或者药剂师也相继出现，这些都足以证明当时上海医学的全面发展。

医疗行业因与西人的生命安全、身体健康密切相关而发展迅速，饮食业则因与外侨的日常生活紧密相关同样崛起，如得利、埃凡、新德记等数家洋行分别经营面包、饼干、红酒、烈酒、啤酒等，可谓涉及西人在沪饮食的所有主要方面。行名录中还有一位洋商即丰顺应当也归入饮食业，因他的主业为"屠夫"，这可以反映出当时西人以肉类为主食的餐饮习惯，故而到此时已经有专门的肉类供应商了。

西人虽然来沪十年多，仍旧难以习惯中式的食物，同时，也正是这些洋行的进入将上海的饮食文化打造得更为多元，不同的经营种类使上海变得更适宜外商居住。下文将就"埃凡"一行的创办到歇业做一个案研究，从中透视当时上海食品业的经营情况。

除了航运、医疗、饮食行业的迅速发展，在沪洋行的业务在这一时期有所拓展。一些门类洋行的设立是重大的突破，比如第一家在沪西人开设的饭店、餐厅——义利，英国商会秘书处的抵沪——裕盛，还有上海第一家照相馆即李阁郎的到来，它也兼营钟表业务。这些洋行的开设，事实上表征着一个崭新的行业在上海出现，此后诸如照相馆等在上海逐渐繁荣，酒店餐馆则更是繁盛。

新门类的洋行在沪开业的同时，一些传统行业也有所发展，诸如主营茶叶检查的天青威厘臣等的开张。与之形成对比的是早年增长快速的汇票代理商这两年却只增加了一名，即悲支，其中原因还需进一步探讨。

这一时期新增洋行洋商中还有一位 Gough, Capt., Str.（无中文名），"Capt"应为"captain"船长或上尉的缩写，经营类别列为"Confucius"，这是当时英国公司一艘专走长江的轮船船名，即"孔夫子"[14]号。还有一家洋行虽然没有标注其经营范围，但是从中英文名称中似乎可以推测一二：大英水营煤局（Jones, C. Treasure, H. M. Naval Coal Depôt），前面所列应为负责人，后面水营煤局即其营业性质。该行应当就是后来的大英新栈房（H. B. M. Naval and Vcitualling Yard and Coal Depôt）的前身，与英领馆有各种关系，细节还要进一步考察。

检索 1856 年行名录信息，不论新增的洋行还是在册的，都以航运船舶类为多，包含上文提及新增的 5 家洋行在内总共有 9 家从事此行业经营。

丰裕洋行（Fogg, H. & Co.）和福利洋行早先即已成立。丰裕洋行早先经营船运杂货、仓储，1856 年时兼从事拍卖行生意，曾在《北华捷报》上刊登广告宣传自己的业务[15]。福利洋行（Hall & Holtz）作为沪上餐饮业先驱者，以食品业起家，后发展到兼营食品业、船运杂货、一般仓储。该行十分擅长利用广告进行推销，如在《北华捷报》上登载的产品宣传：

> 出售
> 刚到货，在签署人的商店里有售。
> 大量出售高品质加利福尼亚面粉，每袋五十磅，极便家用，每

---

14 黄式权. 淞南梦影录 [M]. 上海：上海古籍出版社，1989：101.

15 《北华捷报》1855 年 10 月 6 日。

袋四元。另有最高品质火腿和奶酪，高档饼干、咖喱粉以及酱料，切条芒果酱，大量鞋、靴，大小灯罩和烟囱，以及其他各式商品。

福利洋行

上海，一八五五年十月六日 [16]

由上面的广告可知，福利洋行销售的物品可谓是五花八门，有西式食物、西式调味品，以及一些生活日用品。可想而知当时西人的饮食习惯并没有因来到异国他乡而改变，火腿、芝士等中餐不常见的食材是他们日常必不可少的，于是自然有相关的洋行从事此类贸易。而且，福利行在进口食品的同时又兼营生活物品，拓宽业务种类，增加收入来源。

再结合表 10（见 157 页）中所罗列的涉及船运的新增洋行可知，当时关于船运的相关产业都有不错发展。这点在 1854 年洋行产业分析时就已经说明，此时不仅洋行数量进一步发展，而且相关业务也进一步扩展。1852 年《上海年鉴》行名录中已出现的隆泰洋行，初期主要经营船运杂货以及仓储，而到了 1856 年不仅原本经营的产业没有放弃，还增加了供给船运粮食的新业务。业务不断扩展、不断创新似乎成了当时洋行谋求发展的不二法门，这些细节都是从行名录中挖掘出来的。

其他洋行产业相较 1854 年没有太大变化，上文提及的汇票代理商和银行的逐步增加，使得上海的金融事业在大小洋行的竞争中稳步发展。文化产业方面，字林报馆、望益纸馆、墨海书馆等著名的机构出版了一些与时事相关的著述，还有一些经典著作，在丰富上海文化生活方面具有重大作用。医疗方面，在册医生已经有七位，除表 11 中的三位医生外，还有哈尔医生、长脚医生、陆医生（即雒魏林）以及指

---

16 《北华捷报》1855 年 10 月 13 日。

望医生，后面两位还是爱丁堡皇家外科医师学会会员，这些足以证明上海在当时医疗方面的发达。

二、动荡局势与歇业洋行

19世纪50年代对于上海来说应该是一段不稳定的动荡岁月，太平天国运动、小刀会起义等一次次的冲击导致洋行大量歇业，对外出口大幅下降。对比1854年和1856年《上海年鉴》，有15家洋行不再见于行名录，整理见表12。

表12　1854—1856年歇业洋行

洋行名称		经营范围	
外文	中文	外文	中文
Baylies, N.	顺和	surveyor for underwriters	保险调查
Dirom, Gray & Co.	裕记	–	–
Donaldson, C. M.	义利	shipping provisioner	运输供应商
Fittock, W. H.	–	H. B. M.'s packet agent	大英领馆包裹代理
Gabriel M., & Co.	泰兴	store-keepers	仓储
Head, C. H.	–	bill-broker	汇票掮客
Khan Mohammed Aladinbhoy	–	–	–
Lockhart, J.	杨马龙	baker	烘焙师
Lungrana, F. S. & N. M.	复源	–	–
Platt, Thomas & Co.	–	–	–
Purvis & Co.	–	carpenters & ship-wrights	木匠和造船工
Steam-Tug Company's Office	–	–	–
Strachan, G.	–	architect	建筑师
Wendler, J.	–	sail-maker	船帆制造商
Young & Lamond	–	ship-smith & ship-wrights	造船匠

由表 12 很容易发现，1854—1856 年之前歇业最多的为航运船舶相关的洋行，共有 4 家，分别为：义利、Purvis & Co.、Wendler, J. 和 Young & Lamond。其他歇业的洋行有 1 家保险调查顺和洋行，1 家仓储类的泰兴洋行，1 家包裹代理商 Fittock, W. H.，1 家汇票代理商 Head, C. H.，1 位面包师杨马龙，1 位建筑师 Strachan, G.。

这些歇业洋行从侧面反映出当时在上海航运船舶类为主要行业，竞争激烈，更新换代速度也快。当然，这可能只是其中的一个原因，还有一个原因是洋行担心愤怒的起义军会攻击他们的船队，"茶，不再取道扬子江这条危险的路途"[17]。很多洋行放弃原先的长江航道，航运受损，船舶业自然会衰退。

再来看 1856—1858 年间，歇业的洋行比上一阶段更多，一共有 26 家，见表 13。

表13 1856—1858年歇业洋行

洋行名称		经营范围	
外文	中文	外文	中文
Angier & Co.	晏治	–	–
Baker, T. J.	丕吉	bill-broker	汇票掮客
Bishop, J.	备商	tailor	裁缝
Clifton,S.	差馆	superintendent of Police & overseer of roads	捕房及道路督察
Cramptons, Hanbury & Co.	华盛	–	–
Hajee Abdoola Natha	–	–	–
Hall, G. R.	哈尔医生	medical director	医生

---

17 马士. 中华帝国对外关系史：第 1 卷 [M]. 张汇文，姚曾廙，等，译. 上海：上海书店出版社，2000：523.

洋行名称		经营范围	
外文	中文	外文	中文
Hargreaves & Co.	裕盛	–	–
Hobson, Rev.	礼记	Chaplain, Trinity Church	圣三一教堂牧师
Hooper, J.	合巴	–	–
King & Co.	广源	–	–
Kirk,T.	长脚医生	medical director	医生
Lockhart, W.	陆先生	surgeon, London Missionary Society, M. R. C. S	外科医生，伦敦会
Mackenize, H.	–	boarding house-keeper	寄宿
Mackenize, W.	–	bill-broker	汇票掮客
Mahamedbhoy, Thoverbhoy & Co.	架记	–	–
Mariner's Home	–	–	–
Mottley, G.	外虹口	surgeon	外科医生
Muncherjee, B.	–	–	–
Potter & Co.	新裕记	–	–
Potter, M. L.	外虹口船厂	ship-wright	造船工
Rogers, J.	–	carpenter & ship-wright	木匠和造船工
Seaman's Home	–	–	–
Seaman's Hospital	病房	–	–
Sutton, H.	–	sail-maker	船帆制造商
Trannack & Co.	–	ship-wrights	造船工

首先，从经营的种类来分析这一时段歇业的洋行洋商。歇业最多的依旧是船舶相关产业，共有 4 家，分别是：外虹口船厂、Rogers, J.、Sutton, H. 和 Trannack & Co.。结合 1854—1856 年的新增歇业洋行情况，此时段船舶业似乎兴替频繁，新增 9 家、停业 8 家，基本保持数量平衡，业务种类稍有扩展。

与船舶业同样境遇的为医疗业，一些在沪长期挂牌的医生在 1858 年的行名录中缺失了，共有 4 位：一位是最早抵沪的雒魏林（陆医生），其妻子在 1852 年因健康状况不佳携三名子女回英，但过了几年妻子依旧无法来华团聚，雒魏林只能暂时回国；一位是 1845 年即已抵沪实施租地的长脚医生，于 1859 年在都柏林去世，推测于 1858 年离沪；一位是 1847 年开始租地的哈尔医生；最后一位是 1856 年才开业的 Mottley, G.，在 1858 年也不见记载了。

其他领域，汇票代理商在该时段也减少 2 位，分别为丕吉和 Mackenize, W.。宗教方面除去雒魏林之外，圣三一堂的合信牧师也不见史载。仓库 1 家 Mackenize, H.、裁缝店 1 家 Bishop, J. 也告关闭。工部局聘请的总巡 Clifton 同样不见记载，但根据《工部局董事会会议录》可知，1860 年之前这位总巡可谓手握重权，最终因工作失当而被迫辞职，不过那是到了 1860 年 11 月 [18]。

然而从创立的年份来观察这些歇业洋行，就会发现 1845—1853 年创立的洋行虽有歇业但数量不多，1854 年创立的 4 家洋行和 1856 年创立的 17 家洋行到 1858 年都不见踪影，可见更迭频繁。行名录并没有记载相关原因，如果排除洋行自身经营的问题，应与当时的动荡政局不无关联。1853 年太平天国攻下南京，其势力在江南地区进一步扩大，而小刀会起义也在上海到达其顶点，占县城、杀县令，这些令原本就是面临陌生环境的洋人十分担忧。霍塞就曾这样描述道：

---

18 克莱夫顿（Clifton, S.）并未退出历史舞台，他在 1854 年 8 月返回香港，9 月返沪，而后将家属接至上海共同生活，此后依旧活跃于沪上，因工作表现出众还得以加薪。在负责道路和警务的同时，还负责各种工程的招标、巡捕房服装的采购、处理租界内各种有违城市规则之事。然而由于在收税人以及华人征税方面工作出现严重不正当现象，克莱夫顿于 1860 年 11 月 12 日被停职，因不服工部局的制裁多次提出抗辩，后还请了香港的律师为自己辩护，但工部局则坚信他破坏了"中立法"。上海市档案馆. 工部局董事会会议录：第一册 [M]. 上海：上海古籍出版社，2001：571-624.

新宪法的墨迹还没有干[19]，上海先生们又遇到了一次新的惊吓。大队的太平军，因想要占夺一个出海的口岸，已沿着扬子江长驱而下，颇有进占上海全部的姿势。这时的上海已经是一个很发达的地方了，如若落入叛党的手中，实在有些可惜[20]。

由此可知，虽有租界的保护伞，洋人对这不稳定的局势还是惶恐和担心，洋行歇业、洋商撤离也在所难免。不单上海洋行数量的减少可以证明这一点，上海对外出口在这一阶段也迅速减少更是明证。上海经营茶叶的洋行都转向福州，就近从武夷山采购，福州的对外贸易倒是因此发展起来[21]。"到 1852 年为止，上海的出口差不多增加到 60 000 000 磅，在 1853 年则是 69 000 000 磅。""洪流逼近的一个影响，就是把 1854 年的出口货减缩到 50 000 000 磅。"[22]我们做一个简单的算术题，即如果上海出口贸易没有受到战争的冲击，保持一个平稳的增长率（以 1852 年、1853 年增长为计），那么到 1854 年上海的出口总量基本可以达到 79 350 000 磅，即与实际出口量相差近 1 300 万磅的损失。这只是从一个侧面来反映稳定的局势无论对内对外的发展都十分重要。

行名录所记载的歇业洋行可能有一个相对的滞缓期，因为从 1855 年起上海的出口总量又开始上升了，但是洋行大量关门也是无可争议的事实。

---

19 指 1854 年新颁布的第二次《土地章程》。

20 霍塞. 出卖上海滩 [M]. 越裔，译. 上海：上海书店出版社，2000：36.

21 上海社会科学院经济研究所，上海市国际贸易学会学术委员会. 上海对外贸易：1840—1949[M]. 上海：上海社会科学院出版社，1989：66.

22 马士. 中华帝国对外关系史：第 1 卷 [M]. 张汇文，姚曾廙，等，译. 上海：上海书店出版社，2000：523.

三、变更之名

洋行的更替不仅仅限于数量的增加或减少，还有洋行经营范围的盈缩，以及洋行内部势力的调整，这方面一些著名洋行的历史比较为人熟悉，其中各种纷繁的权力转移也为人所知，但还有更多的洋行并不那么出名，它们也同样在试图发展自身的道路上做着各种尝试和努力，或成功或失败。以下即比对1854年、1856年、1858年的行名录资料，将洋行发生更名之现象整理成表，来讨论洋行内部的权力变化，如表14。

表14 1854—1856年更名洋行对照表

1854年				1856年			
洋行名称		经营范围		洋行名称		经营范围	
外文	中文	外文	中文	外文	中文	外文	中文
Birley, Worthington & Co.	祥泰	–	–	Birley, Worthington & Co.	翔泰	–	–
Donaldson, C. M.	义利	shipping provisioner	运输供应商	Commercial House	义利	–	–
Hanbury & Co.	华盛	–	–	Cramptons, Hanbury & Co.	华盛	–	–
Dhurumsey Poonjabhoy	广兴	–	–	Dhurumsey Poonjabhoy	瑞麟祥记	–	–
Hall & Murray	太全	medical director	医生	Hall, G. R.	–	medical director	医生
Rémi, D.	利名	watch merchant	钟表商	Rémi, Schmidt & Cie.	利名	–	–
Richards, P. F. & Co.	隆泰	ship chandlers & store-keeper	船用杂货商和仓储	Richards & Co.	隆泰	ship chandlers, general store-keepers & shipping victuallers	船用杂货商、仓储和食品运输商
Seaman's House	下海浦	–	–	Seaman's Home	–	–	–
Sillar, Brothers	和昌	–	–	Sillar, Brothers	浩昌	–	–
Smith, King & Co.	四美	–	–	King & Co.	广源	–	–

对照上表以及行名录中提供的信息，可知有 4 家洋行的中文名称发生改变。其中"祥泰"—"翔泰"和"和昌"—"浩昌"两家洋行的职员并未有变动，应当是中文音译取字不同的缘故。"广兴"—"瑞麟祥记"除外文名称相同之外，中文名称不同，洋行职员也并不一致，不知是重组或是发生更替大班现象。"四美"—"广源"因史料较为丰富，能厘清其名称变化之大概。广源洋行原为 Smith, J. Mackrill 独资，开创时名为 J. Mackrill Smith & Co.，1850 年美国人金氏（D. O. King）入伙，1851 年 1 月 1 日改组为 Smith, King & Co.。1853 年又改为 King & Co.[23]。不过 1852 年、1854 年《上海年鉴》仍用了 Smith, King & Co. 之名，中文名为"四美"，1856 年时改为"广源"。对照两年的职员信息，发现 1856 年 Smith, J. M. 已经不在该行名下了。

而上表中洋行的外文名称发生改变的有 6 家。华盛洋行由"Hanbury & Co."改为"Cramptons, Hanbury & Co."，可能与该行大班 W·葛兰敦参股有关。利名洋行从原来的"Rémi, D."改为"Rémi, Schmidt & Cie."，则是因为另一股东 Schmidt, E. 的加入，该行的经营业务可能也因此扩展。义利由原来的"Donaldson, C. M."改为"Commercial House"——原先以大班姓名命名，经营一段时间后取了正式的洋行名。

洋行有新人加入，自然会有原先的组合拆伙，如太全（1856 年没有中文名）从 Hall & Murray 变成 Hall, G. R.，留下哈尔医生一人，应该与 Murray, J. I. 医生的退出有关。其他一些变动可能是出于规划化和人性化的考虑，如隆泰洋行将原来的"Richards, P. F. & Co."改为"Richards & Co."，将大班 Richards, P. F. 的名字去掉，推测洋行本身应该没有发

---

23 王垂芳. 洋商史——上海：1843—1956[M]. 上海：上海社会科学出版社，2007：65.

生大的改组，该大班依旧管理该行[24]。而下海浦以"home"代替原来的"house"可能是因为更重视人文关怀，用"家"来代替原本的一个冷冰冰的实体"房子"的用意。

　　1854—1856年有10家洋行更名，1856—1858年则有12家洋行改名。其中刚刚提到的Birley, Worthington & Co. 又从"翔泰"改回1854年的"祥泰"，而这个行名一直到1879年。Dhurumsey Poonjabhoy 也同样又叫回"广兴"，该行名一直使用到1872年，此后该行不见记载。说明这些洋行在经营中也不断调试自身，以求与市场和华人有最好的互动，这点从洋行的名字就可以读出讯号："祥""瑞""兴"以及其他诸如"名利""太平""福利"等，都是中国传统店铺喜闻乐见的名称。

　　下文介绍1856—1858年更名洋行的一些情况。首先将更名的洋行列表，如表15。

表15　1856—1858年更名洋行对照表

1856年			1858年		
外文	中文	经营种类	外文	中文	经营种类
Aspinall, Mackenize & Co.	名利	–	Aspinall, W. G.	名利	–
Birley, Worthington & Co.	翔泰	–	Birley, Worthington & Co.	祥泰	–
Bull, Nye & Co.	同珍	–	Bull, Isaac M., & Co.	同珍	–
Dhurumsey Poonjabhoy	瑞麟祥记	–	Dhurumsey Poonjabhoy	广兴	–
Gilman, Bowman & Co.	太平	–	Gilman & Co.	太平	–

---

24 1856年《上海年鉴》载隆泰 Richards & Co.，其下列大班 Richards, P. F.。

1856年			1858年		
外文	中文	经营种类	外文	中文	经营种类
Pustau, Wm. & Co.	利荣	–	Pustau, Wm., & Co.	鲁麟	–
Reynolds, E.A.	夜冷	一般拍卖行	Reynolds, E. A.	船厂	上海船坞、码头监管
Richards & Co.	隆泰	船用杂货商、仓储和运输食品商	Richards, P. F., & Co.	隆泰	船用杂货商
Scholedield, C.	阿花威	评茶	Scholefield, C.	柯化威	公众茶叶检查
Shanghae Dispensary	药房	–	Shanghai Hospital and Dispensary	药房	医院和药房
Smith, E. M.	新德记	汇票掮客	Smith, E. M.	丽泉	汇票掮客
Wetmore & Co.	华地玛	–	Wetmore, William & Co.	森和	–

名利洋行原为独资，后复员洋行职员 Mackenize 加入，改组为 "Aspinall, Mackenize & Co."[25]；而 1858 年又重新改回大班的名字 "Aspinall, W. G."，猜测是 Mackenize 氏的退股；此后该行再也没有出现在行名录中了，可以视为在沪歇业。

同珍洋行原名为"Bull, Nye & Co."，应是取两位大班"Bull, Isaac M." 和 "Nye, C. D."姓氏的组合，后来因职员 Pyke Thos. 在 1856 年年底入伙，改组为"Bull, Isaac M., & Co."[26]，然而该行名只使用了 1858 年一年，到 1861 年又改为"Bull, Purdon & Co."，应与 Purdon, Jame 的加入有关，Pyke Thos. 则已不见踪影。该行名使用至 1872 年，此后该行不见行名录记载。

25 上海社会科学院经济研究所，上海市国际贸易学会学术委员会. 上海对外贸易：1840—1949[M]. 上海：上海社会科学院出版社，1989：73.

26 上海社会科学院经济研究所，上海市国际贸易学会学术委员会. 上海对外贸易：1840—1949[M]. 上海：上海社会科学院出版社，1989：71.

太平洋行在行名录中仅 1854 年和 1856 年为 Gilman, Bowman & Co.，1856 年 9 月改组为 Gilman & Co.[27]，应当是宝文（Bowman, A.）的离开，因 1858 年及之后的行名录就再也没有宝文的出现了，而此后该行行名也未再更改过。

Reynolds, E. A. 最早见于 1856 年行名录，时为"夜冷"，到 1858 年改为"船厂"，应当与宣传该行的经营业务有关（super-intendent Shanghai dock-yard），该行名使用到 1861 年。1863 年该行再次更名为"连那士"，该行名使用到 1868 年。到 19 世纪 70 年代，该行又以"利查南"之名登上行名录（1872—1879 年）。由于中文洋行名称的变更无法通过职员更替识别，故而该行在沪营业期间屡屡更换名称不知何因。

德国洋行 Pustau, Wm. & Co. 于 1855 年创立，但首次出现在行名录中是在 1856 年，当时名"利荣"，到 1858 年改为"鲁麟"，此后 1861 年、1863 年都使用该名，1867 年改为"鲁陵"，用到 1868 年，1872 年的行名录中又重新启用"鲁麟"，一直用到 1879 年。不过"陵"字用于行名终究不那么讨巧，而"麟"则更普遍用于人名和行名，当然这也从一个侧面证明沪上的人"lin"和"ling"不怎么分得清。

Scholedield, C. 仅 1856 年一年名为"阿花威"，而"柯化威"名用于该行也只有 1858 年一年，此后再未见该行记录。但是"柯化威"却是 1856—1861 年 Overweg & Co. 的中文名。看来当时洋行的重名现象也较为普遍。

Shanghae Dispensary 之名见于 1854 年和 1856 年行名录，而 Shanghai Hospital and Dispensary 则用于 1858—1861 年，可能是药店业

---

27 上海社会科学院经济研究所，上海市国际贸易学会学术委员会. 上海对外贸易：1840—1949[M]. 上海：上海社会科学院出版社，1989：70.

务扩张之故，因英语 dispensary 和 hospital 两者的区别还是比较大的。

Smith, E. M. 在 1854 年、1856 年名"新德记"，1858—1878 年皆以"丽泉"之名载于行名录，是为当时在沪的汇票代理商。

Wetmore & Co. 洋行的名字译法很多，行名录 1854 年为"哗地玛"，1856 年为"华地玛"，而道契则载为"华地码"。该行在 1857 年 5 月与威廉洋行 William & Co. 合并改组成森和洋行 Wetmore. William & Co.[28]，此外文名用于 1858 年，而森和洋行在 1861 年又改名为"Wetmore, Cryder & Co."，Cryder, W. W. 为该行职员，可能与其加入有关，而该行到 1863 年之后就再也没有出现在行名录了。

至此，将 19 世纪 50 年代的几份《上海年鉴》中的洋行信息做了大致梳理，主要从洋行数量和业务的角度展开讨论。一方面，伴随着开放的深入，与西式生活相关的服务性行业开始在上海崭露头角；另一方面，由于动荡的政治局势，洋行歇业情况也十分严重，在一定程度上影响了上海外贸发展的势头。

"埃凡馒头店"的故事

利用行名录不仅可以将洋行的发展与空间分布厘清，还可结合其他相关材料复原生动的故事。下文将利用行名录和《北华捷报》等材料将埃凡馒头店作为个案进行研究。它代表着当时沪上的一些中小洋行，虽然它们名气并没有那么大，却时刻影响着当时居民的生活。

---

28 上海社会科学院经济研究所，上海市国际贸易学会学术委员会. 上海对外贸易：1840—1949[M]. 上海：上海社会科学院出版社，1989：70.

埃凡馒头店卖的不是馒头，而是面包。因当时还不流行"面包"这个词，外国人做出来今天叫面包的东西，却不知道如何介绍给中国人，只好取中国最接近面包的一种食物的名字——馒头来称呼它。埃凡馒头店大约于1855年在上海开业，起初只是面包食品店，后来发展成为一家洋行。店主亨利·埃凡（Henry Evans）并不是最早来上海从事食品行业的人，但是应当是当时最懂经营和利用广告的商家之一。

Henry Evans 最早见于1858年的行名信息，载：Evans, H., baker & confectioner.，即面包师和糖果商，未有中文名。1861年行名录刊出其中文名称即"埃凡馒头店"。该店店名应当颇费心思才能想到，以中国人熟悉的"馒头店"之名来经营西式的糖果糕点店，实在是奇招，而这店名一直没有变更。1861年行名录所记该行经营种类与1858年没有变化，1863年行名录的信息则更加具体，不仅刊出该行坐落于虹口区，其经营范围也从原来单一的饮食类而转为船运杂货、面包师以及苏打水制造商。1866年行名录的信息不变，1867年稍有改变，经营范围仅为船运杂货和面包师。1868年行名录记载的经营范围依旧为船运杂货和面包师，但是添加了该行的地址，即虹口闵行路7号。从后来的行名录可知该地址一直没有变化，直到1881年稍有变更，换到邻近的闵行路5号[29]。1872年的行名录中，埃凡先生相关的产业已不仅仅是埃凡馒头店了，他名下还有酿酒厂和苏打水厂以及在四川中路的仓库，其酿酒厂的名字更是以"帝国"自居。

如果从经营种类以及相关产业来看，埃凡先生应当是一位颇善经营的店主，从早期的面包店起家，到后来的船运、苏打水、酿酒厂以

---

29 1868年、1874—1879年行名录均记为闵行路7号（7, Minghong Rd.）。1881—1884年行名录均记为闵行路5号（5, Minghong Rd.）。

及拥有仓库，其行业的跨度之广、经营时间之长，在行名录中也属少见。翻阅早期的《北华捷报》就可以发现，埃凡先生热衷于利用报纸媒体进行宣传，推广自己的洋行。他曾在该报纸上连续登载广告，内容如下：

亨利·埃凡

糖果糕点师

法式面包点心师

为了答谢自开业以来在沪社团的慷慨惠顾，本户要求声明：本人斥资不菲终于达成全面营业，恭候以下订单：百果馅饼、圣诞蛋糕、主显节糕饼、葡萄干、圆面包、切尔西面包、海绵蛋糕、其他甜点，以及各色高档蛋糕饼干。

亨利·埃凡请求承诺：所有委托给他的订单都将由他本人料理，并且，由于在本行业高端产品方面有着长期从业经验，他相信自己能够满足任何人的要求。

上海，一八五五年十一月十七日 [30]

该广告开始说自己是位糖果师和糕点师，并且是法国面包和饼干的面点师，然后对上海社区一直支持他的人表示了感谢，接下来切入正题：他已经准备好各个分店的经营，并且请各位预订的人放心，糕点都是他本人亲自烘焙的。不仅如此，他以自己多年的经验保证能让大家能满意。当然，广告中必不可少列出了可供预订的糕点，种类可谓繁多。

由这段广告可以得知，埃凡先生可能不只拥有一家面包店，因为他提及会兼顾各个分店，但是这一点在行名录中没有发现，因为该行

---

30 相同的广告一共在《北华捷报》上登了4次，分别为：1855年12月29日、1856年1月12日、1856年2月2日、1856年2月9日。

只登记了一个地址。埃凡先生首先宣称自己是法国的面点师，看来在当时法国的美食同样是值得称道的。不仅如此他还保证自己亲自制作糕点，可见店主亲自烘焙是吸引顾客和保证品质的一个重要宣传点，至今似乎依旧如此。不仅如此，广告所列举的西点品种实在是令人眼花缭乱，会给人一种进入外国西点店随意选择的想象中。从这一点也可以推想当时西人对饮食之讲究，尽量模仿在母国的生活，单甜点一项似乎几与母国无异，而此前所论述过的洋酒种类纷繁也同样证明了这一点。西人在商贸发达的上海，因赚取了可观的金钱，便对生活品质要求甚高，与之相对应的就是不同种类的行业都会尽量满足这些要求，这或许便是推动行业发展最原始的动力。

倘若说开设西点店让埃凡先生积累了最原始的资本，那么他在此后几年涉足酿酒业更是将他的经营推向更高的高潮，史料载：

> 西国啤酒，补身之功用甚大，而西人饮之者极多。……上海埃凡洋行每年造此酒数千担出卖。……上海埃凡洋行造啤酒，约西历之十月间为之，至十一、十二月内预备出售。其价每斗计银洋半元。英国所来上等之啤酒每斗银洋一元，盖因路远而水脚贵也[31]。

此处提及的埃凡酿造啤酒的洋行应当是自 1872 年起见于行名录的"Empire Brewery & Aerated Mineral Water Works"。文中所载啤酒具有"补身之功"难以苟同，但是它作为西人日常的饮料则毋庸置疑。由于啤酒消耗量很大，并且运送成本过高，所以埃凡酿酒厂应当在上海有很大的市场，因为并不是所有的人都可以负担得起进口啤酒的。对比上文提及的价格即知价格优势还是十分明显的：埃凡酿造厂的啤酒

---

31 李作栋. 新辑时务汇通：卷 37[M]. 石印本. 上海：上海崇新书局，1903：13-14.

为每斗半元，而英国进口的为一元——仅为进口一半的价格，作为大宗消耗品估计一般人还是会选择本地产品。

埃凡先生在经营面包店和啤酒厂时应当积累了大量的财富，从后来他还扩展到船运行业即可知。然而，他的一生似乎没有这么一帆风顺，可由此后《北华捷报》的报道中探得一二：

> 埃凡在1853年经商于香港，1855年来到上海。他和他的儿子［多年前已死］曾随戈登攻打太平天国。埃凡在上海很赚了些钱，在六十年代即回国打算不再来了，但他的财产不久就全光了，他于是再回到此间重起炉灶，他依靠他的面包房和他创办的酿酒厂（Empire Brewery）又发财了。……1886年埃凡把他的厂房卖给了福利公司（Hall & Holtz Co-operative Co.），就退休了[32]。

这则材料似乎将埃凡一生的起起落落都描写得淋漓尽致，老来丧子、事业受挫，这或许是平常人无法承担的挫折，然而他竟然重振旗鼓，迎来事业的再次高潮。由上文可知埃凡的来沪时间为1855年，而最早见记载的行名录为1858年，稍有延迟。文中提到的"六十年代"创办的酿酒厂可能是1863年行名录所说的苏打水制造厂"soda water manufacturers"，专门的酿酒厂可能要等到19世纪70年代才筹建。然而关于洋行的转手上文确和行名录匹配起来：1886年行名录中"埃凡"在闵行路5号，但对应的外文名已经是"Empire Steam Brewery, Union Bakery & Aerated Mineral Water Factory"，不再是早先的"Evans & Co."了，并且洋行下标明"The Hall & Holtz C. Co., Proprietors"，即福利洋行为业主，而埃凡先生也只是该行的监管人（superintendent），这应当

---

32 《北华捷报》1890年9月5日。

就是上文所说的"1886 年把他的厂房卖给了福利公司"。然而到 1888 年，福利洋行依旧为业主，该行却已经搬到闵行路和熙华德路路口了（Corner of Ming-hong and Seward Rd.，今闵行路与长治路路口），并且没有 Evans, H. 的名字，此前服务该行的 Papps, W. 列为大班。因为，埃凡先生在退休不久之后便离世了，这位上海开埠初期饮食界的元老走完了自己精彩的一生，而《北华捷报》特地刊登了纪念他的文章[33]（表 16）。

表16　行名录中关于埃凡馒头店的资料汇编

外文名	中文名	年份	地址	经营范围	备注
Evans, H.	–	1858	–	面包师和糖果师	–
		1861	–		
Evans & Co.	埃凡馒头店	1863	虹口	船用杂货商、面包师和苏打水制造商	–
		1866			
		1867	–	船用杂货商和面包师	–
		1868—1869			
		1872、1874—1879	虹口闵行路7号		店主埃凡
		1881—1883	虹口闵行路5号		
Evans & Co., Town Branch	新埃凡馒头店	1869	–	–	–
Evans & Co. Town Depot	–	1872、1874	四川中路	–	店主埃凡
	–	1875		–	店主Knott, J.
	–	1876—1877		–	店主埃凡
	–	1878—1879、1881			
	–	1882—1883	南京东路3号	–	店主埃凡
Empire Brewery & Aerated Mineral Water Works	–	1872	–	–	店主埃凡

---

33 《北华捷报》1890 年 9 月 5 日。

外文名	中文名	年份	地址	经营范围	备注
Empire Steam Brewery, Union Bakery & Aerated Mineral Water Factory.	埃凡	1886	闵行路5号	–	店主福利洋行，主管埃凡
Empire Steam Brewery, Aerated Mineral Water Factory and Bakery	埃凡	1888	闵行路和长治路路口	–	店主福利洋行店主，大班Papps, W.

"宁波路"上的长脚医生

上海的路名大多以中国的省份和城市命名，地图上可见，中山东一路段外滩、四川中路、江西中路、河南中路四条南北向马路贯穿黄浦区，连接着苏州河和延安东路。东西向的主要马路除南京东路外，南边还有较早修建的汉口路、福州路、广东路，北边的道路则稍晚修筑。开埠初期，洋商对此地弯曲的道路多有抱怨，南京东路也远不及如今开阔大气。而南京东路以北、仅一路之隔的宁波路，历史上则因聚集了大量钱庄和小型银行而闻名。

上海城市道路系统是在 19 世纪 60 年代奠基的。1862 年，工部局接受英国代理领事麦华陀（Walter Henry Medhurst）建议，用省份名和城市名分别命名南北向和东西向马路。此事后有反复，部分人要求恢复原有路名。工部局董事会决定将更名的各项措施在《行名录》出版前完成[34]。

---

34 1862 年 4 月 16 日、1863 年 8 月 13 日、1863 年 8 月 21 日。参见：上海市档案馆. 工部局董事会会议录：第一册 [M]. 上海：上海古籍出版社，2001：637，688.

经商议，董事会不立刻采取行动恢复原名[35]，于是 1864 年的《行名录》刊登了新旧路名对照表，并说明近期道路名称更改事宜。刊登的道路分东西向和南北向，列出旧名、新名（中外文分别列出）。

查新旧路名对照表，东西向道路除广东路外，均以中国城市命名(因当时将 Canton（广州）误译为广东)，南北向马路则以中国省份命名，看来麦华陀的提议在此时已落实。表中的道路名以宁波路最为特殊：Kirk's Avenue and Old Park, Ningpo Road 宁波路。

由于英租界初建，当时的道路多以标志性建筑或地物命名，方便大众记住，或许这也是更名之初时遭到人们反对的原因，"大家都承认，无论对本地人或者外籍人，现行命名的方法（指以中国的省份和城市命名）都不易理解"[36]。对比其他东西向道路的旧称，如北京东路因毗邻英国领事馆称为领事馆路（Consulate Road）、汉口路因靠近海关称为海关路（Custom House Road）、天津路因近五圣殿称为五圣殿路（Five Court Lane，中文误记为"天律路"）、福州路因附近有伦敦会教堂称为布道路（Mission Road）、广东路因近北门称为北门街（North Gate Street）、南京东路则因是大马路又修有花园称为花园弄（Park Lane）或直接称为 Maaloo，惟有宁波路的旧外文名 Kirk's Avenue 显然与众不同。Kirk's 为名词所有格，那么这个 Kirk 所指为何？又有何特殊之处可以之命名当时英租界内一条重要的马路？

检索 1850 年《上海侨民名录》，与 Kirk 相关者只有 Kirk, Dr. 一人，职业列为医生（Medical Practioner）。倘若宁波路是以这位 Kirk 医生

---

35 1863 年 8 月 26 日。参见：上海市档案馆. 工部局董事会会议录：第一册 [M]. 上海：上海古籍出版社，2001：690.

36 1863 年 8 月 21 日。参见：上海市档案馆. 工部局董事会会议录：第一册 [M]. 上海：上海古籍出版社，2001：689.

命名的，那这位医生必在当时的上海有极大影响。《北华捷报》关于 Kirk 医生的记录，除其职业，另有一个告示："George Mottley 先生已从七月一日起加盟本公司"，该告示署名 Kirk & Irons，刊登时间为 1850 年 8 月 16 日。[37] 此 Kirk & Irons 公司不知是否与 Kirk 医生有关。

1852 年《上海年鉴》中有一条：

> 长脚医生，Kirk, T., surgeon。

1854 年《上海年鉴》中的记载与 1852 年相同，并且两年都有另外一条相关记录：药房（Shanghae Dispensary）地址记为"长脚医生处"（at Dr. Kirk's）。1856 年的《上海年鉴》则将外科医生（surgeon）记为普通医生（M. D.），随后年份不见记载。《上海年鉴》的记载没有丰富我们对 Kirk 医生的认识，也没有寻得与 Irons 先生的关系，但得其对应的中文名"长脚医生"。长脚在上海方言中有大个子的意思，倒是符合华人眼中洋人的形象。

检索《工部局董事会会议录》，多次提及长脚医生。1854 年 9 月 21 日第五次会议，关于承办全体巡捕的护理并提供药物，必要时提供病房一事，工部局接到太全洋行和柯克医生的投标，董事会将接受报价最低的一份投标。1855 年 1 月 4 日第十五次会议决议，租用 6 个月原属于柯克医生、最近被共济会管理机构占用的一幢房屋，每月租金 70 元，作为副督察员和部分人员的营房。1855 年 4 月 25 日会议，同意柯克医师继续作为紧缩后捕房的医官留任，每年酬金 400 元。1856 年 5 月 5 日会议，医务护理下令支付给柯克医生一张 400 元的支票，作为到本月 1 日为止一年内他对捕房人员所做的护理工作并提供药品

---

37 《北华捷报》1850 年 8 月 24 日。

的酬金，董事会同意本年度仍以同样金额请他继续提供服务[38]。

从《工部局董事会会议录》看，长脚医生是因低廉的投标价格而获得为工部局服务资格的一名类似医官的人员，似乎不足以以名字命名英租界的主要马路。然而，1856年的一条似乎与长脚医生专业并不直接关联的会议记录成为解释Kirk's Avenue的直接线索：

> 关于界路朝柯克医生产业西面延伸的路段，董事会已查明这条道路西面的土地是不能购买的，因为怎能要求华人业主放弃他们的土地的任何部分来建造一条道路呢？因此整条道路只得由柯克医生提供。[39]

"界路"指今河南中路，1845年11月公布第一次《土地章程》，规定将洋泾浜以北、李家场以南之地，准租与英国商人，以为建造房舍及居留之用，后修建界路（即河南中路）为限。那"柯克医生产业"位于什么位置呢？"朝西面延伸"又延伸至何处？《上海年鉴》虽记载了当时洋行的一些具体信息，但直到1863年才开始记录具体地址信息，要查阅长脚医生产业的位置只能从道契入手。

据《上海道契》载，道光二十五年十二月（1845年12月29日—1846年1月26日），英人格医生从石炳荣手中租得第23号第65分地，面积为二十亩，其地东接第72号分地，西、南皆临河，北靠公路，道光二十七年十一月（1847年12月8日—1848年1月5日）签署道契。

道光二十七年正月十八日（1847年3月4日），英人利查士（Cowasjee, S.）将第41号第73分地划出一亩一分六厘九毫转租与英人格医生，该

---

38 《工部局董事会会议录》中将Kirk医生音译为"柯克医生"。参见：上海市档案馆. 工部局董事会会议录：第一册[M]. 上海：上海古籍出版社，2001：578、581、585.
39 上海市档案馆. 工部局董事会会议录：第一册[M]. 上海：上海古籍出版社，2001：585.

地东临马路，西接沈、奚地，南临马路，北接私路。

道光二十八年五月十二日（1848 年 6 月 12 日），怡和洋行大班打喇士（Dallas, A. G.）将原先从吴会元处租得的面积为十一亩五分的第 37 号第 64 分地，划出六亩八分八厘转与英国格医生租用，后在咸丰二年正月初一日（1852 年 2 月 20 日）再添加二分五厘五毫转与英国格医生租用，该地东临第 32 分地、西接 63 分地、南靠公路、北为第 73 分地。

另据 1855 年《英国领事馆租地表》[40] 记载，长脚医生有一块未列出道契注册号和分地号、面积为三亩三分五厘的租地，租金 5 025 文；另有一块记为第 24 号第 150（a）分地，面积四亩，租金 6 000 文 [41]。

"格医生"是道契中对 Kirk 的音译。这样一来，该医生此时在英租界内已经拥有五块分地，面积总计三十五亩六分五厘四毫，租金达 106 964 文，租地面积已经超过当时大多数洋行和洋商。当时，皮尔租地面积九十六亩九分九厘五毫，租金 290 986 文；惠利士租地面积五十九亩七分一厘二毫，租金 179 134 文；沙逊洋行租地面积四十亩三分六厘一毫，租金 121 082 文；宝文洋行租地面积三十九亩二毫，租金 117 006 文——仅这四家租地面积超过 Kirk 医生。相比之下，获得道契第 1 号的名副其实的"抢滩者"宝顺洋行，当时所有租地只有二十一亩三分七厘七毫，租金 64 132 文。

利用道契资料将长脚医生在上海的产业厘清，结合道契和地图信息，将长脚医生的产业标记于《上海英租界租地图》上（见图 15）。可知，长脚医生首租的第 65 分地在今宁波路和河南中路路口，从利查士处转手租的第 73 分地在今宁波路与江西中路路口，从打喇士处租的

---

40 《北华捷报》1855 年 10 月 13 日。

41 道契载第 24 号对应第 37 分地，第 150 号分地无分割，且对应第 144 号道契。租地表信息应有误。《上海道契》第一册，第 41-42 页。

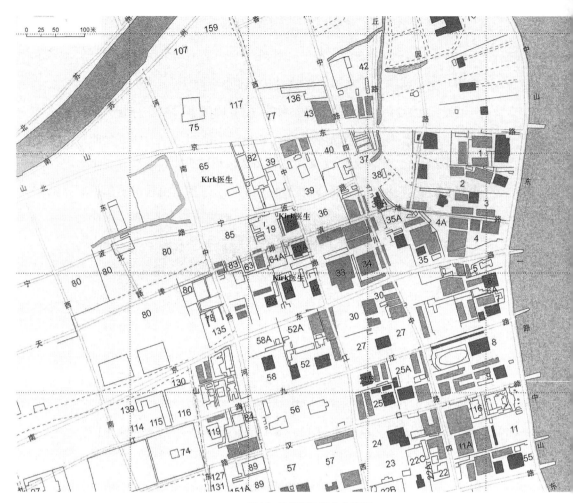

图15 长脚医生产业分布图

第 64 分地在天津路路南，这些产业都在今宁波路附近。工部局所指的"界路朝柯克医生产业"应当是指第 65 分地（更靠近河南中路）。

虽然《工部局董事会会议录》没有详细记录修筑此路的细节，但是在 1861 年"伯顿医师请求董事会在已拟定从华人谷场向西至苏州河开辟一条新的马路"时，工部局没有接受他的请求，而是告知"只要伯顿医师安排好从华人手中购得土地并准备付还这条道路的费用，那么这条道路将在董事会的监督下进行建造"[42]，看来工部局在道路建设中实则主要起一个监管之责。对比《1849 年上海外国人居留地地图》（见 20 页图 5）和 1855 年《上海外国租界地图：洋泾浜以北 》（见 21 页图 6）两幅地图，1849 年地图上今宁波路地方还是一条河流，1855 年地图上已经修建成马路，按照记录"整条道路只得由柯克医生提供"，那么长脚医生应当是提供了该道路修筑的土地和资金，这样似乎可以理解为什么这条马路以他名字命名，就像现在常见的"逸夫楼"一样。至于长脚医生为何修建这么一条马路，或者与上面提到的伯顿医生一样（伯顿医生当时租的土地近今北京东路），为了使得原本偏于英租界边缘的产业与外界有更多的联系，增加医院的受众群体。

道契不仅记录首次租地的情况，该地所有的转手情况都会一一记录，因此不仅提供了 Kirk 医生产业位置的信息，还提供了 Kirk 医生生平线索。咸丰七年九月初六日（1857 年 10 月 23 日），英人格医生将所租第 23 号第 65 分地计二十亩，又第 41 号第 73 分地划出一亩一分六厘九毫，转与西法波郎得租用。然而，咸丰十年九月十二日（1860 年 10 月 25 日），Kirk 医生租的第 37 号第 64 分地再转手时，我们遗

---

42 1861 年 5 月 22 日。参见：上海市档案馆. 工部局董事会会议录：第一册 [M]. 上海：上海古籍出版社，2001：617.

憾地看到，"已故英民格医生有先后所租第 37 号第 64 分地，经由经理人怡艾弗东更生所派之……"由此，可以推断这位长脚医生是在 1857—1860 年间去世的。再翻阅这几年的《北华捷报》，因该报会刊登各大城市（包括上海、北京、宁波、香港、澳门等）包括原本在这些城市而后移居国外的人的出生、死讯、嫁娶等信息，按图索骥，在 1859 年 12 月 24 日的报纸上看到了长脚医生的讣告：Kirk Thomas 医生，于 10 月 17 日于都柏林去世。[43]

借由文献资料与地图资料，终于厘清宁波路旧称 Kirk's Avenue 的由来，也弄清长脚医生生平之一段。他在开埠之初就到达上海，置办了不少产业，并以自己的名字命名了英租界一条主要马路。当时在沪的医生诸如仁济医院的创办者雒魏林、美租界租地最多的哈尔医生等，他们不仅承担治病救人的功能，还担负着公共卫生以及城市空间生产者的责任。西医作为上海租界侨民的一分子，因为也参与在上海城市发展中发挥重要作用的土地投机活动，对上海城市经济发展十分关注，因此不仅以为民众提供医疗服务而成为城市社会空间的生产者，而且采用更为主动的方式参与城市物理空间扩张过程，这就使得城市建设不再仅仅是租界当局的事务，而是全体侨民或者说是全体租地人共同承担的责任。这一点或可参考一位研究者在孟买的研究中所主张的"殖民地城市通常是统治者和当地精英共同的事业"[44]。

---

43 《北华捷报》1859 年 12 月 24 日。另见记载 Thomas Kirk 卒于 1859 年 11 月 5 日，享年 64 岁（*The Medical Times and Gazetee*，第 2 卷 470 页）。

44 彼得·克拉克. 牛津世界城市史研究 [M]. 陈恒，屈伯文，等，译. 上海：上海三联书店，2019：461.

第 4 章　集聚与扩散：1860—1869 年

从 1843 年开埠至 1860 年，经过十几年的规划和建设，上海英租界一区已经发展成为典型的近代城市[1]，繁盛可谓蒸蒸日上。不仅华人对租界的变化深有感触，当时旅沪的日本人高杉晋作都不禁感慨"欧洲诸国的商船、军舰数千艘在此停泊（按：黄浦江），成了一片桅杆森林，似乎要掩埋掉这个港口。岸上则是各国商馆，白色墙壁高有千尺，好似城阁。其浩大庄严用语言难以描述尽致"[2]。同样乘坐"千岁丸"[3]来上海的日比野辉宽更是留下诗歌来咏颂这"昌盛之景"：

　　　　帆樯林立渺无边，终日去来多少船。

　　　　请看街衢人不断，红尘四合与云连。[4]

　　然而，进入 19 世纪 60 年代后，上海英租界一方面受太平天国运

---

1 关于华人对租界一区"夷场"与"洋场"的讨论，参见：冯绍霆. 19 世纪时上海人怎样看租界 [M]// 上海：近代新文明的形态. 上海：上海辞书出版社，2004：211-221.

2 高杉晋作. 航海日录（A）[M]//1862 年上海日记. 陶振孝，闫瑜，等，译. 北京：中华书局，2012：136.

3 关于"千岁丸"商船的基本情况以及考察人员，参见：闫瑜."千岁丸"略记 [M]//1862 年上海日记. 陶振孝，闫瑜，等，译. 北京：中华书局，2012：1-13.

4 日比野辉宽. 赘肬录：上 [M]//1862 年上海日记. 陶振孝，闫瑜，等，译. 北京：中华书局，2012：48.

动的影响，另一方面为英国经济危机所波及，正经历着一场前所未有的变革。下文将利用《1864—1866 年上海英租界图》以及贯穿 19 世纪 60 年代的行名录，讨论当时传统与新兴行业的发展与分布情况，继而探讨产业分布的规律，从而揭示上海城市空间的变化过程。

19世纪60年代地图与行名录梳理

一、《1864—1866 年上海英租界图》的解读

19 世纪 60 年代上海英租界的发展状况在《1864—1866 年上海英租界图》中有所体现，此图是研究该时段洋行分布、土地利用的重要研究材料，见 23 页图 7。该图同样是一张大比例尺城市实测地图，地图右下角有一段说明：

经过调查并于一八六四年至一八六六年石印和印刷。应上海工部局要求，

按：

洋房 红色

洋行 中性色调

中式房屋和商行 黄色

数字参照凡例，并表示所描述各分地的大致方位。

伦敦 Mark Lane，Nissen & Parker Litho 43

由绪论中关于该地图的梳理可知，该地图由上海工部局授意组织调查，由有恒洋行测量和绘制，调查、石印和出版的时间在 1864—

1866 年间。不仅如此,图上说明提及图中数字是有索引的,意在使每一份分地号"LOT"的精确位置得以体现。然而经过笔者考证,地图上的数字并非道契分地号,应当是另有一个编纂系统,惟其意至今未能确定。

此地图比例尺较大,街区表达清晰,并将一些重要的建筑特别标明。从当时有恒洋行的招标书更能了解该图产生背景:

上海公共租界工部局董事会

先生们:

为了答复你们在上月 29 日日报上刊登的广告,请允许我们——本信签署者——向你们递交测量英租界的投标书如下:

我们负责提供英租界的准确详图:自泥城浜延伸至黄浦江,以及自洋泾浜延伸至苏州河,并包括不时可能需镌版工人或平板工人绘制的部分在内,只标明目前向我们指出的房产所在街坊的轮廓边界线。全区测量按每亩白银 3 两计算。

平面图按 50 英尺对 1 英寸的比例,标志街道轮廓、江边马路、码头、桥梁等的位置与范围,并对每一建筑按洋行划分,认真描绘。

然而我们并不负责具体标明每幢华人房屋或厕所的区间,只标明目前向我们指出的房产所在街坊的轮廓边界线。

我们也不负责标示下水道或阴沟的位置,走向或连接口。

我们需要捕房的协助,以对视距内的街道加以清理,并能在需要临时标记时在马路上立桩。

我们要求支付下列款项:

工程开始时支付 1 500 两白银,街道轮廓草图完成时支付 2 000两白银,其余部分按工程进度分期支付。

怀特菲尔德洋行

地亚士洋行

1864 年 2 月 11 日于上海[5]

怀特菲尔德洋行外文行名为 Whitfield & Kingsmill[6]，根据 1863 年行名录记载，其中文名为"有恒"，主营市政机械和建筑。地亚士洋行外文行名《工部局董事会会议录》记为 Fred & Kirsirtt[7]，1868 年行名录记载中文行名相同，外文行名为"Diers, Ferd"[8]，无法确认与招标书中的地亚士是否同一家洋行。

投标书中所言"标志街道轮廓、江边马路、码头、桥梁等的位置与范围，并对每一建筑按洋行划分"，对比地图可知确实如此；而投标书所言对于华人房屋以及界内的下水道并不涉猎，地图也相应地没有呈现。

由此地图可以十分直观地了解当时上海英租界的空间分布情况。英美外侨的主要聚居区依旧在河南中路以东，特别是此时已经有部分建筑围绕着伦敦会修建，即后来所谓的麦家圈已经开始形成。由于"华洋隔离"的打破，故而在河南中路以东的范围也稍许穿插着中国人的居住区，但是从图上可以很明显地看出华人主要居住在天津路以北以及广东路以南之地，而其他区域鲜有华人建筑。外滩一带，除去海关之外，仍全部都在英美外侨的控制之下，南京东路以南、河南中路以东、广东路以北之区则多为英美人的势力范围。

---

5 上海市档案馆. 工部局董事会会议录：第二册 [M]. 上海：上海古籍出版社，2001：469-471.

6 英文原稿. 参见：上海市档案馆. 工部局董事会会议录：第二册 [M]. 上海：上海古籍出版社，2001：32.

7 外文原稿. 参见：上海市档案馆. 工部局董事会会议录：第二册 [M]. 上海：上海古籍出版社，2001：32.

8 1868 年行名录载"Diers, Ferd"中文名为地亚士，地址在四川路 12 号。

对比 1855 年地图可知，仓库依旧在当时租界之区占据重要地位，并没有因为地价的上涨而转移。但是仓库的分布范围更广，1855 年北界紧邻北京东路，如今最北已至苏州河沿岸；南界也有所扩展，此前最南到广东路，19 世纪 60 年代已经直抵洋泾浜。值得注意的是，仓库的西界却没有改变，依旧以山东路为界，并没有越过此线。从仓库分布来看，洋人在充分挖掘黄浦江航运能力之后，也逐渐开始重视苏州河和洋泾浜的航运能力，故而将仓库建设在这两条河流沿岸。当然，这或许也与当时英租界地价的上涨有一定关系。

《1864—1866 年上海英租界图》的另一个显著特点就是华人建筑几乎将原先空白的山东路以西之界全部填满。霍塞当时所描写的"（从黄浦滩）再走过二三条直街，方是华人聚居的地方"[9]，可以很确切地体现在该图上。由于当时大量华人涌入租界，几乎把空闲之地全部用来修建房屋，故而该图所体现的华人居住区域建筑密集、街巷狭小，与英美人所居住区域的宽敞、安静形成强烈对比。

《1864—1866 年上海英租界图》所体现的西人与华人的势力范围，还只限于图面所直观体现的内容，本章则主要将该图作为研究 19 世纪 60 年代洋行分布的底图，将当时的洋行分布定位于该图上，由此分析当时上海英租界的城市空间与景观。

二、19 世纪 60 年代行名录梳理

本章所用的行名录版本繁杂，故先将各版本及其编纂情况做简要介绍。

1860—1864 年的行名录均由香港"A. Shortrede"公司发行。《1860

---

9 霍塞. 出卖上海滩 [M]. 越裔，译. 上海：上海书店出版社，2000：50.

年中国行名录》(*The China Directory for 1860*) 中，上海部分以商行 (Merchants) 最先，之后是传教士 (Missionaries)、领事馆 (Consulates)、工部局相关 (Municipal Counil)、吴淞口在泊船只 (Receiving Ships at Woosung)、外国引航员 (Board of Foreign Pilots)。《1861 年中国行名录》(*The China Directory for 1861*) 中，上海部分较上一年有所变动，首先将银行 (Banks) 单列，随后为商行、杂项 (Miscellaneous)、医生 (Surgeons)、外国引航员、传教士、领事馆等。1862 年与 1863 年的编纂模式与 1861 年相同。至 1864 年，上海部分因上海道路名更改，所以将新旧道路名首先列出，而后为银行、商行、杂项，杂项中又细分经营类别，并以其类别外文首字母为序，如建筑与调查 (Architects and Surveyors)、捐客与佣金代理商 (Brokers and Commission Agents)、药剂师 (Chemists)、法律顾问 (Counsellor at Law)、照相馆 (Photographers)、医师 (Physicians) 等服务性行业。杂项之后是领事馆、传教士、吴淞口在泊船只。

1865 年所见行名录为香港 "Daily Press" 出版的《1865 年中国、日本、菲律宾编年与指南》(*Chronicle and Directory for China, Japan and the Philippines for 1865*)。上海部分以 "the Shanghai Directory" 列出，首先为领事馆、工部局等，其次以经营种类、音序排列一些特殊的洋行，如建筑师 (Architects)、捐客与佣金代理商 (Brokers & Commission Agents)、货船 (Cargo Boats)、买办 (Compradors)、码头 (Docks and Wharfs)，再次为一般商行 (Merchants)，最后为传教士以及杂项，补录一些信息。

同样为香港 "Daily Press" 出版的《1866 年中国、日本、菲律宾编年与指南》(*The Chronicle and Directory for China, Japan and the Philippines, for 1866*)，编纂方式则与上一年相差甚远，最先列出领事馆、公共事业与机构 (Consulates, Public Offices, and Institutions)、工

部局、公共企业（Public Companies，主要为保险 Insurance 和保险代理 Underwriters Agencies）、引港公司行（Shanghai Pilot Company）、银行，随后为商人、专业人士与贸易（Merchants, Professions, Trades, & c.）即洋行部分，最后为传教士与在泊船只。1867—1869 年三年的编纂方式与 1866 年相同。

另 1861 年、1863 年上海相关行名录还见于《上海年鉴》中的《上海洋行与侨民表》（*List of Foreign Hongs & Residents at Shanghai*），将领事馆列在最前，而后为洋行与侨民、传教士、在泊船只、蒸汽拖船（Steam Tugs）、外国引航员等。

至此，将本章所涉及的 19 世纪 60 年代的行名录的收藏与版本做了简要概述。早期的行名录虽然编纂方式不尽相同，但其主体内容都集中在中外文名称、粤语注音、洋行经营者，1862 年起标注洋行主要经营业务，后文分行业讨论上海洋行变迁即基于此。1863 年行名录开始记载洋行地址，更是编纂上的一个重大突破，使得利用行名录复原洋行分布成为可能。下文将该时段行名录所记载的洋行数量制成表17，以便厘清当时在沪洋行的数目及其变化趋势。

表17　19世纪60年代洋行分类统计

年份	领事馆及相关	工部局及相关	传教士	吴淞口在泊船只	银行	保险	轮船和引港码头	洋行数量
1860	10	3	8	6	5	–	–	142
1861	17	–	13	8	6	–	–	159
1862	13	–	5	–	6	–	–	116[10]
1863	18	11	13	6	7	–	–	199

---

10 此洋行数为商人 69 条、杂项 47 条之总和。

年份	领事馆及相关	工部局及相关	传教士	吴淞口在泊船只	银行	保险	轮船和引港码头	洋行数量
1864	11	–	6	13	7	14	–	125[11]
1865	20	–	11	5	10	6	–	188[12]
1866	30	–	13	5	11	11	12	194
1867	35	–	6	5	5	17	12	172
1868	34	–	9	5	6	26	17	242
1869	35	–	13	5	7	31	23	249

由表17可知，行名录在逐年编纂的过程中日趋专业化，有意识地将一些发展起来的产业单独列出，便于检索。单纯从洋行的数量来看，1861—1866年的洋行数量基本保持一个上升的趋势，其中1862年、1864年因数据来源不同，有一定程度的下滑。1867年较之前一年有所下滑，结合表17可知其中变化最为明显的是银行业，从1866年的11家银行到1867年的5家，骤减了一半多，这与当时的英国经济危机有关，而到1868年其他洋行数量虽然有所回升，但银行业没有再达到此前的繁荣。

上海于1843年开埠，经过二十余年的发展，洋行数量增加，经营种类拓展，功能细化。由于本时段涉及的洋行数量众多，下面就按传统行业与新兴行业分别讨论其发展与空间分布特点，并以此为依据进行功能分区的研究。

---

11 此洋行数为商人68条、杂项57条之总和。
12 此洋行数为分类洋行121条、商行67条之总和。

1860—1869年洋行考订及其分布

一、传统行业洋行的考订及其分布

经过十几年的发展，开埠之后的上海船舶航运业、进出口贸易等都有长足进步，然而由于受到 1866 年英国经济危机的影响，此前一度繁荣的银行业受到重创，多家银行在华歇业，当然也有逆流而上并迅速成长的银行——汇丰洋行就是最佳例证。

（一）危机下的银行业

随着中国国内市场的进一步开放，外商的融资金额增多，融资结构日趋复杂，故而当时上海的银行业获得发展良机，发展迅速。将 19世纪 60 年代行名录在册银行整理成表 18，可大致了解其中兴衰变化。

表18 19世纪60年代银行业洋行表

外文名	中文名	时间	外文地址	中文地址
Oriental Bank Corporation	丽如	1860–1862	–	–
		1863	The Bund, between Nakin and Hangchow Rds.	外滩，南京东路与九江路路段
		1864	The Bund, between Park Lane & Rope Walk Rd.	
		1865–1869	The Bund	外滩
Chartered Mercantile Bank of India, London & China	有利	1860–1862	–	–
		1863	Hangchow Rd., between the Bund and Keangsoo Rd.	九江路，外滩与四川中路路段
		1864–1867	Hangchow Rd.	九江路
		1868–1869	Kiukiang Rd.	

外文名	中文名	时间	外文地址	中文地址
	马加利	1860	–	–
	麦加利	1861	–	–
	凌加利[13]	1862	–	–
Chartered Bank of India Australia & China	麦加利	1863	Keang-se Rd., between Foochow Rd. and Canton Rd.	江西中路，福州路与广东路路段
	凌加利	1864	Church Street	九江路
	麦加利	1865–1866	Keangsee Rd.	江西路
	呵加剌	1867		
	阿加剌	1868		
	揸打银行	1869		
Agra and United Service Bank		1860–1862	–	–
		1863	Hangchow Rd., bwtween the Bund and Keangsoo Rd.	九江路，外滩与四川中路路段
Agra and United Service Bank, Limited	呵加剌	1864	Hangchow Road	九江路
		1865		
Agra and Masterman's Bank（limited）		1866		
Agra Bank Limited		1869	1, Kiukiang Rd.	九江路1号
	匪隆	1860–1862	–	–
Commercial Bank of India	汇隆	1863	W. corner of Hangchow Rd. between Keangsoo and Keangse Rd.	九江路西路口，四川中路、江西中路路段
	汇隆	1864	–	–
Commercial Bank Corporation of India and the East	汇隆	1865–1866	Church Street	江西中路
	金孖沙银行	1868–1869	–	–
		1861	–	–
Comptoir d'Escompte de Paris	高第即[14]	1863	Keansoo Rd., between Foochow Rd. and Canton Rd.	九江路，福州路与广东路
		1864	Bridge St., between North Gate & Mission Rd.	四川中路，广东路、福州路路段
	耶高第	1865	Nankin Rd.	南京东路
	佛兰西银行	1866–1869		

13 "凌加利"似应为"麦加利"之误。
14 "高第即"似应为"高第耶"之误。

外文名	中文名	时间	外文地址	中文地址
Central Bank of Western India	申打刺银行	1862	–	–
	汇川	1863	Foochow Rd., between Keang-se and Honan Rd.	福州路，江西中路与河南中路路段
	申打刺银行	1864	–	–
		1865	Foochow Rd.	
	汇源	1866		福州路
Bank of India	–	1865		
	利昇	1866	–	–
Bank of Hindustan, China and Japan（Limited）	利申银行	1865-1866	–	–
Hongkong & Shanghai Banking Corporation（Limited）	汇丰	1866-1869	–	–
Asiatic Banking Corporation	丽华	1866	Keagsoo Rd.	四川中路

　　由表 18 可知，1860—1865 年是银行资本在上海投资的高潮时期。这一时期，上海新设 4 家银行，是为佛兰西银行（1861 年建立）、申打刺银行（1862 年建立，1866 年改为汇源银行）、利昇银行（1865 年建立）、利申银行（1865 年建立）。然而，好景不长，1866 年英国发生金融恐慌[15]，受母国影响，这新开的 5 家银行除去佛兰西银行，加上 1866 年才开设的丽华银行全部歇业。

　　不过，因为香港的商业巨头需要一家本地银行来提供及时以及完备的金融服务，汇丰银行 1865 年在上海英租界设立。汇丰银行的临时

---

15 就 1866 年英国金融恐慌，关于英国史的研究多以"短暂的危机"一语带过（罗柏兹. 英国史 [M]. 贾士衡，译. 台北：五南图书出版社公司，1986：799.），Rorbert Baxter, Esq. 在其专著 *The Panic of 1866 with its Lessons on the Currency Act* 中则对 1866 年金融恐慌及其背后的金融制度做了思考，并对现金法案提出了建议（London：Longmans, Green, and Co.，1866）。

图16 19世纪60年代银行业洋行核密度分布图

委员会成员大多来自在沪经营多年的著名洋行，有宝顺洋行、琼记洋行、大英轮船公司、禅臣洋行、太平洋行等。正是这一班实力雄厚的洋行的支持，成为汇丰银行战胜随即而来的金融风暴而且成功发展起来的坚实基础[16]。虽然，十年后汇丰银行不仅参与各类金融业务，连清政府的赔款、修建铁路等都有涉足，一举成为沪上实力最雄厚的银行，但起先它却连自己的办公大楼都没有，是租借中央饭店底层展开营业，所以19世纪60年代行名录中并未记载该行地址[17]。

贯穿19世纪60年代的银行仅有四家：丽如银行、有利银行、麦加利银行（该行中文名字变动频繁）、呵加剌银行，另外佛兰西银行1861年创立，也经过了经济危机的考验。

以《1864—1866年上海英租界图》为底图将银行定位于其上绘成核密度分布图，如图16，可知19世纪60年代英租界新增加的银行并未集中在外滩一线，仅丽如银行在外滩，其他银行主要聚集在今四川中路的南京东路至九江路路段，另外，福州路的四川中路至江西中路路段也有数家银行分布。显然，外滩依旧由最早入驻上海的一批大洋行所把持，这一局面一直要到19世纪70年代才逐渐被打破。

（二）业务拓展的船舶业

19世纪60年代在簿的有具体经营业务的洋行中，英租界数量最多的依旧是船舶贸易类洋行，总共68家，占当时洋行数的10%以上。现依据行名录整理为表19。

---

16 刘诗平. 汇丰帝国：全球顶级金融机构的百年传奇 [M]. 北京：中信出版社，2010：8-9.
17 刘诗平. 汇丰帝国：全球顶级金融机构的百年传奇 [M]. 北京：中信出版社，2010：7.

表19 19世纪60年代船舶业洋行表

洋行名称		年份	地址		经营范围	
外文	中文		外文	中文	外文	中文
Ashley & Co.	–	1863	–	–	sailmaker	船帆制造商
		1865–1866	Hankow Rd.	汉口路		
	亚世利	1869	Winghong Rd.	闵行路6号		
Barras, J. R.	–	1862	–	–	sailmaker	船帆制造商
Bininger, B.	元丰	1867	8, Canton Rd.	广东路8号	shipping and commission merchant	船舶和佣金商人
		1868–1869	10, Canton Rd.	广东路10号	shipping and commission merchant	
Bird, Alexander	毕记	1860	–	–	auctioneer and shipchandler	拍卖行、船用杂货商
Boyd & Co.	祥生	1869	Pootung	浦东	engineers and shipwrights	工程师和造船工
Boynton & Co.	–	1863	back of the Old Dock, Hong-que	虹口老船坞后	ships' compradores	船舶买办
Bronwn, Robert	–	1865	Woosung Rd.	吴淞路	ship & boat builder	船舶制造商
Bulley & Co., W.	–	1864	–	–	shipwrights	造船工
		1865	172, Hankow Rd.	汉口路172号	blacksmiths	铁匠
Burnt. W.	–	1860	Hong Que	虹口老船坞后	shipwright, dock-yard	造船工，船坞
Butler, J. W. & Co.	–	1863	next to Howard & Co's Godown, Hong-que	靠近虹口顺成行仓库	shipping office	船舶办公室
Buxey, W., & Co.	新隆泰	1861	–	–	sailmaker	船帆制造商
Buxey, W.		1863、1865	Hankow Rd.	汉口路		船帆制造商
Byrne E.	–	1862	–	–	ship broker and auctioneer	船舶代理和拍卖
Byrne John, J.	–	1863	–	–	sailmaker	船帆制造商
	颁呢	1865–1866				船帆制造商
Chark & Co.	时荣	1860	–	–	shipchandlers	船用杂货商

洋行名称		年份	地址		经营范围	
外文	中文		外文	中文	外文	中文
Cheap Jack & Co.	广祥合	1869	corner of Hongque and Minhong Rd.	虹口和闵行路路口	shipchandlers & storekeepers, and Ah-sing, stevedore	船用杂货商、仓储、装卸工
Collyer & Lambert	陆家嘴角	1861–1863	Green Point	陆家嘴	shipwrights and shipsmiths	造船工和船匠
		1865–1867			shipwrights	
Lambert, A. G.		1868–1869				
Cook, M. H.	–	1868	22, Wangpoo Rd., Hongque	虹口黄浦路22号	sail-maker	船帆制造商
		1869	Old Masonic Hall, Canton Rd.	广东路规矩堂		
Coomes, D. F.	科富逢店	1860	–	–	sail-maker	船帆制造商
Dato, Wm., & Co.	泰妥	1865–1866	French Concession	法租界	ship chandlers & storekeepers	船用杂货商和仓储
Drew, G. H. & Co.	浦东	1863	–	–	shipwright and boat builder, &c.	造船者
	甫东	1865			shipwrights	造船工
Engwat & Co.	锦兴	1864	–	–	broker and commission agent	掮客和佣金代理
Evans & Co.	埃凡馒头店	1863	Hong-que	虹口	ship chandlers, bakers & soda water manufacturers	船用杂货商、面包师和苏打水制造商
	埃凡馒首店	1864	The Bund, Honque	虹口外滩	storekeepers & shipchandlers	仓储、船用杂货商
	埃凡馒头店	1865–1866	–	–	ship chandlers, bakers & soda water manufacturers	船用杂货商、面包师和苏打水制造商
		1867			shipchandler and bakers	船用杂货商和面包师
		1868–1869	7, Minghong Rd., Hongque	虹口闵行路7号		
Farnham, S. C. & Co.	耶宋	1864	Honque	虹口	shipwrights	造船工
	–	1865				
	溢生	1866–1867	–	–		
		1868–1869	31, Hongque	虹口31号		

洋行名称		年份	地址		经营范围	
外文	中文		外文	中文	外文	中文
Fobes & Co.	协源	1867	Honque	虹口	shipchandler	船用杂货商
		1868–1869	22, Wangpoo Rd.	黄浦路22号		
Fogg, H., & Co.	丰裕	1860–1862	–	–	ship chandlers, store-keepers and auctioneers	船用杂货商、仓储和拍卖行
		1863	S. corner of Bund	外滩南转角		
		1864	Bund	外滩	storekeepers & shipchandlers	仓储、船用杂货商
Fuller & Co., J. H.	名心	1860	–	–	wholesale liquor dealers and general ship chandlers	仓储、船用杂货商
Greeuw, N.	得客勒	1865–1868	Rue de Consulat	金陵东路	shipchandler	船用杂货商
Gough, Capt., Str.	–	1861	–	–	confucius	孔夫子号船长
Gunther, G.	新泰妥	1861	–	–	sailmaker	船帆制造商
		1863–1867	French Concession	法租界		
Hall & Holtz	福利	1860–1862	–	–	ship chandlers, general storekeepers, and bakers	船用杂货商、一般仓储与面包师
		1863	corner of Mision Rd. and Keangsoo Rd.	福州路与四川中路路口		
		1864	corner of Mission Rd. and Bridge Street		storekeepers & shipchandlers	仓储和船用杂货商
		1865	Nankin and Szechuen Rds.	南京东路与四川中路路口	ship chandlers, general store-keepers, tailors and bakers	船用杂货商、一般仓储裁缝与面包师
		1866–1867	Mission Rd.	福州路		
		1868	Nankin and Szechuen Rds.	南京东路与四川中路路口		
		1869	2, Foochow Rd.	福州路2号		
Hathaway & Co., A. B.	–	1864	Hankow Rd., near the Bund	汉口路，靠近外滩	upholsterers and painters	室内装潢师和画家

洋行名称		年份	地址		经营范围	
外文	中文		外文	中文	外文	中文
Hawkins & Co.	–	1862	–	–	shipwrights	造船工
Holmes, C. M.	丰顺	1860	–	–	shipchandler, &c.	船用杂货商
Howard, Abraham	顺成	1860	–	–	ship-broker and general commission agent	船舶掮客、佣金代理
Howard & Co.		1861–1862			auctioneers of damaged goods, ship-brokers & general commission agents	毁坏物品拍卖行、船舶掮客和一般佣金代理
Hunt, Thos. & Co.	–	1863	next the Old Dock, Hong-que	靠近虹口老船坞	ship chandlers, general store-keepers, shipwrights, blacksminths, engineers, iron and brass founders, storage, wharf, 130 ft. front, with 16 ft. water, at low tide	船用杂货商、一般仓储、造船工、铁匠、工程师、铜匠、仓库、码头
	痕	1864	Bund corner of Hankow Rd.	外滩汉口路路口	storekeepers & shipchandlers	仓储、船用杂货商
			next Old Dock Honque	靠近虹口老船坞	shipwrights	造船工
	旗记	1865	Bund, Honque	虹口外滩	ship chandlers & storekeepers	船用杂货商和仓储
Knoop & Co.	隆泰	1860–1861	–	–	shipchandlers and general commission agents	船用杂货商和一般佣金代理
		1863	Foochow Rd. between Keang-se Rd. and Honan Rd.	福州路，江西中路与河南中路路段	ship chandlers & general commission agent	
	禄	1864	–	–	storekeepers & shipchandlers	
	隆泰	1865–1868	Foochow Rd.	福州路	ship chandlers & general commission agents	
		1869	Corner of Szechuen and Singkeang Rds.	四川中路延安东路路口	shipchandlers and general commission agents	

洋行名称		年份	地址		经营范围	
外文	中文		外文	中文	外文	中文
Lamond, M. & Co.	浦东	1860–1861	–	–	shipwright and shipsmith	船匠
Lane, Crawford & Co.	泰兴	1864	Keangsee Rd. between Tientsin and Ningpo Rd.	江西中路，天津路和宁波路路段	storekeepers & shipchandlers	仓储和船用杂货商
	兴协	1865	Keangsee Rd.	江西中路		
	泰兴	1868	Nankin Rd.	南京东路	storekeepers, shipchandlers and auctioneers	仓储、船用杂货商和拍卖行
	新泰兴	1869				
Lang, H.	宝泰	1868–1869	Szechuen Rd.	四川中路	ship and commission agent	船舶和佣金代理
Loureiro, F.	丰记	1860	–	–	opium and ship-broker, and general commission agent	鸦片和船舶掮客，一般佣金代理
		1861			ship broker, & general commission agent	船舶掮客、一般佣金代理
	风起	1862			ship broker	船舶掮客
Luxton, Henry	–	1860	–	–	ship's compradore	船舶买办
MacKenzie & Co.	隆茂	1860–1862	–	–	shipchandlers & storekeepers	船用杂货商和仓储
		1863–1864	Yang-king-pang, French concession	法租界洋泾浜	ship chandlers, store-keepers, general agents	船用杂货商、仓储和一般代理
		1865–1866	Canton Rd.	广东路		
MacKenzie & Richardson	孚毫	1862	–	–	ship chandlers, store-keepers, general agents	船用杂货商、仓储和一般代理
Morrice and Behucke	下海甫东	1864	–	–	shipwrights	造船工
Morrice, Behncke & Co.	虹口	1861	–	–	shipwright & boat builders & blacksmiths	造船商和铁匠
	–	1862			shipwrights	造船工
	浦东	1863–1869			ship wrights & blacksmiths	造船工和铁匠

洋行名称		年份	地址		经营范围	
外文	中文		外文	中文	外文	中文
Muirhead, D.	浦东	1860	–	–	shipwright and engineer	造船工和工程师
		1861			shipwright & blacksmiths, engineer & brass founder	造船工、铁匠、工程师和黄铜匠
		1863				
Muirhead, D., Poo-toong Foundry and Shipwrights Yard		1865	Poo-toong	浦东	foundry and shipwrighting yard	铸造厂和造船厂
		1866–1868				
Poo-tung Foundry, and Shipwrights' Yard		1869				
Mundel, A.	华岱	1865	Canton Rd.	广东路	ship chandlers & storekeepers	船用杂货商和仓储
Mustard & Co.	晋隆	1869	corner of Bund and Yang-king-pang, British Concession	外滩与洋泾浜路口	ship and coal brokers, and general commission agents	船舶和煤炭掮客，一般佣金代理
Nicolson & Boyd	–	1864	–	–	shipwrights	造船工
	昌同	1866–1868			engineers, & shipwrights	工程师和造船工
Nixon, John M., Jr.	纳各生	1868–1869	5, Yangtsze Rd.	中山东一路5号	ship broker	船舶掮客
Osborn & Co., P. F.	新昌	1864	Honque Bund	虹口外滩	storekeepers & shipchandlers	仓储和船用杂货商
Paul, R.	天裕牛肉庄	1860	–	–	ship's compradore	船舶买办
	天裕顺记	1861			shipchandler & compradore	船用杂货商和买办
	宏记	1863	French Concession	法租界		
	–	1864	–	–	ship's compradore	船舶买办
	裕记	1865–1869	French Concession	法租界	ship chandler & compradore	船用杂货商和买办
Pearson, F.	皮而生	1860–1861	–	–	shipchandler	船用杂货商

洋行名称		年份	地址		经营范围	
外文	中文		外文	中文	外文	中文
Pinder, G. H. & Co.	宾夺	1860–1861	–	–	engineers & shipwrights	工程师和造船工
Reynolds & Co., C. P.	宝泰	1860–1861	–	–	shipchandlers and general storekeepers	船用杂货商和一般仓储
Reynolds and Collyer	船厂	1860–1861	–	–	shipwrights, Shanghae Dockyard	造船工，上海码头
Richards, J. W., & Co.	李家	1861	–	–	pilot	领航员
Scannell, Daniel	–	1864	–	–	shipping masters, U. S. Consulate	美国领事馆航运负责人
Scannell D.		1865–1866				–
Scannell & Co.		1867–1868				
Schroder, Ferd	新四满洋行	1868	corner of Rue de Montauban and Rue de Consulat, French Concession	法租界四川南路与金陵东路路口	ship and steamboat compradore	船舶和蒸汽船买办
Shanghae Carting Company	加而定	1864	Woosung Rd.	吴淞路	sailmaker	船帆制造商
Shanghai Steam-boat Dock, Old Dock and New Dock	船厂	1867	–	–	foundry, machine shop and ship yard	铸造厂、机械车间和造船厂
Shanghai Tug and Lighter Company	驳船公司行	1867	–	–	–	–
Siethes, Heinrich	–	1860–1861	–	–	ship's compradore	船舶买办
Souza B. de	–	1865	–	–	ship broker	船舶掮客
Sutton, Henry	色登蓬匠	1860	–	–	sailmaker	船帆制造商
Tilby, A. R.	裕隆	1860	–	–	ship broker, auctioneer for damaged goods, and general commission agent	船舶掮客、破损物品拍卖和一般佣金代理
	–	1861			ship broker, and general commission agent	船舶掮客和一般佣金代理

洋行名称		年份	地址		经营范围	
外文	中文		外文	中文	外文	中文
Tilby, A. R. & Co.	–	1862	–	–	ship broker	船舶掮客
		1864	Keangsoo Rd.	四川中路	shipbrokers and general commission agents	船舶掮客与一般佣金代理
		1865	South Keangsoo Road	–	ship broker	船舶掮客
Todd & Co.	泰源	1865	Hongque	虹口	ship chandlers & storekeepers	船用杂货商和仓储
	协源	1866			shipchandlers	船用杂货商
Woodruff, Samuel C.	虹活立	1864	American Bund, Honque	虹口美租界外滩	storekeepers & shipchandlers	仓储和船用杂货商

由表 19 可知，船舶业此时的发展波动状态。1860 年有相关洋行23 家，1862 年稍微回落有 21 家，1862 年人幅减少至 12 家，1863 年回升至 17 家，1864 年继续增长至 21 家，1865 年到峰值 25 家，随后1866 年又开始减少至 17 家，1868 年继续减少至 15 家，1868 年回升至19 家，1869 年则为 18 家。

仔细查阅这些洋行的经营业务，这一阶段有一定程度突破，除去与前一阶段相同的诸如帆船制造、船舶给养等相关产业稳定发展，还增加了相关的码头、铸造厂等。另外船舶掮客（ship broker）出现，有Byrne E.（无中文名，1862）、锦兴（Engwat & Co., 1864）、顺成（Howard, Abraham，1860，Howard & Co., 1861—1862）、丰记（Loureiro, F., 1861,1862 年更名为风起）、晋隆（Mustard & Co., 1869）、纳各生（Nixon, John M., Jr., 1868—1869）、Souza B. de（无中文名，1865）、裕隆（Tilby, A. R.，1860—1862），共 8 家。同样船舶买办（ship compradore）涌现，有 Luxton, Henry（无中文名，1860）、裕记（Paul, R.，此行中文名更换较为频繁，详见表格，1860—1869）、新四满洋行（Schroder,

Ferd）、Siethes, Heinrich（无中文名，1860—1861），共 4 家。

19 世纪 60 年代船舶业还有一个现象较为普遍，即船舶业洋行开始大量兼营其他业务，比如兼营与船舶业关联度不高的食品业，譬如福利洋行（Hall & Holtz，1860—1869）、埃凡馒头店（Evans & Co.，1863—1869）等。还有更多的洋行兼营拍卖行，譬如毕记（Bird, Alexander，1860）、Byrne E.（1862）、丰裕（Fogg, H., & Co.，1860—1864）、顺成（Howard & Co.，1861—1862）、泰兴 / 新泰兴（Lane, Crawford & Co.，1868—1869）、裕隆（Tilby, A. R.，1860）等。

这些自然与当时上海英租界洋行的发展状况有关。传统的修船业发展空间缩小，只有兼营其他行业才有利可图，这从《上海新报》中的广告就可知。翻看这一时期的该报，笔者发现几乎每一期上都会有"外国船出卖[18]""火轮船出售[19]""拍卖驳船[20]"等广告，可见由于航运业不景气，船舶转手是平常之事，而很多洋行也正是靠此谋利的。《上海新报》一则抬头为"恩生洋行"的广告[21]，更是道出其中各种原委：

　　启者

　　本行现在英国已与英商合伙，如有本地各商要在英国购买轮船、蓬船及一切货物者，即请来行议定。本行可以代买，其价较廉，且俟船货到此，方收价值。设重大买卖，本商自愿亲往外国，俾免遗误也[22]。

18 琼记洋行"外国船出卖"，见《上海新报》1862 年 6 月 24 日、1862 年 6 月 28 日。
19 公道洋行"火轮船出售"，见《上海新报》1862 年 6 月 24 日。
20 百亨洋行"拍卖驳船"，见《上海新报》1862 年 6 月 24 日、1862 年 6 月 26 日、1862 年 6 月 28 日。
21 恩生洋行（Anderson & Co.）仅见于 1863 年行名录，位于福州路上江西路与四川中路交界路段（Foochow Rd. between Keange and Keangsoo Rds.）。
22 《上海新报》1862 年 6 月 24 日。

诚然，轮船属大宗贸易，上海本地无法制造，大型的轮船必定依靠进口。广告中，恩生洋行也把各种优势讲明，如与英商合作，那么对于交易可靠性还是提供了很大保障的；许诺货到付款，意味着购买者的风险降到最低。广告中还允诺如果涉及重大买卖，该商还将自行前往英国以确保交易顺利。广告中间商的各种承诺反衬了当时上海船舶业的举步维艰。

船舶业在上海的分布地点，因此前的行名录未有地址记载，所以无法做对比研究。但是这十年的分布状况却较为清晰，其中坐落于虹口和法租界为最多。虹口区有埃凡馒头店、Hunt, Thos. & Co.、Cook, M. H.、溢生洋行、协源洋行（1867 年改为 Fobes & Co.）以及未士法等 11 家[23]。其中仅埃凡馒头店兼营食品业，其他都是单纯的造船业和船舶供给。

法租界则有新泰妥、隆茂洋行、裕记、泰妥洋行、德客勒和新四满洋行 6 家。其中地址多记为法租界，仅隆茂洋行注明在法租界洋泾浜，德客勒记在领事馆路（今金陵东路），而新四满洋行记为法租界孟斗班路领事馆路转角（今四川南路、金陵东路路口）。这些洋行中大多单纯为帆船制造商或船舶供给，仅裕记一家同时为船舶买办。

另外浦东还有 5 家以船舶业为主的洋行，其中 4 家直接以"浦东"为名：浦东（Drew, G. H. & Co.，1863；1865 年中文名为"甫东"）、浦东（Lamond, M. & Co.，1860—1861）、浦东（Morrice, Behncke & Co.，1863—1869；1861 年中文名为"虹口"）、浦东（Muirhead, D.，1860—1869；1860 年中文名为"甫东"），另外还有 1 家名为"陆家嘴角"（Collyer & Lambert，1861—1863、1865—1867；Lambert, A. G.，1868—1869），该行地址则记为绿点（Green Point）。这些洋行全部

---

23 这些洋行的地址前期基本仅列出"虹口（Hongque）"，直到 1868 年才列出具体地址。

图17 19世纪60年代船舶业洋行核密度分布图

单纯经营与航运有关的行业，即造船、铁匠以及码头。

英租界也有一些与船舶业相关的洋行。福州路有 2 家，福利洋行和隆泰洋行。前者兼营食品业，后者则兼为一般代理商。外滩也有 2 家，兼营仓储和拍卖的丰裕洋行，以及为船舶掮客的纳各生。四川中路上有 2 家，有船舶供给以及仓储、裁缝、面包师多种业务的福利洋行以及为船舶和一般代理商的宝泰。广东路有 2 家，从法租界搬迁过来的隆茂洋行同时兼营仓储与一般代理，元丰则为船舶和一般商人。汉口路 1 家，亚士利，专营帆船制造。同样船舶业洋行核密度分布图（图 17）反映出广东路、福州路和汉口路的四川中路至江西中路路段较为集中地分布了船舶相关洋行。

由上可见，单纯经营船舶的洋行大多分布在虹口、浦东以及法租界一带，而在英租界热闹之区的洋行，在经营航行业的同时，往往会兼营其他尤其是食品业或一般代理业务。这种分布态势与上海当时的土地价格有关。英租界开发最早，租金也最高，而船舶业，尤其是造船业，需要较大场地以便于操作，故而选择租金相对低廉的虹口、法租界区域以及浦东一带，不失为明智之举，这一趋势逐渐呈现为船舶航运业的区位选择。与此同时，位于租金较高的福州路、四川中路等处经营船舶业的洋行，必须兼营其他行业以弥补租金过高所带来的成本居高不下之不足，而日常生活所必需的饮食业则可担当此重任。

（三）日臻完备的医疗业

开埠之初就有西医入驻沪上，个别医生如哈尔医生还拥有大量租地。经过十多年的发展，在沪经营医疗行业的洋行不仅数量增多，且呈现出更为细化的分类和多样性的态势，分布特征也十分鲜明。

19 世纪 60 年代与医疗业相关的洋行统计为表 20。

表20 19世纪60年代医疗业洋行表

洋行名称		年份	地址		经营范围	
外文	中文		外文	中文	外文	中文
Barton & Jones	巴嗽卓尼医生	1860–1861	–	–	–	–
Barton Alfred	伯顿医生	1862	–	–	–	–
Barton , Jones & Robson	巴顿医生	1863	Peking Rd.	北京东路	–	–
Barton, Geoger Kingston	圆明园巴敦医生	1869	4, Yuen-ming-yuen	圆明园路4号	M. D., F. R. C. S.	医疗指导，英国皇家外科学会会员
Bell, Thos.	柏医生	1860–1862	–	–	surgeons	外科医生
Bell & Coghill	柏医生	1863	S. corner of Shandung Rd. and Foochow Rd.	山东路与福州路路口	–	–
		1866–1867	Foochow Rd.	福州路	medical practitioners	医疗从业者
Coghill, J. G. S.		1868–1869	22, Foochow Rd.	福州路22号	M. D., F. R. C. P.	医疗指导
Brone, H. W.	文医生	1864	Honque	虹口	–	–
British Dispensary	大英医院	1868–1869	No.27, Szechuen Rd.	四川中路27号	–	–
Burton, G. W.	补医生/甫医生	1858–1862	–	–	medical doctor, surgeon	医生、外科医生
Chinese Hospital	仁济医院	1861–1879	3, Shantung Rd.	山东中路3号	–	–
		1869	7, Shantung Rd.	山东中路7号		
Eastlack, Wm. C.	森泰医生	1868	3, Wamgpoo Rd., Hongque	虹口黄浦路3号	D. D. S., Dental Surgeon	牙科博士
Eastlack and Winn		1869	Masonic Hall	–	dental surgeon	牙医
Fish, M. W.	鱼医生少同孚	1860–1861	–	–	medical doctor	医生
Gaile, P .E., Mèdecin de la Marine	法病房	1868–1869	25, Nankin Rd.	南京东路25号	charge du Service de Santè	负责卫生服务
General Floating Hospital	登吉	1866–1867	off Pootung point	浦东嘴	–	–

续表20

洋行名称		年份	地址		经营范围	
外文	中文		外文	中文	外文	中文
Gentle J.	–	1866	–	–	medical doctor, surgeon Chinese Hospital	医生、华人医院外科医生
Hongque Dispensary	老德记/老德香	1860–1862	Hongque	虹口	dispensary	药房
	其生约六	1864				
	其生房药	1865–1869				
Hospital Francis	–	1867–1868	Rue Montauban	四川南路	–	–
Johnston, James	锡张医生	1867	Shantung Rd.	山东中路	medical doctor, surgeon, Chinese Hospital	医生、华人医院外科医生
Jones & Robson	巴颠卓尼医生	1866–1867	Peking Rd.	北京东路	medical practitioners	医疗从业者
Kennief, B.	–	1866–1868	Canton Rd.	广东路	surgeon dentist	牙医
Macgowan, D. J.	玛高温	1867–1868	–	–	medical doctor	医生
		1869	43, Hongque Rd.	虹口路43号	–	–
Marine Hospital	–	1863–1865	Rue du consulat	金陵东路		
Massais, E.	大法国孖时医生	1868–1869	French Bund	法租界外滩	docteur en médecine de la faculté de Paris	巴黎学院医学博士
Nissen, Dr.	补医生	1869	–	–	physician	医生
Pharmacie Francaise	–	1866	–	–	pharmacy	药房
	–	1868	French Bund	法租界外滩		
Parker, G. F.	栢加意生	1868–1869	1, Foochow Rd.	福州路1号	M. R. C. S., L. S. A., & L. M.	皇家外科医学院会员、外科执业助理医师

洋行名称		年份	地址		经营范围	
外文	中文		外文	中文	外文	中文
Pharmacie de L'Union	威贞同	1865–1868	French Bund	法租界外滩	–	–
Rlbot, R. L.	–	1864	Newbry Elliot & Co.	–	L. R. C. F. (London) M. R. C. S. E. and L. M.	持证养老机构、爱丁堡皇家外科医生协会会员、法医学
Shanghae Hospital and Dispensary	药房	1858–1862	–	–	–	–
Shanghai Hospital and Dispensary	病房	1863	W. corner of Hankow Rd. and Shantung Rd.	汉口路与山东中路西路口	–	医院
Shanghai Dispensary	补医生	1863–1867	Kengsoo Rd.	四川中路	dispensary	药房
		1868–1869	3, Canton Rd.	广东路3号	dispensary	药房
Shanghai General Hospital and Dispensary	病房	1863	Hankow Rd.	汉口路	–	–
Shanghai General Hospital	法兰西医生/上海公病院	1868–1869	French Bund	法租界外滩	–	–
Shanghai Medical Hall	老德记	1865–1869	Nankin Rd.	南京东路	–	–
British Dispensary	大英医院	1868–1869	No.27, Szechuen Rd.	四川中路27号	–	–
Sibbald, F. C.	裕泰医生	1860–1862	–	–	M. D., M. R. C. S. E.	医学博士，爱丁堡皇家外科医生协会会员
		1861–1863	Hankow Rd. between Keangsoo and Keang-se Rds.	汉口路，四川中路至江西中路路段	–	–

洋行名称		年份	地址		经营范围	
外文	中文		外文	中文	外文	中文
Sibbald & Johnston	裕泰医生	1866	Shangtung Rd.	山东中路	–	–
	仁济医院	1867			medical practitioners	医生
		1868–1869	3, Shanghai Rd.	–		–
Thin, George	巴顿医生	1868	9, Pekin Rd.	北京东路9号	medical doctor	医生
Vernon & Hay	补医生/波医生	1863	Keangsoo Rd.	四川中路	–	–
Vernon & Barclay	补医生	1866	Keangsoo Rd.	四川中路		
Vernon & Hay		1867				
Watson, Cleave & Co.	泰和行	1865–1867	Nankin Rd.	南京东路	chemist and druggists	药剂师
		1868–1869	2, Nanking Rd.	南京东路2号	–	–
Zacharice, V., M. D.	则架厘医生	1869	3, Ningpo Rd., Thorne's Bldg.	宁波路3号	medical doctor	医生

由表20可知，19世纪60年代上海医疗机构逐年递增，到60年代末已达16家。这些洋行不仅有药店（dispensary、pharmacy）、医院（hospital）的区分，而且更是细化到外科医生（surgeon）、全科医生（medical doctor、medical practitioners）、牙医（dentist）、药剂师（apothecary、chemists and druggists）等各个门类，已与现在的西医科目设置大致相同。

医疗业洋行散布在整个外国租界地区，这一分布特点自然与方便居民就诊有关。其中英租界最多，分布也十分规律，基本上当时主要的道路上都设有两三家医疗机构，如表21所示。

表21 19世纪60年代英租界医疗业洋行分布表

道路	医疗机构			数量
北京东路	巴颠卓尼医生（Jones & Robson，1866–1867）	巴顿医生（Barton, Jones & Robson，1863）	巴顿医生（Thin, George，1868）	2
南京东路	老德记（Shanghai Medical Hall，1865–1869）	泰和行（Watson, Cleave & Co.，1865–1869）	法病房（Galle, P. E.，1868–1869）	3
汉口路	裕泰医生（Sibbald, F. C.，1861–1863）	病房（Shanghai Hospital and Dispensary，1863）	–	2
福州路	柏医生（Bell & Coghill，1868年改为Coghill, J. G. S.，1866–1868）	栢加意生（Parker, G. F.，1868）	–	2
四川中路	大英医馆（Shanghai Dispensary，1863–1869）	–	–	1
广东路	Kennief, B.（1866–1868）	补医生（Shanghai Dispensary，1868–1869）	–	2
山东路	仁济医院（Chinese Hospital，1861–1869）	裕泰医生（Sibbald & Johnston，1866）	锡张医生Johnson James（1867–1869）	3

　　将医疗业洋行制成核密度分布图（图18），结合图文可知，当时医疗机构最先分布在位于英租界中心区域的四川中路、汉口路，之后随着英租界区域的发展扩散到北京东路、南京东路、福州路、广东路、山东路等处。这种分散布局之中有十分明显的集聚效应，基本上都在英租界当时最主要的横向干道上，而纵向干道仅有四川中路与山东路两条马路涉及。四川中路是当时除去外滩发展最早的纵向马路，山东路的发展则与当时的麦家圈有关。但从街区角度来看，关于医疗的洋行基本上是平均分布在各个街区的，这与这一行业的服务性质密切相关。

　　再看法租界当时医疗机构的分布。1863 年开设的海事医院（笔者译名）位于领事馆路，1865 年的威贞同（1872 年改名回春堂）在法租界外滩（今中山东二路），1868 年的法兰西医院在孟斗班路（今四川

图18 19世纪60年代医疗业洋行核密度分布图

南路），大法国孖时医生和法国药店（笔者译名）则在法租界外滩。其空间分布主要在法租界的东区，以法租界外滩为最多。

相形之下，美租界虹口一带当时医疗机构分布较少，最早出现在行名录的是1860年老德记，类别记为药房（dispensary）；1864年有文医生和其生房药，地址仅注明虹口。直到1868年主营牙医的森泰医生才标注出其具体地址黄浦路 3 号，另 1869 年的玛高温记为虹口路 43 号。

经过上述梳理，可知 19 世纪 60 年代上海的西式医疗机构分散在三个租界的同时却又集中在当时最为繁华的英租界。这自然与医疗机构的生存态势相关，医疗机构必须在尽可能方便病人就医的地方设置，同时还需要有一定数量的就诊量以保证其业务的持续开展。

（四）一般掮客与贸易中间商的兴起

随着英国自由主义的不断深入、英国东印度公司的解散，贸易更趋向于自由贸易为主[24]。从行名录中关于中间商一行来看，19 世纪 60 年代最明显的特征就是原先数量不少的汇票掮客（bill broker）逐渐减少，而一大批佣金代理商（commission agent）和一般掮客（general broker）涌现，这正与英国自由贸易的兴盛有关。现将行名录中的中间商（代理商和掮客）列于表 22。

表22 19世纪60年代中间商表

| 洋行名称 | | 年份 | 地址 | | 经营范围 | |
外文	中文		外文	中文	外文	中文
Angel & Co.	英聚	1864	–	–	commission agent	佣金代理商
Berthelon & Co, A.	–	1868–1869	25, French Bund	法租界外滩25号	bill brokers and commission agents, &c.	汇票掮客和佣金代理商
Bininger, B.	元丰	1866	Hongque	虹口	broker	掮客
		1867	8, Canton Rd.	广东路8号	shipping and commission merchant	船舶和佣金商人
		1868	10, Canton Rd.	广东路10号		

---

24 许介鳞. 英国史纲 [M]. 台北：三民书局股份有限公司，1981：169-176.

续表22

洋行名称		年份	地址		经营范围	
外文	中文		外文	中文	外文	中文
Birdseye, T. J.	巴者	1860	–	–	bill-broker	汇票掮客
	吧啫	1861				
	–	1862				
	吧啫	1863	S. corner of Kangsoo Rd. and Pekin Rds.	四川中路与北京东路南路口		
		1865	Pekin Road	北京东路		
Booth, R. H. G	–	1866	Shanghai Club	上海俱乐部	bill broker	汇票掮客
Brand J. T.	E-yuen	1866	Keangsoo Rd.	四川中路	silk broker	丝绸掮客
Brett & Co.	–	1865	Honque	虹口	general broker	一般掮客
Broom, Augustus	哈南	1869	2, Yuan-ming-yuan Buildings	圆明园大楼2号	broker	掮客
Brown, W. B.	恒发	1868	4, Hankow Rd.	汉口路4号	broker & commission agent	掮客和佣金代理商
		1869	4, Tientsin Rd	天津路4号		–
Byramjee, R.	慎海	1863–1867	Keangse Rd.	江西中路	general broker	一般掮客
		1868	4, Honan Rd.	河南中路4号	–	–
Byrne E.	–	1862	–	–	ship broker and auctioneer	丝绸掮客和拍卖行
Cann, J. J.	天隆	1866–1868	–	–	commission agent	佣金代理商
Carter & J. F.		1860	–	–		
		1861				
Carter & Co.	中和	1863	corner of Honan Rd. and Foochow Rd.	河南中路与福州路路口	silk-broker	丝绸掮客
		1865	Honan Rd.	河南中路		
		1866–1867				
		1868–1869	10, Honan Rd.	河南中路10号		

洋行名称		年份	地址		经营范围	
外文	中文		外文	中文	外文	中文
Chinoy, C.	–	1867	–	–	general broker	一般掮客
Cooper, W.	茂盛	1868	13, Foochow Rd.	福州路13号	general commission agent	一般佣金代理商
Cowie & Co.	高易	1864	–	–	commission agents	佣金代理商
Crockett, Oliver R.	利富	1865	Foochow Rd.	福州路	bill & bullion broker	汇票和金银掮客
Dallas, Barnes	裕泰	1860	–	–	auctioneer and general commission agent, and secretary to the British Chamber of Commerce	拍卖行和一般佣金代理商，英国商会秘书
		1861				
Dallas, Pearson & Co.		1863	Hankow Rd., between Keang-se Rd. amd Kwang-soo Rd.	汉口路，江西中路至四川中路路段		
Daly, S.	日昇	1869	Bubbling Well Rd. and The Club	南京西路和俱乐部	broker	掮客
Dato, Wm., & Co.	泰妥	1861	–	–	general store-keepers, commission agents, &c.	一般仓储、佣金代理商
Davis, Hutchins & Co.	德隆	1863	Canton Rd.	广东路	auctioneers, brokers, & genral commission agents	拍卖行、掮客和一般佣金代理商
Davis & Co.		1864				
Dawson, J. J.	–	1865	Shantung Road	山东中路	bill & bullion broker	汇票和金银掮客
Dixon, Thos. H.	新德记	1863	Foochow Rd.	福州路	auctioneers & commission agents	拍卖行和一般代理商
Dorabjee & Co., D.	–	1864	–	–	broker and commission agent	掮客和佣金代理商
Drucker, H.	德来	1864	–	–	broker and commission agent	掮客和佣金代理商

洋行名称		年份	地址		经营范围	
外文	中文		外文	中文	外文	中文
Engwat & Co.	锦兴	1864	–	–	merchants, general commission agents and ship-brokers	商人、一般佣金代理商和船舶掮客
	锦兴洋行	1866-1868	French Concession	法租界	commission agent	佣金代理商
Ezra J.	–	1865	French Concession	法租界	general broker	一般掮客
		1866	Honque	虹口		
Fisher, A.	–	1865-1867	–	–	bill broker	汇票掮客
		1868	34, Kiangse Rd.	江西中路34号		
Fonseca, A. J.	牛牛记	1864			broker and commission agent	掮客和佣金代理商
Fraser Jno. R. & Co.	–	1865	Tientsin Road	天津路	general brokers	一般掮客
	天泰	1866	Hankow Rd.	汉口路	broker	掮客
Frazar & Co.	丰泰	1860	–	–	commission merchants	佣金商人
Gamwell, F. R.	大风	1862	–	–	silk broker	丝绸掮客
	太丰	1863	W. corner of Hankow Rd. and Honan Rd.	汉口路与河南中路西路口		
		1864-1867	Hankow Rd.	汉口路		
		1868-1869	8, Hankow Rd.	汉口路8号		
Gwyther, J. H.	–	1863	–	–	bill & bullion broker	汇票和金银掮客
Hancock, H.	恒吉	1860	–	–	bill-broker	汇票掮客
Rawson, Samuel	刘何记	1862	–	–	bill-broker	汇票掮客
Holdsworth, Thomas K.	刘何记	1862			silk broker	丝绸掮客
	老和记	1864				
Holdsworth, Ed.	老和利	1868	2, Keangsee Rd.	江西中路2号	public silk broker	大众丝绸掮客
	老和利	1869	6, Hankow Rd.	汉口路6号		

洋行名称		年份	地址		经营范围	
外文	中文		外文	中文	外文	中文
Howard, Abraham	顺成	1860	–	–	ship-broker and general commission agent	船舶掮客和一般佣金代理商
Howard & Co.		1861–1862			auctioneers of damaged goods, ship-brokers & general commission agents	毁坏物品拍卖行、船舶掮客和一般佣金代理
Jafferbhoy G.	–	1866	–	–	general broker	一般掮客
Jamsetjee E.	–	1865	–	–	general brokers	一般掮客
Jordan, V. P.	渣敦	1860–1862	–	–	bill-broker	汇票掮客
		1863	Keang-se Rd., between Canton and Sungkeang Rd.	江西中路，广东路与延安东路路段		
Jordan, G. P.		1864	–	–	exchange broker	交易所掮客
Joseph, L. A.	有思花	1860	–	–	bill-broker	汇票掮客
Knoop & Co.	隆泰	1860–1861	–	–	ship chandlers & general commission agent	船用杂货商和一般佣金代理
Knoop & Co.		1863	Foochow Rd. between Keang-se Rd. and Honan Rd.	福州路，江西中路与河南中路路段		
Knoop & Co.		1865–1868	Foochow Rd.	福州路		
Lalcaca, C. D.	–	1865–1866	–	–	general broker	一般掮客
	里利加架	1867–1868				
Lalcaca, E. P.	毡来	1867	–	–	general broker	一般掮客
	–	1868	10, Chingkeang Rd.	浙江中路10号		
	–	1869	Chingkeang Rd.	浙江中路		
Lang, H.	宝泰	1868	Szechuen Rd.	四川中路	ship and commission agent	船舶和佣金商人

洋行名称		年份	地址		经营范围	
外文	中文		外文	中文	外文	中文
Legrand, L.	李阁郎	1863	French Concession	法租界	commission merchants	佣金商人
Leroy, D., & Co.	盈和	1863	Foochow Rd.	福州路	auctioneers & commission agents	拍卖行和佣金代理商
Leroy & Schenck	裕和	1864	–	–		
Limby, H.	倍享洋行	1868	12, Foochow Rd.	福州路12号	accountant and broker	会计师和掮客
Loureiro, F.	丰记	1860	–	–	opium and ship-broker, and general commission agent	鸦片和船舶掮客，一般佣金代理
		1861			ship broker, & general commission agent	船舶掮客、一般佣金代理
	风起	1862			ship broker	船舶掮客
Major, R. O.	太丰	1860–1861	–	–	silk broker	丝绸掮客
Milier, Rowley	–	1863	–	–	bill-broker	汇票掮客
Miller & Gwyther	兴顺	1864	Foochow Rd.	福州路	bill, bullion, and general brokers	汇票、金银掮客和一般掮客
Mackenzie, Miller, & White	中庸	1868	12, Szechuen Rd.	四川中路12号	bill and bullion brokers	汇票和金银掮客
		1869	18, Szechuen Rd.	四川中路18号		
Milne H. M.	–	1866	–	–	merchant & commission agent	商人和佣金代理商
Mody, P. C.	–	1863–1867	–	–	general broker	一般掮客

洋行名称		年份	地址		经营范围	
外文	中文		外文	中文	外文	中文
Mody, S. K.	–	1867	–	–	general broker	一般掮客
	生和	1868-1869			opium and exchange broker	鸦片和交易所掮客
Moller M.	–	1865	Rue Montauban	四川南路	broker & general agent	掮客和一般代理
Moller N.	–	1866	Rue Montauban	四川南路	broker & general agent	掮客和一般代理
Möller, Nils	费赐	1868-1869	Canton Rd.	广东路	auctioneer, broker and general agent	拍卖行、掮客和一般代理商
Mont M. F.	–	1865	–	–	commission agent	佣金代理商
Mustard & Co.	晋隆	1869	corner of Bund and Yang-king-pang, British concession	英租界外滩与洋泾浜路口	ship and coal brokers, and general commission agents	船舶和煤炭掮客，一般佣金代理
Nixon, John M., Jr.	纳各生	1868-1869	5, Yangtsze Rd.	中山东一路5号	ship broker	船舶掮客
Piotrowski, K. de	皮德记	1869	Yuan-ming-yuan Bldgs.	圆明园大楼	broker	掮客
Powell & Co.	–	1865	Keangsoo Rd.	四川中路	general brokers	一般掮客
Somerville, Primrose & Co.	昇宝	1863	Hankow Rd., between Bund and Keangsoo Rd.	汉口路，外滩与四川中路路段	commission agents & auctioneers	佣金代理商和拍卖行
		1866	HankowRd.	汉口路		
Primrose & Co.		1867	Kiangse Rd.	江西中路	commission agents	佣金代理商
		1868	14, Canton Rd.	广东路14号		
Raphael, S. R.	勒勿爱而	1865	Canton Rd.	广东路	bill broker	汇票掮客

洋行名称		年份	地址		经营范围	
外文	中文		外文	中文	外文	中文
Reimer & Co.	泰兴	1861	–	–	genral store-keeper, commission agents & auctioneers	一般仓储、佣金代理商和拍卖行
Rice E. M. & Co.	–	1865	Honque	虹口	general broker	一般掮客
Roberts, J. L.	–	1861	–	–	auctioneer and commission agent	拍卖行和佣金代理商
Robison, J. S.,	隆福	1869	5A, Hankow Rd.	汉口路5A号	public silk broker	大众丝绸掮客
Rodgers J. Kearny	公和	1865	Foochow Rd.	福州路	general broker	一般掮客
Russell, W. F.	利三记	1868	20, Canton Rd.	广东路20号	broker and commission agent	掮客和佣金代理商
Scannell, Daniel	–	1864			broker and commission agent	掮客和佣金代理商
Skeggs & Co.	义昌洋行	1868	Pekin Rd.	北京东路	public silk inspectors and commission agents	大众丝绸检查和佣金代理商
Souza B. de	–	1865	–	–	ship broker	船舶掮客
Souza D. A. de	–	1865	–	–	general broker	一般掮客
Spence, George	时宾士	1863	at Bradwell Bloor & Co.	增泰洋行处（南京东路，河南中路和江西中路路段）	bill broker	汇票掮客
Thorne J.	–	1865	Foochow Road	福州路	general broker	一般掮客
		1866	The Bund	外滩		
Thorne, John, & Co.	同茂	1868–1869	The Bund	外滩	general brokers and commission agents	一般掮客和佣金代理商

洋行名称		年份	地址		经营范围	
外文	中文		外文	中文	外文	中文
Tilby, A. R.	裕隆	1860	–	–	ship broker, auctioneer for damaged goods, and general commission agent	船舶掮客、破损物品拍卖和一般佣金代理
		1861			ship broker, and general commission agent	船舶掮客和一般佣金代理
Tilby, A. R. & Co.		1862			ship broker	船舶掮客
		1864	Keangsoo Rd.	四川中路	shipbrokers and general commission agents	船舶掮客与一般佣金代理
		1865	South Keangsoo Rd.	四川南路	ship broker	船舶掮客
		1866			commission merchants	佣金商人
Wainwright & Co.	丛南铁	1863	–	–	general auctioneers, brokers & commission merchants	一般拍卖行、掮客和佣金商人
		1864	North Gate Street between Bund and Bridge Street	广东路，外滩与四川中路路段	auctioneers and commission agents	拍卖行和佣金代理商
Waller & Co.	–	1865–1866	Keangsee Rd.	江西中路	silk brokers, &c.	丝绸掮客
	和剌	1867				
Ward & Co.	客房	1862	–	–	commission agents	佣金代理商
Wheelock & Co.	会乐	1864	Bund corner of Canton Rd.	外滩与广东路路口	general commission agents, auctionners, &c.	一般佣金代理商和拍卖行等

查阅 19 世纪 50 年代的行名录信息可知，彼时只有上文提及的几家从事茶、丝的中间商以及汇票掮客，并未有一般掮客与佣金代理商一说。而从表 22 可知，19 世纪 60 年代有 16 家一般掮客、34 家佣金代理商，并有 12 家拍卖行兼为佣金代理商[25]，另外还有 7 家从事船舶业的洋行兼佣金代理商。

开埠之后，来沪的洋行分为一般商人和佣金代理商两种。一般商人可以自行运贩货物，利润自然全部由洋商独享；而佣金代理商则为代理业务，抽取佣金。早期的洋行以佣金代理商居多，后来改组成为一般商人和佣金代理商兼而有之[26]。倘若单独看行名录中佣金代理商的数量，会给人们此时惟独这类洋行或洋商迅猛增长的感觉；其实对比当时一般商人的数量，就会发现佣金商人与一般商人[27]同时增长。可能由于统计口径不同，19 世纪 50 年代仅有一家洋行标明酒类商人，未见"一般商人"的注记，故而无法确实判断其增长率。

再来看代理商的分布，依旧以英租界为主，其次是法租界，最后才是虹口[28]。分布在英租界的相关行业的洋行集中在几条主要道路，其中福州路最多，有 10 家：中和、茂盛、利富、新德记、隆泰、盈和、倍享洋行、兴顺、公和、同茂（1865—1866 年使用此中文名）。广东路次之，有 8 家：元丰、德隆、渣敦、赍赐、昇宝、勒勿爱而、利三记、会乐。汉口路第三，有 7 家：恒发、裕泰、天泰、太丰、老和利、昇宝、隆福。

与英租界的聚集形成鲜明对比的是，美租界虹口一带则只有元丰、

25 同茂洋行在 1866 年为一般掮客，至 1868 年为一般掮客兼贸易代理商，故而重复统计。

26 关于开埠早期洋行的经营方式讨论参见：上海社会科学院经济研究所，上海市国际贸易学会学术委员会. 上海对外贸易：1840—1949[M]. 上海：上海社会科学院出版社，1989：81-99.

27 此处统计，相同洋行不同年份记为 1 条记录。

28 此处统计，若洋行搬迁则重新记为 1 条记录，若洋行同一地址不同年份则不重复计算。

图19 19世纪60年代中间商核密度分布图

Brett & Co.、Ezra J.、Rice E. M. & Co. 4家。整个法租界只有3家，锦兴洋行、李阁郎、Ezra J.。

具体到英租界内的分布，从核密度分布图可知（图19），中间商与代理商聚集在外滩、汉口路、河南中路和广东路合围的区域内。显然，与贸易密切相关的佣金代理商与掮客趋向于经济更为繁荣的中心区域。但是从街区角度来看，基本上一个街区分配一个中间商，应当是业务竞争关系的缘故，分散以减少恶性竞争。虽产业不同却形成相似的布局态势，这正是只在小尺度区域研究中才能发现的空间分布特征。

（五）隐形的丝茶业

江南向来为丝茶产地，但是在19世纪50年代的行名录中，经营茶、丝的洋行只有4家；而在上海的茶叶出口贸易大幅度下降的1856年，从事相关贸易的洋行已经不见记载。到19世纪60年代，在沪经营茶叶相关的洋行增加到13家；经营丝绸业的洋行不仅数量有所增加，业务也有所扩展。将19世纪60年代的丝茶业洋行整理成表23。

表23 19世纪60年代丝茶业洋行表

洋行名称		年份	地址		经营范围	
外文	中文		外文	中文	外文	中文
Brand J. T.	*E-yuen*	1866	Keangsoo Rd.	四川中路	silk broker	丝绸掮客
Carter & J. F.	中和	1860	–	–	silk-broker	丝绸掮客
Carter & Co.		1861				
Carter, J. F.	精号	1862	–	–	silk inspector	丝绸检查
Carter & Co.	中和	1863	corner of Honam Rd. and Foochow Rd.	河南中路和福州路路口	silk-brokers	丝绸掮客
		1865–1867	Honan Road	河南中路		
		1868–1869	10, Honan Rd.	河南中路10号		

洋行名称		年份	地址		经营范围	
外文	中文		外文	中文	外文	中文
Gamwell, F. R.	大风	1862	–	–	silk broker	丝绸掮客
	太丰	1863	W. corner of Hankow Rd. and Honan Rd.	汉口路与河南中路西路口		
		1864–1867	Hankow Rd.	汉口路		
		1868–1869	8, Hankow Rd.	汉口路8号		
Holdsworth, Ed.	老和利	1868	2, Keangsee Rd.	江西中路2号	public silk broker	大众丝绸掮客
		1869	6, Hankow Rd.	汉口路6号		
Holdsworth, T. K.	刘何记	1862	–	–	silk broker	丝绸掮客
Holdsworth, Thomas K.	老和记	1864				
Major, John. Silk Reeling Establishment	纺丝局	1861	–	–	silk reeling establishment	缫丝局
		1863				
Major, J.	–	1865–1867	–	–	silk reeler	缫丝
Major, John	–	1868–1869	13, Soochow Rd.	南苏州路13号		
Major, R. O.	太丰	1860–1861	–	–	silk broker	丝绸掮客
Robison, J. S.	隆福	1869	5A, Hankow Rd.	汉口路5A号	public silk broker	大众丝绸掮客
Skeggs & Co.	义昌洋行	1868–1869	Pekin Rd.	北京东路	public silk inspectors and commission agents	大众丝绸检查和佣金代理商
Waller & Co.	–	1865–1866	Keangsee Rd.	江西中路	silk brokers	丝绸掮客
	和剌	1867			silk brokers, &c.	
Birdseye, John	–	1860	–	–	tea inspector	茶叶检查
Blain, Tate & Co.	公道	1860	–	–	public tea inspectors	大众茶叶检查
Cock & Co., Alexander	源源洋行	1869	Ningpo Rd.	宁波路	public tea inspectors and general commission agents	大众茶叶检查和一般佣金代理商

洋行名称		年份	地址		经营范围	
外文	中文		外文	中文	外文	中文
Foster & Co. Jno.	天裕	1865	–	–	tea inspector	茶叶检查.
Hague, W.A	–	1868	1, Tientsin Rd.	天津路1号	public tea inspector	大众茶叶检查
Innes, Hugh	万益	1863	–	–	public tea inspector	大众茶叶检查
Lent Wm.	源源	1869	Ningpo Rd.	宁波路	tea inspector	茶叶检查
Maltby, J.	–	1860	–	–	public tea inspector	大众茶叶检查
Osborne, J.	–	1865	French Bund	法租界外滩	tea inspector	茶叶检查
	聚泰	1866	Foochow Rd.	福州路	public tea inspector	大众茶叶检查
		1867–1868	7, Foochow Rd.	福州路7号		
Weston, Jos. G.	三顺	1868	Canton Rd.	广东路	public tea inspector	大众茶叶检查
Weston & Co.	大成洋行	1869	Commercial Bank Bldgs., Nanking Rd.	南京东路商业银行大楼	public tea inspectors	大众茶叶检查
Brand, Monro, & Co.	衣湾	1867–1869	19, Szechuen Rd.	四川中路19号	public silk and tea inspectors	大众丝绸和茶叶检查

由表23可知，19世纪50年代仅有的2家经营与茶叶相关业务的洋行，阿花威（Scholedield, C., 1856；1858改名为柯化威）[29]和天青威厘臣（Wilson, Craven, 1858）[30]，到19世纪60年代均不见记载。另新增了11家茶叶检查，主要分布在宁波路、福州路、天津路一带。茶叶类洋行核密度分布图显示该类洋行主要分散在江西中路以东街区（图20）。

---

29 见于1856年、1858年行名录，此后不见记载。
30 仅见于1858年行名录。

图20 19世纪60年代茶叶类洋行核密度分布图

对比 19 世纪 50 年代的记录，当时经营丝绸掮客（silk broker）的只有天长（Adamson, W. R.）[31]、中和（Broughall, W.）两家；19 世纪 60 年代新增多家丝绸掮客，原本的天长洋行已经不单独记为丝绸掮客，只是记为一般商人。中和洋行的外文名虽有所变更，实则是同一家洋行[32]，依旧经营丝绸生意。除了掮客之外，义昌洋行为大众丝绸检查和佣金代理商。与此同时，19 世纪 60 年代上海租界地区新出现了缫丝业（silk reeler）并成立了纺丝局。另有一家衣湾兼营丝茶检查，在四川中路 19 号。

由丝绸类洋行的核密度分布图（图 21）可知，当时的丝绸业大致均匀分布在英租界北京东路以南、洋泾浜以北、山东路以西之地，且有主要分布在汉口路、河南中路、江西路、四川中路一带的趋势，但未出现聚集效应。

行名录中关于茶丝行业的记载，与当时中国的丝茶贸易状况实在不对等。开埠通商之前，中国历朝的出口品中丝、茶两项最为大宗，在国外享有盛名[33]，上海拥有江南丝、茶重要产区，"上海开埠一个最显著的成果就是，早期形成的丝绸贸易有了长足的发展。……茶叶的重要性仅次于丝绸"[34]。然而整个 19 世纪 60 年代茶丝产业记录在册的洋行仅 21 家，与其庞大的贸易量完全不对等。笔者推断因行名录记载

---

31 1854 年行名录将其记为丝绸掮客（silk broker），1856 年之后该行仍在经营但并不记为丝绸掮客了。该行于 1861 年更名天祥，后在沪经营至 1891 年。

32 中和洋行在 1854 年、1856 年外文名为 Broughall, W.，1858 年则为 Broughall,Wm.，其间大班都是 Carter, J. F.，到 1861 年洋行直接以大班名为洋行名，1863 年之后以 Carter & Co. 之名经营直至 1884 年，此后不见于行名录。该行地址 1863 年在河南中路和福州路路口，此后确定在河南中路 10 号，直到 1880 年搬到河南中路 7 号，后在 1883 年搬迁到江西路 24 号，直至歇业。

33 侯厚培. 五口通商以前我国国际贸易之概况 [M]// 中国经济发展史论文选集：下册. 台北：联经出版事业公司，1980：1491.

34 裴昔司. 晚清上海史 [M]. 孙川华，译. 上海：上海社会科学院出版社，2012：66.

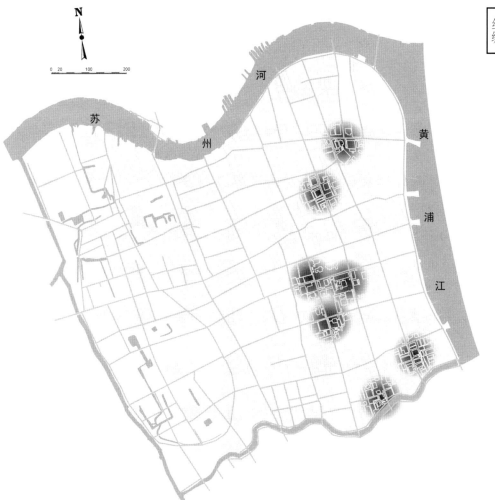

图21 19世纪60年代丝绸类洋行核密度分布图

的相关洋行只是专营丝茶贸易的洋行，而大多数兼营者则被归入一般商人。事实上，在沪的各大洋行大都从事丝茶贸易，这从一些外贸汇编资料上关于洋行出口的贸易表可知其大概[35]。大洋行不仅拥有自己的商船运送丝茶，还派华商代理人直接到江南各地搜集蚕茧等[36]，形成相对垄断的态势。丝、茶在英国、美国市场上售价颇高，故而其中贸易利润十分丰厚，虽然大洋行占据了主要份额，但一些中小洋行亦以此为业。1874年《申报》上有关于中和洋行控诉祥记丝栈经手的连续报道，当时中和洋行收购华人之丝，卖与英国之后再与华商结账，然而因为丝价大跌洋商拖欠钱款而被诉讼[37]。由此推知，当时行名录所载的丝茶掮客大部分当属于中间代销商一类性质。

由《申报》上的新闻，或者可以从侧面看出当时经营丝茶的洋行的状况。1873年《申报》上有一则报道称："有福建茶客某客号，诓卖伪茶与天祥洋行一事，该洋行不肯私和，控由官断矣。[38]"天祥洋行即前文曾提到的天长洋行，此时已更名为天祥洋行。当时既有福建茶商卖假茶给天祥洋行的报道，说明天祥洋行仍在从事茶叶贸易。然而查对当年的行名录，却没有将该行列为茶商，这可能与该行其他业务的扩展有关。根据此前《申报》中有天祥洋行"缺煤案"的报道[39]，可知该洋行

---

35 《1851年上海洋行经理的进出口船只及装载货物表》，参见：上海社会科学院经济研究所，上海市国际贸易学会学术委员会. 上海对外贸易：1840—1949[M]. 上海：上海社会科学院出版社，1989：79.

36 郝延平. 晚清沿海的新货币及其影响[M]// 中国经济发展史论文选集：下册. 台北：联经出版事业公司，1980：1595.

37 《中和控祥记公栈韦壬泉案》，《申报》1874年1月1日。《复讯中和控祥记案》，《申报》1874年1月22日。《译中和控祥记怡成两案》，《申报》1874年6月9日。《中和控祥记案拟结》，《申报》1874年9月18日。

38 《福州假茶案》，《申报》1873年10月11日。此后还有相关报道：《福建茶箱事》，《申报》1873年10月1日。

39 《记天祥煤案再复审事》，报道称天祥洋行在查收储福昌寄栈时煤货有缺少，继而提起诉讼，《申报》1873年7月12日。此后《天祥洋行煤案了结》，刊登于《申报》1873年10月3日。

当时经营多种业务而非专营茶丝，故行名录只将其定为"商人"。

综上所述，行名录中关于丝茶相关洋行的记载，多为中小洋行中专门经营此业务者；而一些经营多种业务的大洋行虽同样经营丝茶贸易，但在行名录中并没有被列入此类。

（六）缺失的仓储业

前文已述，1855 年地图中上海英租界的空间布局呈现出洋行和仓储相互拱卫的态势，特别是河南中路以东，分布着大量的仓储。然而，从行名录中的记载来看，19 世纪 60 年代经营仓储业的洋行却仅有金利源（S. S. N. Co.'s Godowns）[40] 一家。结合《1864—1866 年上海英租界图》可发现，19 世纪 60 年代的仓储比起 50 年代不但没有消减，反而分布更广。那么，地图上所体现的仓储空间为何与行名录反映的仓储行业完全不匹配呢？

从 1855 年地图可见，分布广大的仓储空间大多紧邻洋行，属洋行产业，在当时经济能力有限的条件下，修建仓储应以自用为主，故而行名录并未记载。到 19 世纪 60 年代，大洋行时有出租自家仓库的广告见于《上海新报》。如火轮船公所栈房[41]、同珍洋行等都贴出"栈房出租"的广告[42]，招揽租客。仓库既已建成，倘若自家无需如此大的储存空间，维护成本过高，出租就成为最适宜的解决办法。但该类洋行并非以仓储为主营业务，所以行名录并未将其登载。当时最为典型的如沙逊洋行，该行设有占地 3 亩的四层楼仓库，时称沙逊洋行土

---

40 金利源（S. S. N. Co.'s Godowns）始见于 1863 年行名录，最后见于 1868 年行名录，只记其行名和经营种类，未有地址。

41 《招货上栈》，《上海新报》1862 年 7 月 22 日。

42 《栈房出租》，《上海新报》1862 年 11 月 6 日。

栈 [43]，到 19 世纪 70 年代《申报》上不仅有新沙逊洋行"栈房招租"的广告 [44]，还有美商同茂洋行关于因码头栈房失修租客拒付租金而引发诉讼的报道 [45]。可见，70 年代洋行仓库出租已经是十分普遍的现象。但是这部分确有经营仓储之实的洋行却从未在行名录相关行业中被提及。

二、新兴产业洋行的考订及其分布

由于 19 世纪 60 年代的洋行样本量较之 50 年代明显增加，且 60 年代编纂行名录时大多把洋行经营的业务标记出来，更便于厘清当时洋行经营的种类以及相关产业的分布状态。从统计中可发现，19 世纪 60 年代迅速发展的新兴行业主要有建筑业、饮食业、宾馆业、服装业、律师业、照相馆以及拍卖行等。

（一）迅猛发展的建筑业

19 世纪 60 年代，太平天国运动的深入对上海最大的影响应当是"华洋分离"格局的打破，"有很多中国人渐渐跑到租界里边来避难，后来因为租界确是一个安乐之区，于是来者竟如潮拥，一天多一天。……自从宁波被太平军攻占以后，逃到上海来避难的中国人更加众多了，于是上海先生们便顿时抛弃了丝茶的旧业而专心于价值立时暴涨的地产。" [46] 当时地产的交易异常发达，甚至到了狂热的地步，用霍塞的话来说"这是贵族独占式的上海之末日，也就是成为一个未来大都市的

---

43 《上海对外经济贸易志》编纂委员会. 上海对外经济贸易志：下 [M]. 上海：上海社会科学院出版社，2001：1887.

44 《申报》1884 年 6 月 20 日。

45 《同茂洋行控魏荣昌案不服上》，《申报》1874 年 9 月 18 日。

46 霍塞. 出卖上海滩 [M]. 越裔，译. 上海：上海书店出版社，2000：40.

起点"[47]。"华洋杂处"的局面形成，从而产生一系列连锁反应，其中一个重要的环节就是建筑业和房地产业的迅猛发展。

19世纪60年代的行名录确证了这一点，将建筑业相关的洋行整理汇总成表24。

表24 19世纪60年代建筑业洋行表

洋行名称		年份	地址		经营范围	
外文	中文		外文	中文	外文	中文
Batchelder, J. M.	丰利	1868–1869	6, Canton Rd.	广东路6号	contractor and builder	承包商和建筑商
Birkenstadt, N. & Co.	顺祥	1865–1867	Hankow Rd.	汉口路	architects	建筑师
Cowie & Co.	高易	1869	27, Foochow Rd.	福州路27号	land agents	土地代理
Dupre, A.	巴白来	1868	–	–	Ingenieur de la Municipalité Fran–çaise and Architecte et Ingenieur Civil	法国市政工程师、建筑师和土木工程师
Gribble, C. W.	腰限	1862	–	–	architect and civil engineer	建筑师和土木工程师
Harvie, William	哈末	1868–1869	6, Honan Rd.	河南中路6号	builder and contractor, upholsterer, and painter	建筑商、承包商、室内装潢师和油漆工
Hathaway & Clemons	得生洋行	1865	Hankow Rd	汉口路	painters, builders upholsterers& c.	画家、建筑商和室内装潢师
Jarvis, F. G.	–	1869	Hankow Rd.	汉口路	painter and contractor	油漆工和承包商
Kinder,Wm.	有恒	1868	9A, Peking Rd.	北京东路9A路	architect	建筑师
	同和	1869				
Kingsmill, Thos. W.	同和	1868	25, Keangsee Rd.	江西中路25号	civil engineer and architect	土木工程师和建筑师
	有恒	1869				

---

47 霍塞. 出卖上海滩 [M]. 越裔, 译. 上海：上海书店出版社，2000：40.

洋行名称		年份	地址		经营范围	
外文	中文		外文	中文	外文	中文
Knevit, F. H.	–	1865	Foochow Rd.	福州路	architects	建筑师
Knevitt, F. H.	好齐	1866				
	齐好	1867				
Knevitt, Frederick H.	瑞和	1869	4, Nankin Rd.	南京东路4号	architect and surveyor, agent during absence for Messrs. Cowie & Co.	建筑师和测量师
Lester, H.	–	1868	21, Nankin Rd.	南京东路21号	builder and contractor	建筑商和承包商
	–	1869	12, Nankin Rd.	南京东路12号		
Mackay, G. & J.	–	1869	11, Nankin Rd.	南京东路11号	cabinet makers and upholsterers	橱柜制造商和室内装潢商
Muller & Jacobs	得生洋行	1866–1867	–	–	builders, decorators, &c.	建筑商、装饰师等
		1868–1869	Rue Montauban	四川南路		
Nicolson & Boyd	昌同	1868	–	–	engineers and shipwrights	工程师和造船工
Oliver, E. H.	工部	1869	14, Honan Rd.	河南中路14号	civil engineer and surveyor	土木工程师和测量师
Rennie, John	–	1864	27, Foochow Rd.	福州路27号	architects and surveyors	建筑师和测量师
Smith, T. S. & Co.	–	1865	Honque Point	虹口嘴	architects	建筑师
Stibolt Brothers	望福洋行	1865	–	–	builders and painter	建筑商和油漆工
Stibolt, N.		1866–1867	–	–		
Whitfield & Kingsmill	有恒	1863–1865	–	–	civil engineer & architects	土木工程师和建筑师
Wignall, J. H. & Co.	丛生	1865–1867	French Concession	法租界	architects	建筑师

　　19 世纪 50 年代《上海年鉴》中关于建筑师的记载仅泰隆（Strachan, G.）一人，始见于 1852 年《上海年鉴》，到 19 世纪 60 年代相关记录有 22 家洋行。仔细查阅表 24 可知，除去 1862 年开业的腰限、1863 年

开业的有恒洋行以及 1864 年开业的 Rennie, John 之外，其余都在 1865 年之后增设。1865 年增加 6 家，1866 年增加 3 家，1867 年略少仅新增 1 家，1868 年大幅增加了 8 家，1869 年同样增加 8 家。

19 世纪 60 年代建筑与房地产业的迅猛发展与太平天国的活动密切相关。1863 年太平军攻占苏州，造成江南士绅的恐慌，竞相逃亡上海租界以求庇护，而洋商也不排斥这批"难民"，并从其中发现新的生财之道。"以前没有人要的地皮，此刻都开辟起来，划为可以造屋的地盘。难民需要住屋，上海先生们便立刻加工赶造起来。租界范围以内的空地，不多几时便卖得分寸无存了。"[48] 可见，在太平天国运动影响下的江南移民，造成了上海租界的进一步扩展，而洋行顺应局势，大力发展建筑业、开发房地产。从 19 世纪 60 年代洋行经营的业务可以发现，当时不单有负责建造的洋行（builder, contractor），还有粉刷（painters）、室内装饰（decorators）等负责各个细部环节的洋行出现，建筑与房地产业务涵盖广泛，分工清晰，逐渐成为上海的一个支柱产业。

检索 19 世纪 60 年代建筑业洋行的地址，可发现该产业集中分布在英租界，共 14 家洋行，而且大多在第一次划定的英租界范围之内；另有 2 家在法租界，1 家在虹口美租界。从侧面证明，三国租界在此时发展并不均衡，大部分的房地产开发集中在英租界，因其或可更好地招徕业务。单独以英租界而言，建筑业分布相对分散，如图 22 所示，大致范围在今北京东路至广东路之间，西界没有越过最初的界路（今河南中路）。虽然房地产的开发当时已经十分热门，但是相关洋行并没有选择到开发中的地界内，而是依旧选择在发达之区。

---

48 霍塞. 出卖上海滩 [M]. 越裔，译. 上海：上海书店出版社，2000：40.

图22　19世纪60年代建筑业洋行核密度分布图

（二）全方面发展的饮食业

西人虽然来沪多年，仍旧难以习惯中式食物，这就促生了配合西人饮食习惯的饮食业洋行。19 世纪 50 年代已出现一些以饮食业发家的洋行，如埃凡馒头店和福利洋行。经过十多年的发展，上海的饮食业发展迅速，种类更为齐全，如表 25。

表25 19世纪60年代饮食业洋行表

洋行名称		年份	地址		经营范围	
外文	中文		外文	中文	外文	中文
Baron, J. S.	得利	1860	–	–	bread & biscuit baker	面包和饼干烘焙师
		1861			–	–
		1862			bread & biscuit baker	面包和饼干烘焙师
	得利火轮磨坊	1866	French Concession	法租界	baker	面包师
		1866	–	–	steam flour mill	蒸汽面粉磨坊
		1867			steam flour mill and baker	蒸汽面粉磨坊和面包师
		1868	French Concession	法租界		
		1869				
Dato, Wm., & Co.	泰妥	1863	Yang-king-pang, French Concession	法租界洋泾浜	general store-keepers, wine & spirit merchants	一般仓储、酒类商人
Duforest, J., & Co.	李福来	1863	next to Roman Catholic Church, Yang-king-pang	洋泾浜近罗马天主堂	French baker, &c.	法国面包师
		1866	Yan King Pang	洋泾浜	baker	面包师
		1868	57, 58, 59, Rue de Consulat	金陵东路57、58、59号	French Baker	法国面包师
		1869	48, Rue de Consulat	金陵东路48号	bakers	面包师

续表25

洋行名称		年份	地址		经营范围	
外文	中文		外文	中文	外文	中文
Empire Brewery	厌拜巴了华利	1867	Honque	虹口	brewery	啤酒厂
		1868				
		1869				
Evans, H.	埃凡馒头店	1860	–	–	baker & confectioner	面包师和糖果师
		1861				
Evans & Co.	–	1862	–	–	bakers	面包师
	埃凡馒头店	1863	Hong-que	虹口	ship chandlers, bakers & soda water manufacturers	船用杂货商、面包师和苏打水制造商
	埃凡馒首店	1864	–	–	shipchandlers and bakers & soda water manufactures	船用杂货商、面包师和苏打水制造商
		1865				
		1866				
	埃凡馒头店	1867			shipchandler and bakers	船用杂货商和面包师
		1868	7, Minghong Rd., Hongque	虹口闵行路7号		
		1869				
Evans & Co., Town Branch	新埃凡馒头店	1869	–	–	–	–
Farr, Frederick	–	1861	residence at Astor House	居住于礼查饭店	soda-water manufactory and filtered-water works	苏打水制造厂和过滤水厂
Farr, Brothers & Co.	末士法	1863	Hong-que	虹口		
Farr Brothers		1864	American Bund	美租界外滩	soda water manufacturers, and filtered waterworks	苏打水制造厂和过滤水厂
		1865		虹口	soda water makers	苏打水制造商
Farr & Co.		1866	Hong-que	–	soda water-makers, and wine and spirit dealers	苏打水制造商, 葡萄酒和烈酒经销商
		1867	at the Bridge	位于威尔斯桥	water boat proprietors, wine and spirit dealers, and soda water manufacturers	船主、葡萄酒和烈酒经销商以及苏打水制造商
		1868	Wangpoo Rd.	黄浦路		
		1869	–	–		

洋行名称		年份	地址		经营范围	
外文	中文		外文	中文	外文	中文
Fuller & Co.	名心	1860	–	–	wholesale liquor dealers and general ship chandlers	酒类批发商和一般船用杂货商
Hall & Holtz	福利	1860	–	–	ship chandlers, gengeral storekeepers, & bakers	船用杂货商、一般仓储和面包师
		1861				
		1862			storekeepers& shipchandlers	仓储和船用杂货商
		1863	corner of Mission Rd. and Keangsoo Rd.	福州路与四川中路路口	ship chandlers, general store-keepers & bakers	船用杂货商、一般仓储和面包师
		1864	–	–	–	–
		1865	Mission Rd.	福州路	ship chandlers, general store-keepers, & bakers	船用杂货商、一般仓储与面包师
		1866			shipchandlers, general storekeepers, tailors & bakers	船用杂货商、一般仓储裁缝和面包师
		1867				
		1868	Nankin and Szechuen Rds.	南京东路与四川中路路口		
		1869	2, Foochow Rd.	福州路2号		
Hogg & Co.	新德记	1860	–	–	wine, spirit, and beer merchants, auctioneers and general storekeepers	葡萄酒、烈酒和啤酒商、拍卖行和一般仓储
Peel, H. & Co.	洋泾桥卑利远也荷兰水	1863	Sunkeang Rd.	延安东路	soda water manufacture	苏打水制造商
	洋泾桥卑利达也荷兰	1865	Woosung Rd.	吴淞路	–	–
		1866			soda water makers	苏打水制造商
		1867				
		1868				
Segar Carr & Co.	卑利达也河兰水	1864	–	–	outfitters and sodawater manufactory	服装商和苏打水制造商

洋行名称		年份	地址		经营范围	
外文	中文		外文	中文	外文	中文
Porter & Co.	老森和	1864	–	–	importers and wholesale dealers in wines spirits and liquors	葡萄酒和烈酒进口商和批发商
Shanghai Steam Flour Mill	得利火轮磨坊	1865	–	–	steamflour mill	面粉磨坊
Smith, Geo. & Co.	四美四酒栈	1868	11, Canton Rd.	广东路11号	wine and spirit merchants	葡萄酒和烈酒商
		1869	2, Foochow Rd.	福州路2号		

　　19世纪50年代的饮食业虽涉及西人餐饮的主要方面，然数量十分有限，整十年仅6家洋行在册。19世纪60年代行名录记载的饮食业相关洋行先后有14家，具体到每一年如下：1860年5家，1861年4家，1862年3家，1863年6家，1864年5家，1865年5家，1866年7家，1867年6家，1868年8家，1869年8家。从数量上来看，19世纪60年代的饮食业发展较为平稳，1862年因行名录编纂方式不同，出现最小值；1868年和1869年为峰值。从经营业务来看，19世纪60年代主要集中于面包、饼干与酒水饮料，其中磨坊1家、苏打水3家、面包房6家、酒行7家（部分洋行兼营多种业务，重复记录），尤其酒类洋行分工更为明确，基本涵盖了西人饮食各个方面。从行名录中洋行经营酒类细分啤酒（beer）、红酒（wine）以及烈酒（spirit）看，分工更加明确，另外除了有直接进口酒的全权代理商，还有各类经销商、酿酒厂等，可见饮酒风俗十分盛行。另外，华人对苏打水充满好奇，"夏令有荷兰水、柠檬水，系以机器灌水与气入瓶中。开时其塞爆出，慎防弹中面目。随倒随饮，可解散暑气，体虚人不宜常饮"[49]。

49 葛元煦. 沪游杂记 [M]. 郑祖安，点校. 上海：上海书店出版社，2006：158.

饮食业洋行的分布区位趋向性十分明显。经营多种业务的福利洋行在英租界，先在福州路与四川中路路口，后转为南京东路与四川中路路口，1869 年搬迁至福州路。"洋泾桥卑利远也荷兰水"1863 年在松江路（今延安东路北侧），经营一年后迁至虹口[50]。四美四酒栈先在广东路，后至福州路。其他洋行 3 家在法租界：得利火轮磨坊、李福来、泰妥；3 家一直在虹口一区：埃凡馒头店、同为埃凡先生创建的酒厂"Empire Brewery"以及未士法。

《沪游杂记》描述外国餐馆为："外国菜馆为西人宴会之所，开设外虹口等处，抛球打牌皆可随意为之。大餐必集数人，先期预定，每人洋银三枚。便食随时，不拘人数，每人洋银一枚。酒价皆另给。大餐食品多取专味，以烧羊肉、各色点心为佳，华人间亦往食焉。"[51] 由此可知，西式饮食业并非单纯服务西人社区，华人同样是他们重要的消费群体。检索饮食业的地址，其分布情况与葛元煦的描写十分相近，即主要集中在虹口和法租界两区，这应与当时的地价有关。饮食业中的面粉厂、苏打水厂需要大规模的生产区与储藏区，英租界一区随着多年的开发地价颇高，饮食业的利润远远没有其他对外进出口贸易来的大，自然无法负担高额的地价。

（三）法、美租界中的宾馆业

19 世纪 50 年代行名录上关于宾馆[52]的记载直到 1858 年才出现，第一家即义利（Commercial Hotel and Restaurant）[53]，至 19 世纪 60 年代洋行名或经营业务中明确记为宾馆的就有 13 家。如果把诸如外文行名

---

50 1866—1868 年该行地址为吴淞路（Woosung Road），在今虹口区。

51 葛元煦. 沪游杂记 [M]. 郑祖安，点校. 上海：上海书店出版社，2006：121.

52 由于行名录将此类洋行经营的业务定为"hotel"，直译为"宾馆"，部分洋行可能并非现代意义的宾馆，但皆以此代称。

53 义利最早见于 1856 年行名录，当时外文名为"Commercial House"，1858 年改名。

中有"inn"的洋行也确定为旅社，那么当时该行业的洋行数目更多，整理汇总成表26。

表26 19世纪60年代宾馆业洋行表

洋行		时间	地址	
外文	中文		外文	中文
Astor House Hotel	礼查	1860–1869	Hongque	虹口
Hongque Hotle	澳斯丁	1860–1869	Hongque	虹口
Imperial Hotel	新义利	1860–1863	French Bund	法租界外滩
Exchange Hotel	美利	1865–1869	American Bund	美租界外滩
Elgin Arms hotel	新高福利	1864	Race Stand, adjoining the Grand Stand new race course	新跑马场比赛看台
	–	1865	Race Course	跑马场
Hotel Des Messageries Imperiales	–	1868–1869	12, Rue de Consulat	金陵东路12号
Michel & Laplace	蜜采里	1868–1869	Rue Montauban, French Concession	法租界四川南路
Smith's（late Muller's）Hotel	–	1862	–	–
Sea horse	海马	1863	off Wharf	码头外
Hotel d'Europe	富赖	1863	Woosung Rd.	吴淞路
The Clarendon hotel	–	1864	West cornerr of Hankow Rd. and Shantung Rd.	汉口路和山东中路西路口
Argyll Store	–	1865	Keangsoo Rd.	四川中路
Our House	李福来	1865	–	–
Sailor's Home	丰顺	1865–1867	Hongque	虹口
Ship Inn	–	1865	Honan Rd.	河南中路
Angel Inn	–	1867	–	–

由表 26 可知，19 世纪 60 年代的宾馆业已经远超 50 年代了，这自然与不断增加的外侨有关，更与此时涌入租界的华人有关。然而，仔细分析这些宾馆的分布可以发现相关产业的区位选择明显，大多会选址虹口与法租界。这种选择应当与饮食业出于同样的原因，因为宾馆行业较之其他贸易利润较低，需要的土地面积较大，一般洋行难以承

受英租界高额的租金，不得不转向虹口和法租界。19世纪60年代起，英租界、法租界与美租界在功能上已经出现明显差异，即商业性洋行趋向于前者，而服务性洋行则趋向于后两者。

（四）英租界里的服装业

随着西人大量来沪，西式服装需求应运而生，服装业有较大发展。1856年最早的西式裁缝店出现，到19世纪60年代，西人大增，西式服装需求扩大，促进服装业的迅速增长。据统计，1860—1869年间有13家专营或兼营服装生意的洋行。现将相关产业洋行整理成表27。

表27　19世纪60年代服装业洋行表

洋行名称		年份	地址		经营范围	
外文	中文		外文	中文	外文	中文
Boll, R.	扒而	1868	1, Canton Rd.	广东路1号	milliner and draper	女帽和布料商
Marsh, Mrs.		1860	–	–	milliner and dressmaker	女帽和女装裁缝
Clifton, S.	祥丰	1863	Corner of Keang-se and Pekin Rd.	江西中路与北京东路路口	millinery and drapery rooms	女帽和布料店
		1865–1867	Keangse Rd.	江西中路	milliner & drapers	女帽和布料商
Dato, Wm., & Co.	泰妥	1867–1868	French Concession	法租界	millners, drapers & general storekeepers	女帽、布料和一般仓储
Hall & Holtz	福利	1866–1867	Mission Rd.	福州路	ship chandlers, general store-keepers, tailors and bakers	船用杂货商、一般仓储裁缝和面包师
		1868	Nankin and Szechuen Rds.	南京东路与四川中路		
		1869	2, Foochow Rd.	福州路2号		
Ladage, Oelke & Co.	宜丰	1864	Foochow Rd., corner of Kiangse Rd.	福州路与江西中路路口	tailors and clothiers	裁缝和服装商
	–	1865	Foochow Rd.	福州路	clothiers	服装商
		1866	Canton Rd.	广东路		
	辣地治澳忌	1867				
		1868–1869	4, Canton Rd.	广东路4号		
Louis, J.	–	1866–1868	Canton Rd.	广东路	outfitter	套装

洋行名称		年份	地址		经营范围	
外文	中文		外文	中文	外文	中文
Penrose, J. H.	卜乐士	1868	4, Soochow Rd.	苏州路4号	millnery and drapery rooms	女帽和布料店
Rocher & Co.	鲁熙	1868	French Bund	法租界外滩	steam washing company	蒸汽洗衣公司
Sayle & Co.	老泰隆	1869	20, Foochow Rd.	福州路20号	draper	布料商
Segar & Co.	士架	1865–1867	Keangsoo Rd.	四川中路	tailors and outfitters	裁缝和套装服装商
Sholl, Miss	弥沙	1869	25, Szechuen Rd.	四川中路25号	millinery and general darpery establisment	女帽和一般布料店
Tighe, J. & Co.	泰记	1865–1866	Nankin Rd.	南京东路	tailors and outfitters	裁缝和套装服装商
Tigle & Co.		1867			tailors	裁缝
Watson, Wm.	挖臣	1863	Nankin Rd., between Kwang–se and Honan Rd.	南京东路, 江西中路和河南中路路段	millinery and outfitting rooms	女帽和套装店
		1865–1867	Nankin Rd.	南京东路	milliner & drapers	女帽和布料商
		1868–1869	22, Nanking Rd.	南京东路22号	draper	布料商

从表27可知，服装业在19世纪后半叶开始走热，1863年新增1家，1864年同样新增1家，1865年则增加5家，1866年4家，1867年1家，1868年3家，1869年2家。服装业的经营门槛相对较低，故而有其他行业的洋行转向服装业，如泰妥洋行原先为佣金代理商，后转为经营酒类贸易，到1867年开始经营服装一业[54]。福利洋行此前经营多种行业，到1865年兼有裁缝（tailor）这一业务。可见当时服装业作为一个新兴的产业，必有利可图，洋行才会趋之若鹜。检索行名录所载洋行

---

54 泰妥洋行，1861年行名录载为一般店主、佣金代理商（general store-keepers, commission agents, &c.），1863年记为店主，酒类与烈酒商人（general store-keepers, wine & spirit merchants），1866年则转为船舶补给（ship chandlers & storekeepers），至1867年开始经营服装业。

的具体业务内容，其分工明确，布料（draper）、女帽（millinery）、外套（outfitter）等不一而足，更可知当时该产业的发达，且与宗主国的关系十分紧密。

再来看服装业的分布情况，其集聚效应尤其明显，除去后来加入服装业的泰妥洋行和一家洗衣行鲁熙位于法租界外，其他全部在英租界，并且集中在南京东路、江西路、广东路、四川中路四条主要道路。

（五）领事馆周边的律师业

上文讨论的几个行业大多兴盛于19世纪60年代，而律师相关行业到1862年才见诸行名录记载，此后迅速发展，见表28。

表28 19世纪60年代律师业洋行表

洋行名称		年份	地址		经营范围	
外文	中文		外文	中文	外文	中文
Cooper, D.,	祥丰	1865	Pekin Rd.	北京东路	practitioners at law	法律从业者
Eames, I. B.	爱密	1865–1866	Consulate Rd.	北京东路	practitioners at law	法律从业者
		1867	Yuen–Ming–Yuen Rd.	圆明园路	barrister	出庭律师
		1868	7, Yuen–Ming–Yuen Rd.	圆明园路7号	solicitor	事务律师
		1869	14, Yuen–Ming–Yuen Rd.	圆明园路14号	counsellor–at–law	法律顾问
Gilbert H.	–	1866	–	–	barrister	出庭律师
Hannen, N. J.	哈南	1869	Yuan–ming–yuan	圆明园路	counsellor–at–law	法律顾问
Harwood, Wm.	哈华托	1869	Balfour Buildings	巴富尔大楼	solicitor	事务律师

洋行名称		年份	地址		经营范围	
外文	中文		外文	中文	外文	中文
Lawrance, E.	罗林士	1862	–		practitioner-at-law, and notary public	执业律师和公证人
		1863	at Messrs. Bradwell, Bloor & Co.	在增泰洋行处，南京东路，河南中路和江西中路路段		–
		1865	4, Keangsoo Rd	四川中路4号	barrister	出庭律师
		1866	4, Balfour Bldgs. Pereira	巴富尔大楼4号	counsellor-at-law	法律顾问
		1867	Balfour Bldg.	巴富尔大楼	barrier at law	出庭律师
Mitchell, W.H.	–	1868	9, Yuen-Ming-Yuen Rd.	圆明园路9号	barrier at law, and notary public	执业律师和公证人
Myburgh, P.A.	梅博高	1866–1867	Balfour Bldg.	巴富尔大楼	solicitor	事务律师
		1868	2, Hongkong Rd.	香港路2号	counsellor-at-law	法律顾问
Rennie, R. T.	连厘状师	1869	1, Balfour Bldg. and 3, Yuan-ming-yuan Rd.	巴富尔大楼1号，圆明园路3号	barrister-at-law	出庭律师
Robinson, A.	乐皮生	1868–1869	3, Balfour Bldg.	巴富尔大楼3号	solicitor	事务律师
Robinson, J.	–	1866	–	–	barrister at law and notary public	执业律师和公证人
		1867			solicitor	律师
White, W.	怀大状师	1866	–	–	barrister	出庭律师
		1868	Yuen Ming Yuen Rd.	圆明园路		

由表 28 可知，罗林士（Lawrance, E.）于 1862 年最早见于记载，到 1869 年在册的律师共 5 位，虽然总人数相对于其他产业并不多，但增长迅速。这应为当时"华洋杂处"后，贸易、生活等方面多有冲突矛盾所致。关于此，时人有相关的描写：

> 外国人涉讼两造，均请讼师上堂。彼此争辩，理屈者则俯首无辞，然后官为断结。如中外涉讼，华人亦请外国讼师。小事在会审公堂，

大事在外国按察司处审理。讼师之名，中国所禁，外国反信而用之，亦可见立法不同矣[55]。

可见，华人要与西人对簿公堂时也同样需要西人律师，这自然催生了西人律师业在沪的发展，这点从《上海新报》的广告上亦可得到证明，如英人状师罗林士在该报上连续登载业务告白[56]：

代办公事

余向在本国熟读律例，专习状词，凡有大小案件，利弊无不精通。今来上海，寓居字林对面，设中国裔民，有与外裔争讼者，余可代为出场听审，诉讼案情原委，不得稍受冤屈。再有华裔欲买欲租外裔地亩，或与外裔议立合同，均请来寓代为办理。缘华裔不明外国例，以律致议写未合多有争讼，余若经办日后绝无违例事也。

同治元年五月十七日

英国状师罗林士谨白

由这一告白，可知当时律师所代理的业务，不仅包括华人与西人的案件诉讼，还包括华人在租界租地，即道契中的"挂单"操作[57]，以及订立各类合同时的法律援助，经营业务可谓繁多。《上海新报》后未见罗林士参与案件的报道，倒是从后来的《申报》上可知美国爱密

---

55 葛元煦. 沪游杂记 [M]. 郑祖安，点校. 上海：上海书店出版社，2006：83.

56 该广告多次刊登于《上海新报》（1862 年 6 月 24 日、1862 年 6 月 26 日、1862 年 6 月 28 日、1862 年 7 月 1 日等）。

57 "挂单"即挂号道契，因《土地章程》原本规定租界之内的土地只得租于外国人，所以华人欲在租界内取得地产需借外国人之名，签署的道契即是挂号道契。详细研究参见：夏扬. 从挂号道契看法律移植的内外影响因素 [J]. 中西法律传统，2006：369-390；夏扬. 洋商挂名道契与近代信托制度的实践 [J]. 比较法研究，2006（6）：51-59.

（Eames, I. B.）律师在沪上十分活跃[58]。《申报》上还时有大小乐皮生状师相关的报道。Robinson, A.[59]当为大乐皮生，即"皮乐生状师"[60]，其子继承父业同为律师，时称"小乐皮生状师"[61]。《申报》上有小乐皮生与当时的"大律师"[62]梅博阁（Myburgh, Alex）[63]对簿公堂的报道[64]。梅博阁始见于1866年行名录（1868年行名录上其中文名为梅博高），到19世纪70年代开始活跃于上海的律师界[65]，不仅如此他更是1881年法租界公董局董事[66]，同时还积极参与当时的赛马活动[67]。可见，当时的律师不仅收入颇丰，社会地位也比较高。

在沪律师事务所的选址，特点可谓十分明显。罗林士1862年

58 《互讦买地用银案》载"爱密乃美人律师，而非英国之按察使"，《申报》1873年8月1日。其他爱密参与的案件有：《记天祥煤案复复审事》（《申报》1873年7月12日）、《论丹国人欧信源买办事》（《申报》1873年8月31日）、《冤莫能伸》（《申报》1873年10月25日，并见《申报》1873年10月27、1873年10月27）、《续述卫船被撞沉事》（《申报》1874年7月22日）等。最后一份《申报》上登载的爱密参讼的报道为《会讯抵欠旧案》（1875年7月14日）。

59 Robinson, A.1868年始见于行名录，中文名为"乐皮生"，在巴富尔大楼3号（3,Balfour Bldg.）。1872年信息相同。1874年改中文名为"乐及生"，地址为巴富尔大楼4号。1875年沿袭此名。1876年复用"乐皮生"之名，行址不变。1881—1887年改迁圆明园大楼1号（1, Yuen Ming Yuen Bldg.），至1888年改到九江路1号（1, Kiukiang Rd.）。1889年后不见记载。

60 乐皮生参与《湖丝经手交丝与西商银行不付银》（"状师皮乐生"，《申报》1873年4月23日）、《海关总账英人偷窃银两》（"状师即乐皮生"，《申报》1873年5月7日）等案件，《记顺发银票案》（1917年2月3日）为《申报》报道中该律师参与的最后一个案件。

61 "西讼师乐皮生之子小乐皮生"，载《英公堂琐案》，《申报》1884年9月27日。小乐皮生参与的案件还有：《拆屋案又讯》（"讼师小乐皮生"，《申报》1883年5月11日）、《会讯命案》（"律师小乐皮生"，《申报》1887年6月7日）等，最后一个报道为《覆讯译略》（《申报》1887年6月19日）。

62 《英公堂会讯借银一案，昨报已登大律师梅博阁讼词》，《谳词续录》，《申报》1890年12月19日。此案也是梅博阁见于《申报》的最后一个案子。

63 1869年的行名录记梅博阁外文行名为"Bird, R. W. M."，职业为律师（barrister-at-law），在圆明园大楼1号（1, Yuen-ming-yuen Bldg.）。1874年行名录记梅博阁外文名改为Myburgh, Alex.，其后至1879年未曾搬迁。

64 "梅博阁为原告状师，小皮乐生为被告状师"载于《覆讯命案译略》，《申报》1887年6月17日。

65 梅博阁参与的相关案件有：《会审美商控杨泰记欠租船价银案》（《申报》1874年12月28日）、《控欠用银》（《申报》1879年11月25日）等。

66 《英法工部局董事列名》"一为高易洋行之梅博阁状师"，《申报》1881年1月12日。

67 "第三次十九马太古洋行西人代大讼师梅博阁胜"，《赛马初志》，《申报》1884年4月29日。

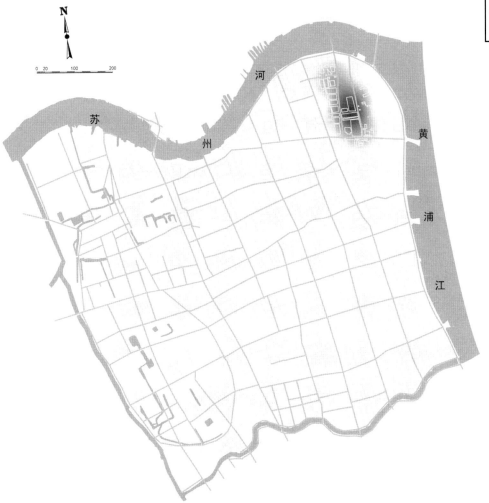

图23　19世纪60年代律师业核密度分布图

的地址目前无法确定，1865 年在江苏路，后在巴富尔大楼（Balfour Bldgs.）；爱密此前在领事馆路（Consulate Rd.，今北京东路），后搬迁至圆明园路；梅博高则先在巴富尔大楼，后搬迁至香港路；怀大状师（White, W.）、哈南以及 Mitchell, W. H. 都在圆明园路；乐皮生则很长时间都在巴富尔大楼办公。巴富尔大楼为当时著名的办公大楼，行名录中可见多位律师在此楼办公，在今虎丘路、圆明园路之间[68]。

由图 23 可清楚看到所有的律师办公处所都在今香港路、虎丘路、北京东路与圆明园路组成的街区，这一街区毗邻英国领事馆。这一布局特点在 19 世纪 70 年代得到进一步巩固[69]。当然也有部分新的律师办公处所溢出这个范围[70]，但是这一街区依旧聚集大量律师，这应与律师当时需要与领事馆打交道有关，与会审公廨应有关联[71]，有些律师同时还是英国领事馆的法律顾问[72]，故而律师办公地选取临近领事馆之地较为方便。

（六）包罗万象的拍卖行

19 世纪 50 年代已有相关洋行从事拍卖业务，最早有三家，白兰、丰裕、夜冷。《北华捷报》还设有"拍卖"等专门栏目。到 19 世纪 60 年代拍卖行业更加兴盛，将行名录中相关洋行汇总成表 29。

---

68 上海章明建筑设计事务所，章明. 上海外滩源历史建筑（一期）[M]. 上海：上海远东出版社，2007：192.

69 1872 年行名录另见连厘状师（Rennie, R. T.），初在香港路 2 号（2, Hongkong Rd.）营业，1874 年搬到圆明园大楼，1876 年复迁到香港路，最后见于 1878 年行名录。

70 Cooper, D. 中文名有恒（1874）后改为天明（1875—1876 年），职业为律师（solicitor），其办公地为江西路 20 号（20, Kiangse Rd.）。高易（Cowie, Geo. J. W.），同为律师（solicitor），1872—1879 年在福州路 21 号（21, Foochow Rd.）办公。

71 冯绍霆认为"会审公堂是领事权扩大的产物"，参见：冯绍霆. 19 世纪时上海人怎样看租界 [M]// 上海：近代新文明的形态. 上海：上海辞书出版社，2004：220.

72 连厘状师（Rennie, R. T.）在 1872—1878 年行名录的经营业务不仅记为律师（barrister-at-law），同时为英国领事馆的顾问（counsel to H. B. M. government）。

表29 19世纪60年代拍卖行表

洋行名称		年份	地址		经营范围	
外文	中文		外文	中文	外文	中文
Bird, Alexander	毕记	1860	–	–	auctioneer and shipchandler	拍卖行和船用杂货商
Byrne E.	–	1862	–	–	ship broker and auctioneer	船舶掮客和拍卖行
Clifton & Co.	–	1862	–	–	auctioneers	拍卖行
Cowie & Co.	高易	1865–1866	–	–	auctioneers	拍卖行
Dallas, Barnes	裕泰	1860–1861	–	–	auctioneer and general commission agent, and secretary to the British Chamber of Commerce	拍卖行和一般佣金代理商，英国商会秘书
Dallas, Pearson & Co.		1863	Hankow Rd., between Keang-se Rd. amd Kwang-soo Rd.	汉口路，江西中路至四川中路路段		
Daly Dulcken & Co.	–	1865	Honan Rd.	河南中路	auctioneers & c.	拍卖行等
Davis, Hutchins & Co.	德隆	1863	Canton Rd.	广东路	auctioneers, brokers, & genral commission agents	拍卖行、掮客和一般佣金代理商
Davis & Co.		1864			auctioneers, brokers, & genral commission agents	
		1865			auctioneers	拍卖行
Davis & Co., Alex	代利	1868–1869	corner of Canton and Szechuen Rds.	广东路与四川中路路口	auctioneers	拍卖行
Dixon, Thos. H.	新德记	1863	Foochow Rd.	福州路	auctioneers & commission agents	拍卖行和佣金代理商
Fogg, H., & Co.	丰裕	1860–1861	–	–	shipchandlers, storekeepers and auctioneers	船用杂货商、仓储和拍卖行
		1863	S. corner of Bund	外滩南路口（延安东路）		
		1865–1866	Bund	外滩	auctioneers	拍卖行
Hogg & Co., G. W.	新德记	1860	–	–	wine, spirit, and beer merchants, auctioneers and general store-keepers	葡萄酒、烈酒和啤酒商、拍卖行和一般仓储

洋行名称		年份	地址		经营范围	
外文	中文		外文	中文	外文	中文
Howard & Co.	顺成	1861–1862	–	–	auctioneers of damaged goods, ship-brokers & general commission agents	毁坏物品拍卖行、船舶掮客和一般佣金代理
Kupferschmid & Co.	泰兴	1860	–	–	general storekeepers, commission agents and auctioneers	一般仓储、佣金代理商和拍卖行
Reimer & Co.	泰兴	1861	–	–	genral store-keeper, commission agents & auctioneers	一般仓储、佣金代理商和拍卖行
Lane, Crawford & Co.	泰兴	1868	Nankin Rd.	南京东路	storekeepers, shipchandlers and auctioneers	仓储、船用杂货商和拍卖行
	新泰兴	1869				
Lee & Turner	–	1865	Honque Bund	虹口外滩	auctioneers	拍卖行
Leroy, D., & Co.	盆和	1863	Foochow Rd.	福州路	auctioneers & commission agents	拍卖行和佣金代理商
Meller, H.	–	1865	Foochow Rd.	福州路	auctioneers	拍卖行
Möller, Nils	费赐	1868–1869	Canton Rd.	广东路	auctioneer, broker and general agent	拍卖行、掮客和一般代理
Roberts, J. L.	–	1861	–	–	auctioneer and commission agent	拍卖行和佣金代理商
Sillar, T. F.	怡隆	1861	–	–	auctioneer	拍卖行
Somerville, Primrose & Co.	昇宝	1863	Hankow Rd., between Bund and Keangsoo Rd.	汉口路，外滩至四川中路路段	commission agents & auctioneers	佣金代理商和拍卖行
Tilby, A. R.	裕隆	1860	–	–	ship broker, auctioneer for damaged goods, and general commission agent	船舶掮客、破损物品拍卖和一般佣金代理
Wainwright & Co.	丛南铁	1863	–	–	general auctioneers, brokers & commission merchants	一般拍卖行、掮客和佣金商人
		1864	North Gate Street between Bund and Bridge Street	广东路，外滩至河南中路路段	auctioneers and commission agents	拍卖行和佣金代理商

洋行名称		年份	地址		经营范围	
外文	中文		外文	中文	外文	中文
Wainwright & Co.	云礼	1865	–	–	auctioneers	拍卖行
	威厘的	1866				
Wheelock & Co.	会乐	1864	Bund corner of Canton Rd.	外滩与广东路路口	general commission agents, auctionners, &c.	一般佣金代理商和拍卖行等

表 29 只列出行名录中写明从事拍卖业务的洋行，而事实上应当远不止这些。因为在《上海新报》刊登过拍卖广告的洋行明显超过此表范围，例如当时时常在报上刊登拍卖广告的百亨洋行[73]、复和洋行[74]等，在行名录中就没有提及拍卖业务[75]。

拍卖物品中以船舶最多。《上海新报》时有一页报纸上登载两三则船舶拍卖告示的情况[76]，其他还有拍卖地基房屋[77]、拍卖煤炭[78]、拍卖家具书画等[79]。

拍卖这一西式交易手法对华人来说颇为新鲜，起初不熟悉拍卖规则，会因起拍的价格比较低而随意举手加价，最后只能为人所笑话[80]，故而

---

73 百亨洋行（Byrne & Co.），始见于 1863 年行名录，地址为南京东路近外滩（Nankin Rd. near the Bund）。1866 年行名录将其列为商人（merchants）。最后见于 1867 年行名录，1866—1867 年载地址为南京路。

74 复和洋行（Commariat Office）仅见于 1863 年行名录，地址为宁波路江西路与四川中路路段（Ningpo Rd., between Keang-se and Keangsoo Rds.），洋行经营业务空缺并未提及拍卖业务。

75 《拍卖船舶》，"启者百亨洋行于礼拜四日即英六月二十六日三点钟时候拍卖浦东来们所监造之驳船两只……"，载《上海新报》1862 年 6 月 26 日、1862 年 6 月 28 日。

76 《上海新报》1862 年 6 月 24 日，第 1 页登有船舶拍卖告示 2 则；《上海新报》1862 年 6 月 26 日，第 5 页登有船舶拍卖告示 3 则。

77 《拍卖地基房屋》，"本日十一点钟在裕泰行拍卖地基一方"，载《上海新报》1862 年 6 月 28 日。

78 《拍卖煤炭》，"本月二十二日十二点钟，英船主白利拍卖英船轮船所用之上等煤炭三百吨。……百亨洋行启"，载《上海新报》1862 年 7 月 17 日。

79 《拍卖》，"礼拜三日即英六月二十五日十一点钟，英商复和洋行列治孙回国，所有椅桌书画一切器具均托洋行即是日拍卖"，载《上海新报》1862 年 6 月 24 日。

80 《拍卖行》，"日中为市独登台，价拍便宜信手抬。惭愧书痴无长物，倩人为我卖穷来"，载《沪游杂记》。参见：葛元煦. 沪游杂记 [M]. 郑祖安，点校. 上海：上海书店出版社，2006：229.

会有华人具体介绍拍卖程序：

> 先期悬牌定于何日几点钟，是日先悬外国旗，届时一人摇铃号召，
> 拍卖者高立柜上，手持物件令看客出价，彼此增价争买。直至无人
> 再加，拍卖者以小木捶拍一声为定，卖于加价最后之客。一经拍定，
> 不能翻悔。[81]

上文所载只是拍卖会上的流程，拍卖的整个准备过程比较长，首先要在报纸上刊登拍卖物品的广告，告知近期有何种物品拍卖，但此时尚未确定具体拍卖日期，待到时间确定后洋行会另行再出一则广告[82]。整个流程十分繁琐，所以即使大洋行能自行处理拍卖业务，一些中小洋行也无暇跟进，这必然催生专业从事拍卖的洋行出现。

结合图 24 可知，当时的拍卖行除了一家在虹口外滩之外，其余都分布在英租界，主要在汉口路、福州路、广东路三条东西走向的马路上，大致范围为英租界汉口路以南、河南中路以东，大多一个街区分散一家洋行，并未出现过于集中的情况。

---

81 葛元煦. 沪游杂记 [M]. 郑祖安，点校. 上海：上海书店出版社，2006：111.

82 以公司行的《拍卖轮船》为例："公司行鲜有轮船一只名'弗茂萨'将要拍卖，其船另有新气筒舱板在粤省黄埔，一并拍卖，其叫卖系在公司洋行，拍期未定，不日应期预布知。公司行，五月二十日谨启。"最先登载于《上海新报》第 45 号（壬戌年五月二十八日，1862 年 6 月 24 日，第 1 页），此后登载于第 47 号（壬戌年六月初二日，1862 年 6 月 28 日，第 11 页）。数日之后登载《公司行告白》，"公司行日前订期拍卖弗茂隆船，兹议改期拍卖，一俟期定，再行奉布可也。公司行启"（第 48 号，壬戌年六月初五日，1862 年 7 月 1 日，第 14 页）。然而后来此事竟没有后话了。

图24　19世纪60年代拍卖行核密度分布图

洋行空间分布及功能区的形成

上文已经将 19 世纪 60 年代主要行业的洋行加以考订并厘清大致分布情况，现利用 GIS 将洋行定位于《1864—1866 年上海英租界图》复原图之上。由于行名录编纂的问题，前期地址不存，至 1863 年开始出现洋行的地址，但此时的地址多不确切，诸如在外滩南京东路与九江路之间（The Bund, between Nakin and Hangchow Rds.）、四川中路与九江路路口（Corner of Keang-soo Rd. and Hang-chow Rd.）等，更有大部分洋行仅讲明在某条道路上，并不出具体门牌。此处与前文使用相同的核密度分布图分析洋行分布发展的趋势，制成图 25。

由图 25 可知，英租界洋行分布的整体范围已经超过 19 世纪 50 年代，洋泾浜一带更是有较大发展，西界已至山东路以西之地。细看区内发展可知，外滩依旧最为繁华，而此时南京东路、福州路和广东路发展迅速，其中福州路的外滩至江西中路路段洋行最密集。开埠之前最为热闹的"打绳路"即九江路此时却没有太大的发展[83]，分布的洋行远远少于其他几条东西走向的主干道。下文将界内以主要道路为序进行讨论，逐一厘清英租界洋行分布情况。

东西向的道路方面，从北而南，今北京东路的洋行集中在今虎丘路至河南中路路段，并没有超过河南中路这一最早的界路范围。宁波路、天津路并未有多大发展，仅有数家洋行分布在四川中路至江西中路路段。南京东路此时已大力发展，从外滩到河南中路密布洋行，往西发展势头明显。九江路在此阶段没有太大发展，洋行也大多分布在

---

83 钱宗灏，陈正书，等. 百年回望：上海外滩建筑与景观的历史变迁 [M]. 上海：上海科学技术出版社，2005：17.

苏 州 河

黄 浦 江

N

0 20 100 200

图25 19世纪60年代洋行核密度分布图

道路的北侧，当与该路南侧主要分布了西人的教堂（Church）、坟地（Cemetery）与学校（School）有关（如图26所示）。这些公共用地已将九江路上江西路以西路段的南侧占据，实业则基本上保持着1855年的水平。

与九江路形成明显对比的是汉口路、福州路以及广东路，在这一时期实业发展较快，其中，福州路往西发展势头最为明显，已经超出今山西南路一线继续往西挺进；汉口路洋行分布的西界扩展到山东路；广东路一带的洋行分布也越过河南中路界线往西发展。不仅如此，当时洋泾浜北侧沿岸已被命名为松江路（Sungkang Road），不再以洋泾浜统称了，可见其发展迅速，图上也显示聚集了不少洋行。

南北走向的道路以四川中路为界，分为东西两个区域。其中，四川中路从1855年以仓储为主发展为仓储与洋行并进的态势，最明显的特点就是突破了原先北京东路的界线，一举发展到沿苏州河岸。其汉口路至洋泾浜路段的洋行发展则更为迅速，成为南北向道路中最为

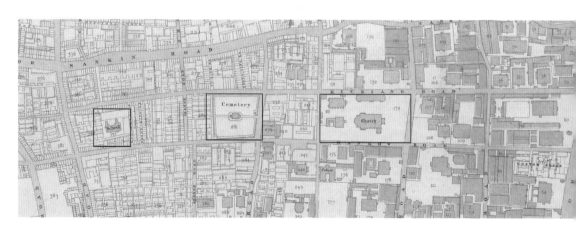

图26 《1864—1866年上海英租界图》九江路细部

繁荣的路段。江西中路与四川中路同样冲过了北京东路的界线，将仓储业发展到了沿苏州河一带。不过，该路上洋行最为密集的地区是在宁波路至九江路路段以及靠近洋泾浜一带的区域。河南中路的发展没有前两条道路那么迅速，洋行主要分布在汉口路至福州路路段。山东中路的发展虽然不及另外几条道路，但是较之于上一个十年有了较大进步，原先仅麦都思的两块租地（第61、62分地），到60年代已有部分洋行出现了。

将19世纪60年代洋行整体分布态势厘清后，按照年份将洋行定位于底图之上，如图27和图28所示。纵观1860—1869年各年洋行分布图，由于前期没有记载地址，所以1860—1862年能定位的洋行明显少于后期，再者，1864年因为行名录版本与其他不同，数据量较少。对比1863—1867年，可以发现洋行增加最多的街区是北京东路的香港路至四川中路路段，涌现出多名律师：爱密、罗林士和梅博高，还有一些一般商人，如阿化威和连那士等。英租界的律师业在此时集聚效应已经初显，此后则得到进一步发展。形成对比的是，四川中路的福州路至洋泾浜路路段洋行减少，1863年江西中路靠近洋泾浜地段最为繁盛，该时段减少最为明显的则是江西中路—福州路—河南中路—洋泾浜街区。

由图可知，1866年洋行分布最盛，然而1866年英国经济危机的爆发，影响到上海英租界的贸易发展，1867年明显减少，至1868年经济复苏，洋行数量增加，分布范围更广。不得不提的是，1868年已经不见在沪上正式取得第一块分地的宝顺洋行，因该行没能度过1866年经济危机，从而结束了其在沪二十几年的经营。1868年东西向道路以南京东路发展最为快速，不仅洋行数量增加，新的服务行业例如马车业

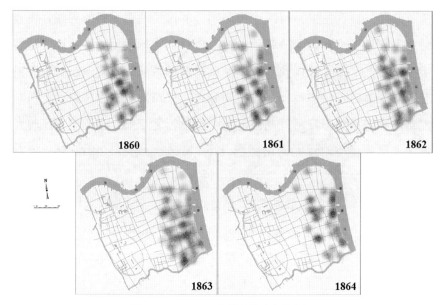

图27 1860—1864年洋行核密度分布图

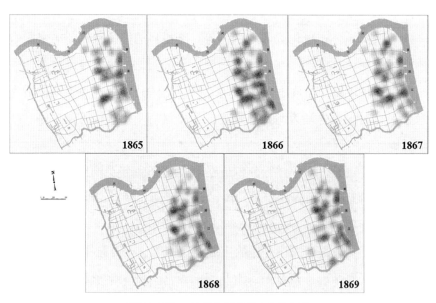

图28 1865—1869年洋行核密度分布图

为南京东路的发展注入新的动力。另外福州路也保持良好的发展势头，多家洋行入驻。其他道路如北京东路的发展已到河南中路一带，九江路与汉口路此时发展一般，倒是此前有所寥落的洋泾浜北侧又重新发展起来。1868年南北向发展最为明显的是四川中路和江西中路，两条马路南北两端迅速聚集洋行。

上海经过19世纪60年代的发展，英租界内部空间大为拓展，从原来的河南中路、山东路一带拓展到周泾浜（Defence Creek，今西藏路），而且原北京东路以北至苏州河以及洋泾浜北侧区域在这一时段也得到迅速发展。值得注意的是，虽说租界允许华人入住，但是从《1864—1866年上海英租界图》上可以清楚地看到英美居住地和华人居住区可谓"泾渭分明"，英美人主要居住在北京东路—江西中路—广东路范围，而华人则主要居住在河南中路以西之地，中间为过渡地带。结合19世纪60年代洋行分布图可以清楚地看出，当时商业繁华的界线在山东路以南，这条界线比1855年的时候往西推进了，此前是在河南中路。结合两者，就可以知道上海英租界的空间扩展和商业空间并不对等，前者的推进速度要快于后者。倘若就具体商业繁荣之地来看，外滩一直为沪上实力雄厚洋行的最佳选择，即便在经济危机中都没有衰退。其他诸如南京东路、福州路和广东路也逐渐发展，成为中小洋行热衷选址之地。洋泾浜一带则在经济危机中有所衰退，但最终还是兴盛起来。

在这十年中，1866年可视为上海英租界发展的转折点。这一年，在英国经济危机波及下，上海金融业受到极大的冲击，一些洋行结束在上海的经营。然而这也是一个充满机会的时代，汇丰银行崛起，其他各类新兴产业兴起并发展。在华人涌入租界之时，建筑业迅猛发展，城市内部空间扩展，租界变成一个建筑华光流美、道路纵横宽阔的区域：

自小东门吊桥外,迤北而西,延袤十余里,为番商租地,俗称夷场。
洋楼耸峙, 高入云霄, 八面窗棂, 玻璃五色, 铁栏铅瓦, 玉扇铜环。
其中街衢弄巷, 纵横交错, 久于其地者, 亦易迷所向。[84]

　　伴随华洋杂处的局面,不仅上文讨论的律师业、服装业、拍卖行等新兴行业逐步发展,另外照相馆、钟表行、保险业、调音师等行业都开始发展起来,城市生活各方面的行业都推动着上海的进一步繁荣和城市景观的塑形。

---

84 黄楙材. 沪游脞记 [M]// 丛书集成续编:第 63 册, 史部. 上海:上海书店出版社, 1994:163.

第 5 章 开埠初期上海租界地区形成与发展

上海城市景观由传统向现代的转变在时间节点上是从 19 世纪中叶开埠后起始，在地域方面则是由外滩地区起步。这一变化不但于上海整个城市的现代化有着关键性的意义，而且在中国城市景观的现代化方面亦具有率先垂范的意义。更进一步而言，在世界范围内，外滩地区景观的变化也并不落后。须知，巴黎市区的现代化改造也是从 19 世纪 50 年代才开始，当然此后的巴黎中心景观即与今天无异。而上海外滩的景观却经过几度变迁，目前所见沿黄浦江的建筑群是将近百年前的 20 世纪 20 年代末才最终成型的。城市天际线是城市总体形象和宏观艺术效果的高度概括，综合体现了城市功能和文化上的内涵，是城市整体面貌垂直空间的投影，最集中、最典型地代表了城市风貌[1]。

上海近代新城是从外滩一线开始的[2]，无论西人还是华人对近代上海变化之巨的感叹多因黄浦江沿岸的建筑所引发。从 1849 年与 1855 年两张地图的梳理可知，坐落在外滩一线的洋行并未有大变化，基本

---

1 芮建勋，徐建华，宗玮，等. 上海城市天际线与高层建筑发展之关系分析 [J]. 地理与地理信息科学，2005（2）：74-76+81.

2 李天纲. 外滩："十里洋场"的开端 [M]// 上海：近代新文明的形态. 上海：上海辞书出版社，2004：209.

沿袭最初租地时的状况。将外滩的建筑复原基本上可以了解当时外滩一带的城市景观。本章"1849年外滩景观复原"部分结合此前考证出的地块以及1855年《上海外国租界地图：洋泾浜以北》，将1855年上海英租界的平面和立体景观利用计算机技术从平面和立体两个层面进行复原，做尝试性研究。"开埠初期英租界道路系统的建立与完善"部分提取前文提及的四张开埠初期上海英租界地图中的道路信息，分析近代上海城市形成中的最主要的道路设置，以城市道路为切入口，讨论城市空间的发展，并以此揭示在城市化过程中洋行与租界当局对城市规划和建设的影响。

1849年外滩景观复原

城市景观复原一般可利用文献资料和地图、图像资料，由于洋行早期的建筑形式大多仅见于史料记载，实体建筑由于年代久远早已不复存在，现在看到的外滩已经是经过多次改造的外滩，不是开埠初期的景象了。由于文字记载，尤其文人笔记经常措辞夸张，无法精确复原当时的景观，因此本阶段的复原工作所用最为重要的材料即上文已提及的《外滩，1849》（图29）这幅附于1855年《上海外国租界地图：洋泾浜以北》之上的插画了。

《外滩，1849》为目前所见最早的关于外滩的全景图。该图应采自画家蒙太尔多的作品[3]，原画为油画（图30）。*Building Shanghai* 一

---

3 《上海法国租界史》将此图分为英国领事馆和颠地（宝顺洋行大班）的住宅两段，并注明"采自蒙太尔多作品"。参见：梅朋，傅立德. 上海法租界史 [M]. 倪静兰，译. 上海：上海社会科学院出版社，2007：57.

书中将该画定为 19 世纪 50 年代由海关（华记洋行）至英国领事馆一线的外滩景观，并提醒注意黄浦江上行驶的各种船只 [4]。图中描绘上海开埠初期的景观：黄浦江上汇集着西人帆船和华人摆渡船，江边的外滩上则矗立着鳞比栉次的洋行，其繁荣程度历历可见。1862 年日本来沪考察团留下"各国的船都集中在这里，有几十国船。船帆和桅杆相接，恰似树林，的确是繁华之地" [5] 的记载，虽有夸张，但是黄浦江一带的繁华确实名不虚传。由画面上看来，外滩一线建筑的风格与传统中国风格迥异，因当时洋行的大班和经理人大多有过在印度孟买、加尔各答等地生活的经历，故十分推崇南亚式建筑，这一风格的建筑构成了当时上海滩最抢眼的风景线和天际线。所可幸者，细致的地图编撰者不仅将油画作品临摹于 1855 年地图之上方，更将各家洋行外文行名在该图下方清楚地标注出来，为复原历史景象提供了重要的依据。如图 29 所示，由左往右分别为：华记洋行（Turner & Co.）、中国海关（Custom House）、宝顺洋行（Dent, Beale & Co's Junior Mess.）、宝顺洋行（Dent, Beale & Co）、李百里洋行及仓库（Thos. Ripley & Co. & Godowns）、裕记洋行（Dirom Gray & Co.）、义记洋行（Holliday, Wise & Co.）、仁记洋行（Gibb Livingston & Co.）、和记洋行（Blenkin, Rawson & Co.）、怡和洋行（Jardin, Matheson & Co.）以及英国领事馆（British Consulate）。

　　复原主要利用计算机技术，首先使用 AutoCAD 制成底图，将城市的框架诸如道路、地块等复原出来。在此基础上将土地的使用类型进行分类，用不同模块进行区别。然后，使用 3ds Max 将 1855 年的城

4 Edward Denison．Guang Yu Ren：Building Shanghai, The Story of China's Gateway[M]．Chichester：Wiley-Academy Press，2006：47.

5 峰洁. 船中日录 [M]//1862 年上海日记. 陶振孝，闫瑜，等，译. 北京：中华书局，2012：217.

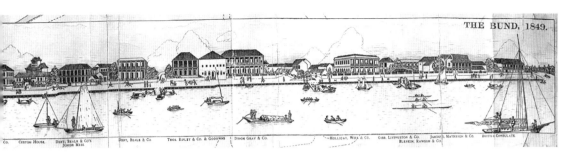

图29　《外滩，1849》插画

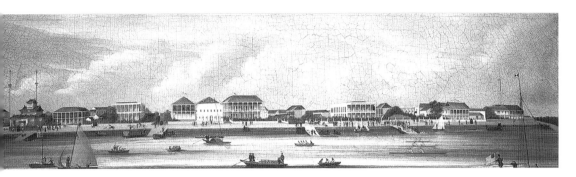

图30　《外滩，1849》油画

市土地使用类型和部分洋行建筑分别建模，结合图像资料以及相关史料中对当时外滩建筑的描绘，定制恰当的比例，将其中主要建筑进行复原。最后，利用 Google SketchUp 将 3ds Max 所建的模型重新定位于 AutoCAD 所绘制的城市框架图上，再次建模，建成一个直观且易于操作的平台（图 31）。至此 1855 年上海城市的景观或者确切地说外滩一线的景观已经复原至立体的图景了，如图 32 所示。

经过开埠初期英租界景观复原，可知当时土地利用情况以及洋行分布、英美势力对比等各项内容。英租界核心区充斥着洋行的仓储之地，外滩一线更是洋行本身朝向外滩、身后是自家的仓库，形成一个坚固的街区。当时界路在今河南中路一带，但是洋行主要分布在江西中路以东地区。英美势力则更是显而易见，整个租界区只有 5 个街区分布着

图31 1855年英租界地图Google SketchUp工作平台

图32 Google SketchUp展示的1855年上海英国领事馆及其附近景观

美国洋行，其余都是英国的势力范围。其他，诸如华洋隔离的城市形态、棋盘格的道路设置等在立体复原图中都清晰可见。由此可知，城市研究尤其是早期城市研究中景观复原具有重要的意义，不仅可以建立具象的图景，更有助于从图中解读出更多的信息。

开埠初期英租界道路系统的建立与完善

城市道路是伴随着城市的形成和交通的需要而产生的，是城市沟通内部、连接外部的基础交通设施，是城市生产、生活的动脉。城市道路系统是城市布局结构的骨架，它不仅体现了城市的空间形态，并且在城市空间发展和城市景观的塑造等方面发挥着重要作用，是协调城市土地使用与交通系统的关键环节。厘清城市道路系统发展的历史，一方面有助于了解城市发展的起源与城市形成的过程，因为城市形成过程中的一个要素即如何规划道路网络[6]；另一方面，因为道路系统特点与当时城市建设的制度和思想密切相关，由此可以透过道路系统这一物理空间审视彼时的规划制度和思想。梳理英租界道路系统的形成过程，即是构建英租界城区的形成历史，并探究道路系统对城市的影响，对认识城市格局和城市形态具有重要意义，同时可对现有的道路系统作应有的历史观照。

城市道路系统具有一定的延续性，一旦确定，在相当长的时期内很难改变，将对经济社会产生深远影响。[7]本节将提取 1847—1848 年、

---

6 西方的研究多关注街道尺度，讨论社区中街道的规划和作用；中文研究则更多倾向于将"道路"作为研究对象，然而西方的研究视角和方法仍可借鉴。迈克尔·索斯沃斯，伊万·本-约瑟夫. 街道与城镇的形成 [M]. 李凌虹，译. 北京：中国建筑工业出版社，2006：1.
7 李朝阳. 城市交通与道路规划 [M]. 武汉：华中科技大学出版社，2009：197.

1849 年、1855 年、1864—1866 年四张地图的道路信息 [8]，以便清晰看到英租界一区如何从最初的寥落之地逐步发展成为"十里洋场"。

一、1847—1848 年英租界道路系统初成

首先，提取 1847—1848 年地图的道路信息 (图 33)，可知当时英租界的道路基本按照 1845 年《土地章程》的规划建设。章程中涉及道路的条款内容如下：

> 杨泾浜以北，原有沿浦大路，系粮船纤道。后因坍没，未及修理。现既出租，应行由各租户将该路修补，以便往来。

> 商人租定基地内，前议留出浦大路四条，自东至西共同行走。

该道路系统最明显的特点是以东西向道路为重，四条"出浦大路" [9]（即今北京东路、南京东路、九江路、汉口路）完成建设，福州路

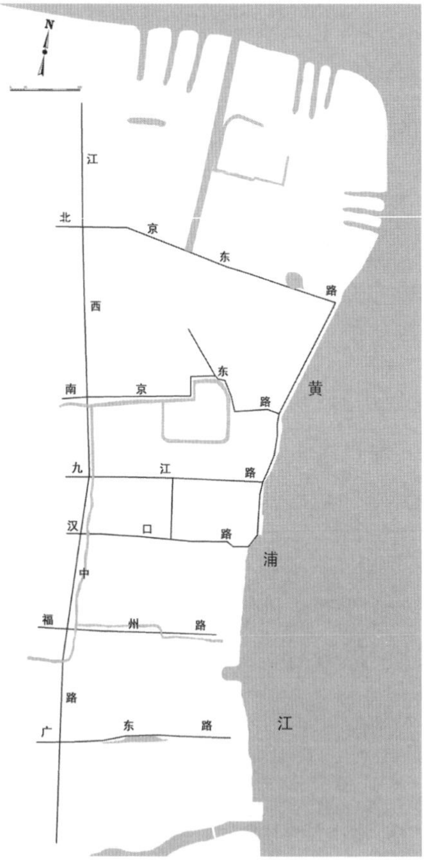

图33 1847—1848年英租界道路图

---

8 提取出的道路系统均采用今路名。
9 郑祖安.英国国家档案馆收藏的《上海土地章程》中文本 [J]. 社会科学，1993 (3)：51.

和广东路大致抵达黄浦江沿岸。南北向道路有"沿浦大路"（今中山东一路）与今四川中路，其中沿浦大路尚未贯穿南北，仅沟通今北京东路至汉口路路段。这一道路系统可以说是英租界最初的道路框架。

二、1849—1855 年英租界道路系统发展

提取《1849 年上海外国人居留地地图》的道路信息（图 34）可知，当时较之于 1847—1848 年已有较大发展，尤其南北向道路发展突出，"沿浦大路"贯通南北，今四川中路、江西中路、河南中路大体完成，仅福州路以南至洋泾浜的路段尚未完成，基本实现了《土地章程》提及的道路规划。东西向的道路主要向西拓展，至今山东路一带，章程中未提及的天津路（今河南中路至四川中路路段）当时已修建完成。1849 年地图所呈现的道路信息可以说是英租界最初的道路系统，此后的道路建设只是进一步往西和南北拓展，并没有改变原始的框架。

至 1855 年（图 35），道路系统未有大的变化，只是一些道路有所延伸。四川中路和江西中路往北延伸到苏州河沿岸，往南则已经直抵洋泾浜了，其最北段部分以虚线示意，应为规划或在建。河南中路北段并未如前期规划有大发展，南段越过福州路几乎与广东路连接。1855 年道路系统中规划或在建的道路尤其引人注目，图中山东中路以虚线表示，应当开始筹建，因其在 1849 年的地图上还未见踪影，原处只有一条小河浜。另计划建设的道路中最醒目的是南京东路和福州路的延伸段，城市向西发展的态势一目了然。与此同时，还规划了一条连通南京东路与福州路直抵洋泾浜的道路（今福建中路南京东路至延安东路路段），可从侧面反映当时南京东路与福州路的商业发展。除去主干路的拓展之外，一些为交通之便而修建的次干路也已开辟，与

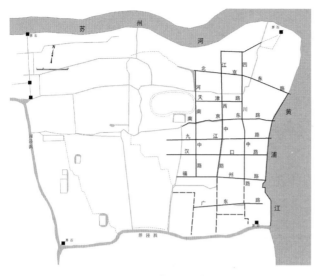

图34 1849年英租界道路示意图

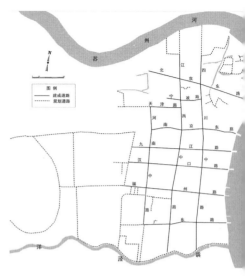

图35 1855年英租界道路示意图

原先修建的道路构成更为完善的分等级道路体系[10]。今宁波路就是这一时段出现的，而在 1849 年地图上它仍是条河流。

三、1864—1866 年英租界道路系统完善

英租界在不断往西扩张的同时，道路的建设也推向了高潮。1864—1866 年地图所显示的道路系统（图 36），已经与 1855 年时几条主要干道的形势迥非，基本上奠定了今日该区域道路网络的格局。

仔细审视 1864—1866 年地图，该图所呈现的道路系统不仅道路数量较 1855 年有长足发展，更重要的是道路名称的系统化。1855 年地图所标志的道路名依据标志物命名原则，至 1864—1866 年则全部更名，东西干道采用中国城市之名，南北方向马路则采用中国省份之名。下将两幅地图上道路名称整理成表，并附上今路名以便对比。如表 30 所示。

---

10 凯文·林奇：城市形态 [M]. 林庆怡，等，译. 北京：华夏出版社，2001：261.

图36 1864—1866年英租界道路示意图

表30 1855年、1864—1866年英租界路名及今路名对照表

编号	1855年路名	1864—1866年路名	今路名
1	–	Soochow Road	南苏州路
2	–	Hong Kong Road	香港路
3	Consulate Road	Pekin Road	北京东/西路
4	Kirk's Avenue	Ningpo Road	宁波路
5	Five Court Lane	Tientsin Road	天津路
6	Park Lane	Maloo or Nankin Road	南京东路
7	Rope Walk Road	Kiukiang Road	九江路

编号	1855年路名	1864—1866年路名	今路名
8	Custom House Road	Hankow Road	汉口路
9	Mission Road	Foochow Road	福州路
10	North Gate Street	Canton Road	广东路
11	–	Sungkiang Road	延安东路北侧
12	–	Low Yuen Ming Yuen	圆明园路
13	–	Upper Yuen Ming Yuen	虎丘路
14	Bridge Street	Szechuen Road	四川中路
15	Church Street	Kiangse Road	江西中路
16	Barrier Road	Honan Road	河南中路
17	–	Shantung Road	山东中路
18	–	Shanse Road	山西中路
19	–	Fokien Road	福建中路
20	–	Chekiang Road	浙江中路
21	–	Hoopeh Road	湖北路
22	–	Quangse Road	广西北路
23	–	Yunan Road	云南中路
24	–	Tibet Road	西藏中路
25	–	Amoy Road	厦门路

由表30可知，1855年的道路名称主要以周边的标志性建筑物为名，如前所述，今北京东路因紧邻英国领事馆故而称为领事馆路，汉口路因中国海关设置在该路之上而称为海关路、南京东路以花园闻名而称为花园弄等。对比1855年与1864—1866年道路名称，不单单是道路名称的改变，而是整个命名系统的统一规范，原先使用的大道（Avenue）、弄（Lane）、街道（Street）全部统一成道路（Road）。1864—1866年的道路名称与现今道路名称重复率高达92%，基本上沿袭至今。

四、道路系统对现实的影响

下文试以山东路为例，证明当时城市道路的整体格局至今日也无法打破。仔细查看图36中的山东路（图中编号17所示），该路是区内四条南北主干道中惟一一条没有贯通的道路，即到今南京东路之后就没有往北延伸。而同时期的四川中路、江西中路等南北干道一直延伸到苏州河南岸。这一格局时至今日依旧如此，山东北路与山东中路在今天津路与南京东路之间是没有衔接的。仔细比对19世纪40—60年代的地图，可以推知这一道路之所以呈现这种状态的缘由。

在图37的1849年道路图中，我们看到今山东中路段是当时沿着河浜修建的一条土路，其北段是一条河流，再往北则是当时的跑马场。也就是当时的跑马场横亘在今南京东路与宁波路之间，山东路只好到此夏然而止。至1855年图中，随着第一跑马场的搬迁，当时的第80

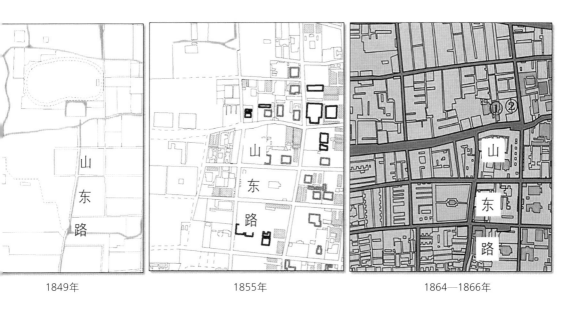

| 1849年 | 1855年 | 1864—1866年 |

图37 1849年、1855年、1864—1866年山东路段道路图

号分地迅速为洋商所瓜分[11]，纷纷在此建造房屋，致使早期规划修建的山东路仍然无法穿越这一地块向北延伸。事实上，当时工部局还对已建成的山东路地段的违规建筑十分头疼，工部局董事会多次召开会议责令相关违章建屋的洋人整改：

> 威廉·霍格先生堵塞了邻近栅门土地北侧边沿的一条水道，同时还侵占了公共通路，故责令他立即重新开放上述水道，并缩回他的界墙至恰当界限以内。
>
> 第二，从栅门起南面通过公墓的那条马路在明沟的东侧，拟拓宽至22.5英尺，指令威廉·霍格先生、W·麦肯齐先生和A·J·杨先生立即拆除在该地段的一切障碍物[12]。

据考订可知威廉·霍格先生即 Hogg Wm.，为广隆洋行大班[13]，租地为道契第133号第139分地，此块地未见于1855年地图。据记载，这块地于1855年2月签订道契，租地面积为11.3亩，东至英人央地（即米士央），西至华人地，南至路，北至沟[14]。W.麦肯齐先生即 Mackenzie, Wm.，为复和洋行的大班[15]，租得第124分地[16]，位于山东路的南京东路、九江路路段。A. J. 杨先生即 A. J. Young（米士央），在山东路的汉口路至福建路路段租有第121、122分地[17]。

结合1855年洋行分布图就可以清楚得知这些洋商的位置，如图

---

11 《上海道契》第一册，第107-109页。

12 1854年9月21日第五次会议。上海市档案馆. 工部局董事会会议录：第一册 [M]. 上海：上海古籍出版社，2001：571。

13 1854年《上海年鉴》载广隆 Lindsay & Co.，大班 Hogg Wm.。

14 《上海道契》第一册，第189页。

15 1858年行名录载 Mackenzie, Wm 即为复和洋行大班。

16 《上海道契》第一册，第175页。

17 《上海道契》第一册，第168-174页。

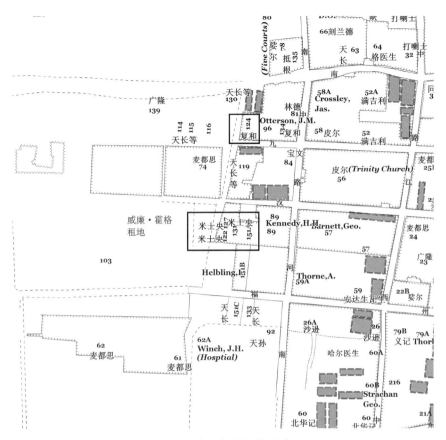

图38 1855年山东路段洋行分布图

38，三人的租地均位于山东路的南京东路至福州路路段，由此可知当时的山东路规划之前，商人多侵占公共用地。工部局虽然多次催促商人整改，但似乎收效甚微[18]，最后只得把侵占案提交英国领事法庭[19]。检索《工部局董事会会议录》，关于山东路的讨论大多集中在南京东路至福州路以及麦家圈附近路段，然而翻阅开埠初期英租界地图即可发现山东路不仅存在上述路段洋行侵占的问题，南京东路以北的规划

18 1854 年 10 月 28 日工部局董事会第八次会议。上海市档案馆．工部局董事会会议录：第一册 [M]．上海：上海古籍出版社，2001：573．

19 1854 年 10 月 31 日。上海市档案馆．工部局董事会会议录：第一册 [M]．上海：上海古籍出版社，2001：573．

路段无法开通则影响更为深远。

由《1864—1866 年上海英租界图》复原的道路图（图 36）可知，山东路在南京东路以北没有开通，该路周边多为华人建筑占据，然而南京东路河南中路地块清晰地标注有"保龄球场（Bowling Alley）"和"抛球场（Racquet Court）"（图 37 中①②所示位置）。而《1867 年上海英租界地图》（*Plan of the British Settlement at Shanghai, 1867*）[20] 上，山东路在南京东路以北并未标识地物，道路依旧没有往北开通。1872 年《上海英美租界街道图》（*Street Plan of the English and American Settlements, Shanghai*）为行名录中首次出现的街道图，山东路面貌依然没有变化。检索 19 世纪七八十年代其他的街道地图 [21]，发现山东路依旧，始终没有向北贯通到苏州河南岸。只有 1890 年《上海英租界地籍图》[*Cadastral plan of the (so called) English settlement, Shanghai*][22] 中才将今山东北路的宁波路至北京东路之间的道路标为"山东路"，此前这一路段一直以居住区的"里"的形式出现。

除了近代早期外国实测图之外，本国实测图同样提供了线索，1884 年（光绪十年）点石斋印制的《上海县城厢租界全图》和 1898 年《新绘上海城厢租界全图》都将南京东路、河南中路、天津路和山西路围合的区域标为以"里"为名的住宅区和抛球场 [23]，直接隔断了山东路南北。由此推测这一现象的出现，早期是因 19 世纪 50 年代跑马场的阻隔，山东路无法往北开通；待到第一跑马场搬迁后，大量洋商和华人涌入，修建了密集的住宅以及抛球场和保龄球场两个健身娱乐场地，最终导

---

20 孙逊，钟翀. 上海城市地图集成：上册 [M]. 上海：上海书画出版社，2017：45.

21 孙逊，钟翀. 上海城市地图集成：上册 [M]. 上海：上海书画出版社，2017：47, 51, 57.

22 孙逊，钟翀. 上海城市地图集成：上册 [M]. 上海：上海书画出版社，2017：59.

23 张晓虹. 近代实测地图与开埠早期上海英租界区域城市空间研究 [M]// 历史地理：第 28 辑. 上海：上海人民出版社，2013：248-261.

致山东路无法往北延伸。

　　每一个城市扩张的时代，都为城市的建设制定了进程和标准。究竟用何种观点来规划街道或者道路网络是城市形成过程中的一个要素，因为道路是缔造社区与城市生活的共同框架[24]。英租界建立之初的道路系统是在没有清晰规划蓝图、受河流地理因素以及土地私有制等限制，以及租界逐年盲目扩展的背景下产生的，因而道路布置混乱，山东路即是一例。不仅如此，英租界内划分的街坊也很破碎，浙江路、湖北路一带，圆形抛球场与方格道路形成许多尖角[25]。这些道路设置的弊端至今仍影响着城市的交通和生活。然而，租界内大概呈现棋盘式状态的道路系统并非一无是处，它经由洋行自行开发，符合经济利益最大化原则，总体实现了租地洋行对于土地利用和道路运输的需求。美国城市规划理论家、历史学家刘易斯·芒福德（Lewis MumFord）将棋盘式的城市平面称为"投机性"，商人理想的城市是把土地划分成小块加以分配，最迅速地成为可以买卖的标准的货币单位。棋盘式是新的商业精神所主张的，一方面强调正规和可以计算，另一方面又强调投机冒险和大胆扩展。新的城市扩展是他们理想的表达场所，正如开埠之初英租界的租地、扩张以及道路设置，都恰恰满足了西人对于整个城市的设想，既可以把土地变成商品，又可以没有界限地蔓延出去[26]。简言之，棋盘式的道路是当时适应商业原则的理性选择，洋行则在租界建立伊始成为这个新兴城市的隐形设计者，这一观点在本书结论中会进一步展开。

---

24 迈克尔·索斯沃斯，伊万·本-约瑟夫. 街道与城镇的形成 [M]. 李凌虹，译. 北京：中国建筑工业出版社，2006：1.

25 董鉴泓. 中国城市建设史 [M]. 北京：中国建筑工业出版社，2004：199.

26 刘易斯·芒福德. 城市发展史：起源演变和前景 [M]. 宋俊岭，倪文彦，译. 北京：中国建筑工业出版社，2005：437-442.

结　论

1843 年上海开埠，这是上海城市发展的重要转折点，整个城市由上至下不得不做出调适以接纳不断涌入的洋商和洋行。开埠租地、发展贸易为洋商最迫切的要求，也是列强发动战争及强迫清政府签订一系列不平等条约的目的所在。最初的一批洋商在具体租地事宜尚未确立之前就急切地来沪租地，当然他们也因此占据了上海英租界的黄金地段，即外滩一线。

　　1845 年 10 月 29 日第一次《土地章程》颁布，是为英租界各类制度的滥觞，诸如土地"永租"制度以及"华洋分居"的格局就在此时确定。但是落实到实际租地操作中，《土地章程》几成一纸空文。1847 年 12 月 31 日第一批正式道契签注，标志着上海土地交易从传统的"契据"模式过渡到西方近代思想影响下的"契证"条约时代[1]。围绕着土地的租赁与经营，道契逐渐促成近代城市土地的一套运作制度，这种制度是在吸收欧美体制与融合中国本土经验下产生的[2]，可视为在当时的历

---

1 关于道契在上海法制变迁的作用参见：夏扬. 上海道契：法制变迁的另一种表现 [M]. 北京：北京大学出版社，2007.

2 关于道契与传统江南地区的对比研究参见：马学强. 从传统到近代——江南城镇土地产权制度研究 [M]. 上海：上海社会科学院出版社，2002：189-219.

史背景下不得不做出的适应和发展。

对照《土地章程》和道契格式化内容可知，西人在制定这一关乎自己切身利益的文件时还是十分谨慎的，不仅在道契上明确原地业主、租地人，划定租地的面积、四至等内容，将所租土地的"惟一性"得以体现，同时，《土地章程》中明确提出关于退租之事，"只准商人禀报不租，不准原主任意退租，更不准再议加添租价"[3]。虽然这几条条款明显具有不平等性，但是考虑到实际情况，应当是英人深谙中国人在土地交易中的一些弊病，比如当时十分普遍的"加叹"现象[4]。西人为了保证土地使用权的持久性，在制定相应制度时，规避风险，排除各种潜在的不利因素，即采用英国式契约中的把未来"现在化"的方式确保自身利益[5]。故而，《土地章程》以及之后的道契格式实际上是一个法律化的过程，在法律保障之下，西人才敢于或者说乐于在沪租地继而投资，这是风险规避以及合同贸易最基本的特质。当然，可以说这些是不平等的章程或者制度，但是或许其背后隐藏着西人的种种焦虑或者说恐惧。

焦虑是一种在陌生环境中，远离自己居住地，远离那些可以支持或帮助自己的事物和人时所发生的不自觉扩散的情感。焦虑是一种对危险的预感，即便周边的环境没有任何可被明确视为对其具有危险性

---

3 郑祖安. 英国国家档案馆收藏的《上海土地章程》中文本 [J]. 社会科学，1993（3）：52.

4 "加叹"是指土地绝卖后卖方出于各种借口向买方索求额外报酬的现象，参见：冯绍霆. 初探清中晚期上海房地产交易中的加叹 [M]// 早期近代中国的契约与产权. 李超，等，译. 杭州：浙江大学出版社，2011：195-214.

5 "把未来'现在化'的契约"是指把"契约制度作为一种时间机器来使用。所谓的契约是一种向对方当事人所做的将来履行的约定，同时也通过公权力对其履行的强硬保障，反映了现时交易关系中的未来"。作者认为如果未来的财产能够"现时化"的话，那么未来的风险也有可能被现时化。"契约的一个重要功能在于，当契约缔结的时候，可以在尽可能范围内预测将来可能发生的问题并提前决定对其产生的风险进行分配。"相关研究参见：寺田浩明. 中国契约史与西方契约史——契约概念比较史的再探讨 [M]// 权利与冤抑：寺田浩明中国法史论集. 北京：清华大学出版社，2012：113-136.（关于英国式契约中的把未来"现在化"的讨论见该书第 121-123 页。）

的事物[6]，仍然相应地提高警觉。所以，英人在规划他们侨居的城区时必须注意其中生活的人的安全性。一个成功的城市地区的基本标识是人们在街上身处陌生人之间能感到人身安全，不会潜意识感受到陌生人的威胁[7]。这与当时在沪洋人所处的环境大相径庭，他们被冠以"洋鬼子"[8]或"赤佬"的称呼，一举一动都引起华人的围观[9]。英租界在划定居住地时远离上海城厢就是避免与华人过度接触或者说是冲突。那么在租界初创时候，洋人所作的各种城区规划[10]、道路设置、择地建设又是在怎样的基础上进行的呢？

一、洋行：开埠初期道路隐形规划者

从复原的洋行分布图可以很清晰地看出洋行租地的一个基本原则就是择优而居，从最开始的沿黄浦江岸边租地，到后来慢慢插花填空式地将最早租界范围（今河南中路以东、洋泾浜以北、北京东路以南）的土地逐步瓜分。英租界在上海开埠之初，虽没有一个明确的设计师在规划租界地的发展，但是每一个商人都自觉或不自觉地担负起规划者的责任，英租界的发展可谓是在没有设计师规划下发展起来的[11]，却又符合当时多方的要求。

英国领事馆或者确切地说英国领事无疑在整个城区设计与规划中发挥了重要作用。巴富尔于1843年11月8日到达上海后，仅过4日（1843年11月12日）即在城内选定房屋作为领事馆。11月17日上海依约开埠，

---

6 段义孚．无边的恐惧 [M]．徐文宁，译．北京：北京大学出版社，2011：3.

7 简·雅各布斯．美国大城市的死与生 [M]．金衡山，译．南京：译林出版社，2006：30.

8 霍塞．出卖上海滩 [M]．越裔，译．上海：上海书店出版社，2000：4.

9 霍塞．出卖上海滩 [M]．越裔，译．上海：上海书店出版社，2000：7.

10 在没有更合适的词汇之前暂把上海英租界视为一个城区进行讨论。

11 斯皮罗·科斯托夫．城市的形成：历史进程中的城市模式和城市意义 [M]．单皓，译．北京：中国建筑工业出版社，2005：12.

紧接着巴富尔选定了上海城北黄浦江与苏州河交汇地带作为泊船码头。通商码头选在此地自然是依据地理形势，当时老城厢一带的传统航运业已经相当发达，但是一方面其地狭隘，明显无法满足英商兴办洋行、修建仓库的需求，不利于此后的长期发展或者说开疆拓土；另一方面大、小东门的码头多为旧时船舶停泊之用，而英人需要吃水更深之处停泊轮船[12]。关于上海航道的运载能力英人一直十分关注，从早先的林赛德到后来的 William Henderson 的报告中都有提及[13]。而英人选择黄浦江和苏州河交汇处作为通商码头，另外一个主要原因则是出于安全或者说是防御的考虑。经过 1842 年对上海的战争，英人清楚地知道此处作为军事要塞的重要性[14]，当时巴富尔对于最初英租界边界问题就考虑到需要与水路接壤，遇有紧急情况防御较易[15]。既已获得在上海居住之权利，自然防微杜渐，占据此地不仅使通商码头据有利形势还能确保居留地之安全，当然这也是清政府最初不批准英国领事馆租地之根本原因。通商码头的确定自然决定了此后的外人聚居区必在黄浦江西岸，上海北门之外。虽然从 1844 年 5、6 月之间外商最早实现租地[16]，到 1845 年 10 月《土地章程》颁布，在将近 1 年半的时间内，其实对

---

12 根据 G. Lanning and S. Couling 著作 *The History of Shanghai* 中关于上海开埠时码头及商船停泊区的地图，当时黄浦江靠近苏州河一带水深 11 㖊（11 fathom，约 20.1168 米），而近洋泾浜一带只有水深 1.5 㖊（约 2.7432 米）。然而根据《1920 年黄浦江航道图》（浚浦局测绘，比例尺为 1:25 000）显示，自 1920 年老鼠沙工程治理之后，黄浦江近苏州河水深在 4.5 米至 5.3 米之间。《上海水利志》将 1906—1936 年黄浦江航道水深变化列出，除去高桥新航道 1906 年时为 0.6-0.9 米之外，其他各航段大多从自 1906 年的 3-6 米发展到 1936 年的 7-9 米。参见：http://www.shtong.gov.cn/node2/node2245/node68538/node68550/node68588/node68665/userobject1ai66321.html。故而兰宁等将开埠之初此处水深定为 20 余米过于夸张。

13 关于上海英领事以及相关人员的通信王尔敏引用大量英国国家档案馆材料进行讨论，参见：王尔敏. 外国势力影响下之上海开关及其港埠都市之形成（1842—1942）[M]// 城市与乡村. 北京：中国大百科全书出版社，2005：427-460.

14 裴昔司. 晚清上海史 [M]. 孙川华，译. 上海：上海社会科学院出版社，2012：41.

15 裴昔司. 晚清上海史 [M]. 孙川华，译. 上海：上海社会科学院出版社，2012：54.

16 宝顺洋行最早与上海农民谈妥租地是道光二十四年四月，即 1844 年 5 月 17 日至 6 月 15 日之间。《上海道契》第一册，第 1 页。

于英商来说英租界的范围是十分模糊的[17]，但是这群在中国已经混迹多年的洋商都是经验丰富、目光如炬之人，他们了解上海的地理位置以及清楚地知道自己需要怎样的空间来发展今后的在沪势力。洋行大班们迅速地在黄浦江以及苏州河岸边进行租地，等到1845年《土地章程》颁布时，黄浦江的黄金河岸已经被瓜分得所剩无几了。

洋人在涌入上海占据地盘之时必有思考，但不会是基于城市长久发展的考量，他们所追求的是短时间内的利益最大化，以及选择最合适的地方发展。这从最初洋行的选择就可以看出，第一批选择外滩这一黄金宝地作为在上海发展的根据地。因外滩紧邻黄浦江，一则方便来往贸易船只的停泊、货物的卸载，二则倘若有什么危险，他们可以火速向停泊于黄浦江上的军舰求救并迅速撤离。第二批洋行租地者无法插足外滩时，嗅觉灵敏的他们把目光投向了苏州河，同样是一条具有良好运载能力的河流，特别是作为上海与富庶的太湖流域联系的通道，受到洋人的重视。当然只有目光最超前的商人才能战胜对手，沙逊即是一例。当19世纪40年代大家都紧紧盯着外滩和苏州河河口之地的时候，沙逊已经在洋泾浜沿岸囤积大量土地。自1864—1866年地图上所显示该地区的繁荣即可知沙逊当时眼光之超前。洋商在开埠之初即奠定了整个城市发展的框架，自觉地聚集在此后城市最繁华之地。

洋行不仅奠定了城市发展的基础，而且已有的材料足以证明洋行还无形中担起了英租界最早的规划者的责任。从《土地章程》要求租户维护的除"沿浦大路"外"四分地之南"[18]（今南京东路）等四

---

17 1843年年末，时任苏松太道宫慕久与英国首任驻沪领事巴富尔（George Balfour）进行了一系列的谈判，但是诸如土地租借与买卖等问题没有达成一致，故而直至1845年10月才统一意见公布《土地章程》。

18 郑祖安. 英国国家档案馆收藏的《上海土地章程》中文本 [J]. 社会科学，1993（3）：51.

条出浦大路的表述来看，明显是洋商租地在前[19]、道路修筑在后。从1844—1845 年洋行租地图（图39）来看，更能清楚地发现当时所有洋行的租地全部紧邻这五条道路。再次重申当时洋行已经实现租地，而后规划了这四条出浦大道的建设。换言之，洋行的租地（或者说租地的洋行）在开埠最初事实上在道路规划时起到了重要的引导作用。并非此前研究所认为的，洋行沿着外滩与当时主要的道路建设，现在看来或许两者的关系要倒置，即洋行的分地促成了最初的道路设计，最后推动形成了棋盘格式的道路体系。

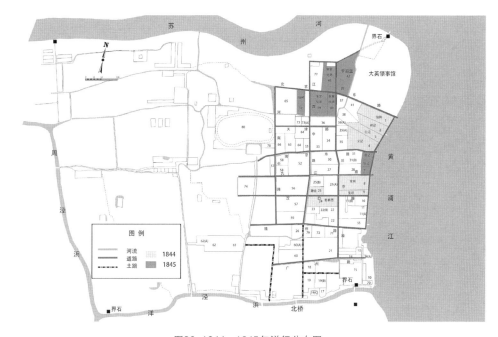

图39 1844—1845年洋行分布图

19 第4分地为义记洋行在道光二十四年十月（1844 年 11 月 10 日—12 月 9 日）所租。《上海道契》第一册，第 8 页。

仔细审视上图或者会有这样的疑问，最初的租地洋行是否受限于当时已有的景观，如河流的分布与走向？最初的道路设计是基于何种现实而产生？洋行又在何种程度上将这一局面做了调整，即将原本河流交错的江南水乡改造成为一个主要面向对外进出口贸易的港口城市？

开埠最初的英租界河流或者确切地说河浜的分布对当时的道路设计具有重要影响，由图39依稀可见北京东路和南京东路西端、江西路南端以及广东路近四川中路路段依旧存在水体，虽然已成为断头浜；后来修建的山东路、宁波路和圆明园路在此图上则还是清晰可辨的河浜。道契资料是当时记载地理景观最全面的材料之一，由于以租地地块为记录尺度，故而能最大尺度复原当时的景观。检索图39中所有地块的道契资料，其中有13块分地在其四至中提及临河或者临半河，如表31所示[20]。

表31 1849年英租界临河租地表

道契号	分地号	东界	西界	南界	北界	道契签订时间
2	24	公路	半河	22, 吴	公路	道光二十七年十一月二十九日（1848.1.3）
7	25	公路	半河	公路	公路	道光二十七年十一月（1847.12–1848.1）
13	42	河	公路	公路	公路	道光二十七年十一月二十四日（1847.12.31）
14	41	1、2	半河	38	公路	道光二十七年十一月二十四日（1847.12.31）
15	40	公路	公路	半河	公路	道光二十七年十一月二十四日（1847.12.31）
18	27	公路	半河	公路	30	道光二十八年十一月二十四日（1848.12.19）
23	65	72	河	河	公路	道光二十七年十一月（1847.12–1848.1）
24	37	河	公路	河	公路	道光二十七年十一月（1847.12–1848.1）
43	74	河	徐	公路	公路	道光二十七年十一月二十九日（1848.1.3）
47	60	公路	吴、张、庄	公路	河	道光二十七年十一月二十四日（1847.12.31）
47	60	公路	吴、张、庄	公路	河	道光二十七年十一月二十四日（1847.12.31）
58	38	2	河	33、35	37、41	道光二十七年十一月（1847.12–1848.1）
66	26	河	西北吴、正西郑、西南薛坟	河	公路	道光二十八年十二月初一日（1848.12.26）

---

20 由于1849年的租地表此前已经系统整理考证，现只将临河地块列出。

结合图表由北向南梳理临河地块，可知李百里公司所租第 13 号第 42 分地东临河浜，后来此处修建为圆明园路；格医生所租第 23 号第 65 分地西界和南界都临河；奄巽兄弟所租第 15 号第 40 分地南界临河。同样为道光二十七年十一月签署的由宝文兄弟所租的第 12 号第 39 号分地南至"第三十六分地又私路"[21]，可见在同一时间，该河浜实际已分化，私人填浜修路出现；到 1855 年《上海外国租界地图：洋泾浜以北》刊行时，此河为宁波路所代替，也是历史的必然。

不仅道契资料中充满了当时地块临河的记载，《晚清上海史》中也有这么一条记载：

> 出于一种咎啬风气，将前租界岁月的印象留在了呈弧线的南京路上，这条马路被很不体面地建在一条小河浜的拐角处，为此，当年受（上海纳税外人会）委托、行使当局职权的道路码头委员会，一直遭人唾骂。[22]

从《1849 年上海外国人居留地地图》可见，南京东路并非笔直，而是随着河流走向而弯曲，这成为被时人诟病的原因，当然也从侧面反映了当时道路设计确实受限于河流的分布。加尔各答在英国殖民政府的统治下所产生的城市形态亦然，大多临河而建[23]，应当与修路成本有关，因为利用河道铺设下水道等道路所需的设施成本最低，且工程量也相应减少。当然其中内在关系还需进一步研究。

---

21 《上海道契》第一册，第 19 页。

22 裘昔司. 晚清上海史 [M]. 孙川华，译. 上海：上海社会科学院出版社，2012：55.

23 Swati Chattopadhyay. Blurring Boundaries: The Limits of "White Town" in Colonial Calcutta[J]. Journal of the Society of Architectural Historians，2000，59（2）：155.

二、洋行：棋盘式道路的推动者

英租界虽非严格的"棋盘型城市"，但深受这种城市形态的影响。因为棋盘型城市的最大特点是采用正交的道路关系[24]。还是来看《土地章程》中要求兴修的道路，这应当是英租界最早的道路规划以及道路网络：

> 一、杨泾浜以北，原有沿浦大路，系粮船纤道。
>
> 一、前议留出浦大路四条，自东至西共同行走。一在新关之北，一在打绳旧路，一在四分地之南，一在建馆地之南。又原在宁波栈房西至，留南北路一条。……其新关之南，桂花浜和怡生码头之北，俟租定后，仍须酌留宽路两条[25]。

第一条所指沿黄浦江滩路，即今中山东一路。第二条出浦四条大路由南往北分别为今汉口路、九江路、南京东路、北京东路。宁波栈房目前未知确定地点，故无法推测附近的南北向大路。后文提到的新关之南的两条马路应为今福州路和广东路[26]。该道路网络中除去今北京东路与四川中路并非正交之外，其余基本保持垂直与平行的关系，而北京东路的特例应与它垂直于河岸与怡和洋行码头有关，1849年地图中的道路网则更直观地体现了纵横交错的态势。租界当局为何选择此种城市格局呢？洋行又为何积极地配合这一道路网络的建设呢？

英租界当局选择棋盘格式作为此后上海发展的模式，应与他们试

---

24 斯皮罗·科斯托夫. 城市的形成：历史进程中的城市模式和城市意义 [M]. 单皓，译. 北京：中国建筑工业出版社，2005：96.

25 郑祖安. 英国国家档案馆收藏的《上海土地章程》中文本 [J]. 社会科学，1993（3）：51.

26 钱宗灏，陈正书，等. 百年回望：上海外滩建筑与景观的历史变迁 [M]. 上海：上海科学技术出版社，2005：31. 删世勋将打绳旧路（Upon Old Rope Walk）定为福州路，四分地（South of Four-Lot Ground）定为广东路，皆不妥。Rope Walk 可知为九江路，而四分地为义记洋行所租之地，在今南京东路近外滩地. 上海公共租界史稿 [M]. 上海：上海人民出版社，1980：45.

图在上海建立一个有别于传统中国的社会有关。这既是一种对母国的"思乡之情"，同时又是出于"防卫性"的考虑，当然不可排除大英帝国建立"一个新的世界"，仔细规划城市布局以"增加让人敬畏的感受"的意图。英租界从道路的设置再到街区的规划，无疑体现了英人需要一个安全、有效率、简单化的秩序，来体现他们自尊却又恐惧以及带有些许放逐感的情绪[27]。再看外滩沿线的道路建设，因其重要的地位一直得到很好的维护，它所展现出来的曲线设计基于现实滨河条件又具有实际功能，却偏偏与牛津大街的优美曲线不谋而合[28]。

英租界结合母国对殖民城市改造的模式将棋盘型城市加以推广。究其原因，棋盘形式最基本的特点就是没有边界，可以向任何方向扩展[29]，这就完全符合当时英人的意图，即不满足于现有所租土地的范围，在适当的时机下会不择手段地谋求更多的土地——英租界的屡次扩张足以证明这点[30]。因此，棋盘式城市最符合殖民者的需求，很多殖民城市也都采取此种模式。

当然除了不断扩张领地的需求，这一模式的另外一个特点即标准化的土地规划，为标准化的建设提供了保障，有利于人们轻松地丈量、分配和出售土地，即适用于城市的快速发展，便于土地的交易[31]。这就成为洋行乐于接受这一体系最直接的原因。在新的商业精神特点的催生下，强调正规和可以计算，同时强调投机冒险和大胆扩展，这些特

---

27 凯文·林奇. 城市形态 [M]. 林庆怡，等，译. 北京：华夏出版社，2001：5-13.

28 克利夫·芒福汀 [M]. 街道与广场，北京：中国建筑工业出版社，2007：163.

29 凯文·林奇. 城市形态 [M]. 林庆怡，等，译. 北京：华夏出版社，2001：260.

30 王尔敏揭露英国最高商务代表德庇时（John Francis Davis）在 1844 年考察英人住区时勘定的地区不过 9 英亩，相当于 60 华亩 [王尔敏. 外国势力影响下之上海开关机器港埠都市之形成（1842—1942）[M]// 城市与乡村. 北京：中国大百科全书出版社，2005：434.]。至1846 年英租界路（河南中路）确定，面积为 138 英亩即 830 华亩。1848 年英租界第一次扩张，面积已达 470 英亩即 2820 华亩（上海公共租界史稿 [M]. 上海：上海人民出版社，1980：68.

31 凯文·林奇. 城市形态 [M]. 林庆怡，等，译. 北京：华夏出版社，2001：260.

点是在新的城市扩展之时最理想的表达方式[32]。道契成为记载土地交易过程的重要资料，其中不乏西人要求重新丈量的记载，可见这一形制确有其效，倘若采用其他形式如放射型或花边式就难以测量了。当然棋盘式的城市道路体系对于将上海作为远东重要贸易港口的外商来说也是具有重大意义的，从沿江码头出发经由规整的道路可将各类货物用最快的速度运送到需要的地方，这就是港口城市发展的一种基本模式。

而且，棋盘式整齐划一的城市布局，是一种便于管理又相对独立，可以改变每个局部及其关系而不用担心会产生其他严重后果的空间组织形式[33]。以已掌握的上海初期的租地资料来看，开埠之初租地交易频繁，土地转手更是平常之事，今日土地之主明日不知在何方的情况时常发生，为确保自身建筑或区域的安全性和独立性，采用上述城市形态完全合乎情理和实际经济利益。不仅如此，这一相对独立的城市格局也最容易分清权责，即哪位商人在建造房屋时偏离正轨会被迅速发现，当局者立即勒令整改[34]。正是在土地交易得以保障，私有财产权责明确的情况下，英租界洋行不断租地、修建仓库和房屋，在扩张中实现了上海城市空间的扩张以及城市景观的构建。

从城市形态的"三个标准理论"，即宇宙模式理论、机器模式理论和有机体模式理论，来看当时英租界最初的设计，更能解释这一原则在

32 刘易斯·芒福德. 城市发展史：起源演变和前景 [M]. 宋俊岭，倪文彦，译. 北京：中国建筑工业出版社，2005：437.

33 凯文·林奇. 城市形态 [M]. 林庆怡，等，译. 北京：华夏出版社，2001：59.

34 1856 年 4 月开始，工部局召开多次会议直接将"棋盘街"的维护作为会议提要。1856 年 4 月 12 日提出"E. M. 史密斯产业对面，洋泾浜外滩一带的混乱情况，该处东侧的道路有持续堵塞的现象，以及从麦家圈房屋至棋盘街西面的洋泾浜地区需要有一条正式的道路"。1856 年 5 月 5 日会议要求 E. M. 史密斯产业将侵占的土地拆除。1856 年 5 月 6 日会议则讨论因道路"偏离正规路线"，而决定暂时停工。1856 年 5 月 7 日、5 月 8 日继续就此事进行讨论。上海市档案馆. 工部局董事会会议录：第一册 [M]. 上海：上海古籍出版社，2001：584-586.

当时的适用性[35]，因这些理论影响着实际的城市决策。就宇宙模式理论，中国城市天然提供了很多发展完善的案例，唐长安、元明清北京等都无疑将中国传统社会宇宙观发挥得淋漓尽致，可以说宇宙城市可谓中国城市建设中最根深蒂固的观念，这从《周礼·考工记》就可知。而机器模式的城市我们也并不陌生，最好的例子就是纽约。1811年制定的纽约城规划中有这种设计动机的明确阐述，其中一条便是："（我们）不能但却必须要记住的是一个城市应该主要是由人的居住生活构成的，建造直边和正角的住宅造价最低，而且最方便人的居住。这些简单和清晰的形式是非常重要的。"[36]美国的格状城市源于对土地的投机买卖和土地分配的需要，纽约或者说曼哈顿的规划发展就是在这种无视边界或地形的情况下进行的，而主要的动力来源于应付革命后需要澄清土地权属及预留未来的道路空间[37]。上海英租界设立之时也是同样的状态，英人来到这一片觊觎已久的土地，自然是以拥有土地占有空间为最简单直接的目的，那么格状城市或者说棋盘型城市的规划就最有利于实现他们的目的。不仅如此，分块出售土地的方法，是仿效传统大宅的做法，也是英式住房的观念[38]。西人的机器模式理论的设想与中国传统城市构建的过程在最初的上海租界试验起来，这从上海英租界选址时中西双方虽是"各怀鬼胎"但"心有灵犀"的事实也说明了看似不可能的巧合却时常发生。

扩张性、安全性、便于交易、建设的最低成本，这一切都符合商人的法则，终究英租界在规划者与参与者的共同努力下形成了棋盘格式的道路体系。

---

35 凯文·林奇. 城市形态 [M]. 林庆怡，等，译. 北京：华夏出版社，2001：53-70.
36 凯文·林奇. 城市形态 [M]. 林庆怡，等，译. 北京：华夏出版社，2001：61.
37 凯文·林奇. 城市形态 [M]. 林庆怡，等，译. 北京：华夏出版社，2001：62.
38 卡尔·休斯克. 世纪末的维也纳 [M]. 李锋，译. 南京：江苏人民出版社，2007：49.

三、非实业性洋行：城市空间的扩张者

梳理 1846—1848 年的租地洋行可知，在 1846 年明确将今河南中路作为英租界西界之后，不乏越界租地者。最先跨越界线的为麦都思，前后将今山东路附近的第 21 号第 61 分地和第 22 号第 62 分地租用下来[39]，设立医院，即为麦家圈的雏形。1847 年广隆洋行租下第 43 号第 74 分地后与麦都思换单作英人坟地[40]，还有娑尔租用了作为"戏玩处所"（Fives Court）的第 78 分地[41]。英领馆则成为开埠以来最大越界租地的执行者，于 1847 年租用了越过当时北界的第 582 分地[42]。到 1848 年作为"公游之所"（即第一跑马场）的第 80 分地的签发将英租界扩张之前的越界租地推向了高潮[43]。

以上分地的功能分别为医院、坟地、娱乐、领事馆，全部为非实业性质。这一点是此前一直忽略的，总自觉地以为是洋商扩展，要求更广泛的空间，继而越界租地与筑路，从而推动了一次又一次的租界扩张，现在看来并非如此，这一点从梳理后期的洋行分布也足以证明。1848 年英租界首次扩张，但是洋行却依旧分布在河南中路以东之地，

---

39 "此六十一分租地系英国伦敦京都传教会托择英人麦都思租定代为经理。三十年六月十五日由英人洛颉将所原租第六十二分地基剩余五亩五分全数转与伦敦京都传教会，托择之该英人麦都思代为租用。""三十年六月十五日由该英人洛颉将所租第六十二分地基内余剩五亩五分全数转与伦敦京都传教会托择之英人麦都思代为租用。"《上海道契》第一册，第 35、38 页。

40 原为广隆洋行所租，二十七年正月十八日（1847 年 3 月 4 日）由麦都思用第 24 分地与之换单，作为英人义冢之用。《上海道契》第一册，第 72 页。

41 "此七十八分租地系各英人等分股捐银者，托择英商娑尔租定代为经理，作设戏玩处所。"《上海道契》第一册，第 73 页。

42 "大英国官署基地量见一百二十六亩九分六厘七毫。……查本署地基原契所载共计一百二十六亩九分六厘七毫，续与换租军工厂地十一亩零除，于同治元年将本署余地分租各洋商并除去浦滩游戏之地外，现经筹防公局会同地保经量本署租地实有四十四亩一分五厘，特于同治六年九月初十日注明契内，以凭查核。"《上海道契》第一册，第 26-27 页。

43 "此八十分租地系托择该英商皮尔、士都呱、金呢地、打喇士、利永士敦、波文租定代以作设公游之所。"《上海道契》第一册，第 109 页。

这是出于经济人的理性考虑。商人追求的是利益最大化，将洋行设置在繁华之区虽然租金成本可能高一些，但是收益是可以保障的。19 世纪 60 年代建筑业、掮客、中间贸易商、拍卖行以及律师业等诸多行业仍旧集聚在英租界最繁华的地区即外滩至河南中路一带就是这个原因，虽然当时的城市空间已经扩展到周泾浜（今西藏中路）一带（《1864—1866 年上海英租界图》显示当时的华人区将河南中路以西至周泾浜一带全部填满），但是这些产业却停留在英租界的最初范围。因为这些行业需要稳定的人流量，置身商业中心才能招徕足够的业务。当然传教士在沪经营的各类文化、医疗产业则带有更多的宗教色彩，在大多医疗业都集聚在英租界河南中路以东的形势下，传教士将医院开设在山东路一带，这自然因为服务的对象不同。前者为西人社区服务，后者则为华人谋福。

故而，可以说在英租界空间的扩展中其实是非实业性的洋行起了举足轻重的作用，麦家圈的形成和发展就是最佳例证。这个维度空间的生产者即是列斐伏尔（Henri Lefebvre）所认为的第三维度的社会空间（social space）。"空间除了是一种生产手段，也是一种控制手段，因此还是一种支配手段、一种权力方式；尽管如此，它还是部分地逃离了那些想利用它的人。"[44] 或者这样的解释过于空洞，将这些概念置于历史的文脉之中则更为清晰可见。依旧以麦家圈为例，作为伦敦会在沪的负责人，同时兼任工部局的税务与财务负责人的麦都思在沪经营着教会、书院、医院等各类与传教相关的事业。他借用麦家圈这一有别于商人聚居区、又不同于传统中国社会的空间，塑造起一个现代、公平、科学的社区，其目的无外乎向世人宣传一种宗旨，即世间众人

---

44 亨利·列斐伏尔. 空间的生产 [M]. 刘怀玉，译. 北京：商务印书馆，2022：41.

皆平等，在传统的中国也可借由西方的影响来享用自由、文明的社会[45]。撇开传教的业务不谈，麦都思及伦敦会其他传教士所创立的仁济医院、墨海书院对当时的社会产生了无可估量的影响[46]，时有将仁济医院夸赞成"断肢能续小神通，三指回春恐末工。倘使华陀生此日，不嫌劈脑治头风"[47]，可见华人对该院西医技术的惊叹。而麦都思在工部局中所担任的职务更将麦家圈的设计和维护发挥得淋漓尽致，以至于在早期市政建设中多次提到麦家圈周边道路的建设，而遇到相关区域出现有违规则的建筑，工部局总董会要求负责人去咨询麦都思先生[48]。

城市与乡村是独立且几乎孤立的，第一次越界的区域得以成为"城市"的一部分，无疑得益于麦家圈等社会空间的拓展。道路的铺设、房屋的建造、原始农田景观的改变，这一切使得城市与乡村具有了共同的经历并最终改变了彼此[49]。因为19世纪四五十年代麦家圈等的初步建设，60年代一些洋行开始建在河南中路以西之地，这就是社会空间促成的城市物理空间的扩展。

四、洋行与市政当局协作下的城市发展

"城市在产生之初其形态是非常完美的，但它绝对不是已经完成

---

45 Susan Schoenbauer Thurin 时引当时伦敦新闻对鸦片战争结束后的报道，认为开放不仅仅是为了英国的商业利益，也是中国这一个庞大家族与民族在被孤立几个世纪以来重新进入互动的社会，可享有自由与文明，从而前景无限光明。Susan Schoenbauer Thurin. Victorian Travelers and the Opening of China, 1842-1907[M]. Ohion University Press，1999.

46 关于墨海书馆的研究参见：苏智良，彭善民. 传教士与墨海书馆 [M]// 上海：近代新文明的形态. 上海：上海辞书出版社，2004：184-193.

47 《沪游杂记》中该条目列为"仁济医院"。葛元煦. 沪游杂记 [M]. 郑祖安，点校. 上海：上海书店出版社，2006：238.

48 上海市档案馆. 工部局董事会会议录：第一册 [M]. 上海：上海古籍出版社，2001：584-586.

49 William Cronon 认为芝加哥的形成即是此种模式，城市与乡村从最初的独立到最终改变彼此。参见：WILLIAM CRONON. Nature's metropolis：Chicago and the great west[M]. New York，1991：8.

的,也不会是精致的。每天都有无数个有意或者无意的行为改变着它。"[50]
其实英租界最初建立之时,外人很少住在租界,多住在城外沿黄浦江
一带的民屋。直到19世纪40年代末才有一些外侨陆续迁进租界,当
时"一家英美商行可能占地一二公顷,周围用围墙围起来,里面有大
班及其伙计的大宅子,有写字间(通常是在同一幢楼里),有仆役、
买办与看银师的住处,有一个马厩以及存放丝茶和匹件的各种仓库。"[51]
这一局面似乎到50年代还是没有改变,从1855年地图也仅能看出当
时的洋行自成一个小的社区,前为洋行后为仓储,而洋行房屋又是商
住两用,"楼下供办公和会客之用,楼上则做卧室"[52]。

在"我去之后灾祸将作"态度盛行的岁月里[53],大多数的商人是不
乐意来上海的[54],尽管他们因"来赚钱"而不得不在此,也决心不携
带家眷常住上海。但即便在这样的氛围下,英租界依旧将西方城市最
显著的教堂设计置于当时城市的最中心。这点从1849年的地图就可以
看出,九江路的江西中路与河南中路路段的第56分地即作圣三一堂之
用[55]。圣三一堂是上海最老的基督教礼拜堂,1847年开始筹建,是当

---

50 斯皮罗·科斯托夫. 城市的形成:历史进程中的城市模式和城市意义[M]. 单皓,译. 北京:
   中国建筑工业出版社,2005:13.

51 John King Fairbank. Trade and Diplomacy on the China Coast: The Opening of the Treaty Ports
   1842-1854[M]. Cambridge:Harvard University Press,1953:153.

52 霍塞. 出卖上海滩[M]. 越裔,译. 上海:上海书店出版社,2000:11.

53 开埠初期很多洋行大班热衷于冒险行为,坦陈:"目的就是在最短的时期内发一笔横财。
   我预期至多在两三年之中必须发财,即行离去。那么,上海以后即使化为灰烬,于我又有
   何相干呢?"霍塞. 出卖上海滩[M]. 越裔,译. 上海:上海书店出版社,2000:39.

54 上海开埠之后,在孟买已经具有相当产业的大卫·沙逊决心将市场扩张到上海,于是派儿
   子轮流来上海驻守,各个儿子都不愿意放弃在孟买的舒适生活,而他们的太太更是不愿意
   同往上海进行艰苦的创业生活。夏伯铭. 上海旧事之跷脚沙逊[M]. 上海:上海远东出版社,
   2008:17.

55 第56分地道契缺失,《1853年上海租地名录》(载1854年《上海年鉴》)将第56分地
   记为圣三一教堂托事部,而1855年地图上该地仅描绘一独幢建筑,至1864—1866年
   该地则明确标记为"Church"。可以推断,不论1855年此地是否建成教堂,这一分地作
   为教堂用地一直没有改变。1872年行名录附图也明确将该地块定为"Church"。

时西人社区中重要的建筑[56]。或许我们没有太在意这一地块的位置，但是倘若以分地为圆心、河南中路为直径画一个圆的话（图40），就会知晓其中用意。

由图40可知，教堂基本上为当时英租界的中心之地。倒推到1849年，当时英租界并未扩界，该地块是当时界路的中点，在此修建一座英人设计的哥特式教堂，旨在向当时的西人宣告长期驻扎的意图。对比初建的圣三一堂与英国领事馆可以发现，从建筑体量上看英国领事馆可能稍大一些，但是从高度来看教堂则更高耸一些。这个意图很明显，教堂是西方城市中最重要的标志物之一[57]，它们或因在肮脏的环境中显得格外整洁，或在古老的城市中显得十分新潮[58]。中国传统城市中具有如此地位的宗教建筑不多，且与西式教堂差距巨大，华人无法理解"挂旗升炮也尊王，庆贺嵩呼集教堂"[59]的宗教信仰，至19世纪70年代仍有人将教堂内男女混坐视为"大为不合[60]"。然而教堂是西人生活中不

---

56 上海圣三一堂始建于1847年，是上海第一座安立甘会教堂，建成不久后因受到暴雨袭击，屋顶倒塌，1851年重修，1862年重建，聘请英国本土最著名的建筑师司各特爵士设计，1866年5月24日奠基，1869年建成。1875年5月，圣三一堂成为基督教北华教区的"坐堂"。这座教堂是一座红砖砌筑，室内外均为清水红砖墙面的建筑，俗称"红礼拜堂"。初建时仅有教堂主体部分，后于1893年加建一座四方形平面尖锥形屋顶的钟塔。建筑师司各特爵士是神职人员之子，从1843年起从事哥特式教堂的修复工作，后设计了伦敦、汉堡、牛津的诸多教堂与外交部大楼等建筑，多为哥特式风格。上海圣三一堂是当时远东最高级别的哥特式教堂，也是当时上海最美的建筑之一。郑时龄. 上海近代建筑风格 [M]. 上海：上海教育出版社，1999：119.

57 由1873年的维也纳鸟瞰图可知这座稠密的中世纪城市之制高点是圣史蒂芬大教堂（St. Stephen's Cathedral）的尖顶，其次是沃提夫教堂（Votikirche）与市政厅、博物馆和歌剧院的尖顶。那不勒斯（Naples，意大利）城市的标志物是山上的圣马提诺修道院（S. Martino）。萨拉戈萨（Saragossa，西班牙）1646年的绘画显示当时城市最高处一为圆顶的拉·西奥大教堂（Cathedral of La Seo），另一处则是大教堂皮拉（Pilar）。这种例子在中世纪的欧洲城市不胜枚举。参见：斯皮罗·科斯托夫. 城市的形成：历史进程中的城市模式和城市意义 [M]. 单皓，译. 北京：中国建筑工业出版社，2005：21-23.

58 凯文·林奇. 城市意象 [M]. 北京：华夏出版社，2007：60.

59 《沪游杂记》此条记为"教堂"。葛元煦. 沪游杂记 [M]. 郑祖安，点校. 上海：上海书店出版社，2006：211.

60 《书华民与西教作难后》，载《申报》1874年11月20日。

图40 1864—1866年圣三一教堂及其周边地区图

可或缺的部分，当时在上海的传教士已经初具规模，必须有场所进行
周末礼拜。虽然未见对于当时西人礼拜活动的直接描写，但是从工部
局建立之初设立捕房督察员的职责时写明"值星期日基督教做礼拜之
际，督察员应注意到这种场合应没有被经过做礼拜地点的肩挑担子的
苦力的吵闹声所打断"[61]来看，当时对于礼拜活动是十分重视的。这一

61 1854年12月6日《捕房督察员的职责》，而此前就有"星期日禁止通过西人租界运输货物"
的建议（1854年10月28日）。上海市档案馆. 工部局董事会会议录：第一册 [M]. 上海：
上海古籍出版社，2001：573，576.

设计一直影响着该地区后来的发展，九江路的江西中路以西路段至 19 世纪 60 年代基本没有发展实业，而是引入学校、坟地等非营利的实体。

　　用如今城市设计的理念来看历史城市的一些现象可能会落入理论的圈套。我们试图从上海的安立甘会入手[62]，却只能厘清圣三一堂最早牧师为 Hobson 牧师，来自英国，在开埠之初即已携带家眷来沪，除此之外，无从了解该牧师的背景或其他更多的信息。Hobson 牧师的名气完全不能与麦都思匹敌，但是从 1864—1866 年地图上看来，圣三一堂比伦敦会的教堂更为雄伟（图 40），前者为教堂（Church）而后者则为小教堂（Chapel）。1855 年《上海外国租界地图：洋泾浜以北》上江西路的旧名为"Church Street"，应与圣三一堂坐落在该路附近有关，以它为标志物命名。圣三一堂占据着当时城市的中心，建筑宏伟，参与礼拜信众亦多，或可将它视为当时上海的功能性的中心。

　　然而英租界的成长并非个人或者一个群体所能左右。随着洋行的不断入驻、洋人的增加，1846 年道路码头委员会成立[63]，成为"上海城市取得卓越地位的象征"[64]。其名称已表明，该委员会旨在管理上海的道路和码头的规划和建设，很明显就是关注康泽恩（M. R. G. Conzen,

---

62 大英教会安立甘会又称大英教会、英行教会、英国圣公会，外文为 Church Missionary Society。英国基督教新教宣教会，母会原称"Church Missionary Society for Africa and the East"，1799 年成立，本部伦敦，为英国圣公宗。1844 年麦克拉启（Rev. T. McClatchie）至上海开教，1850 年 8 月 3 日《北华捷报》的外侨名录载麦克拉启（一家），传教士，服务于伦敦安立甘会；另有 Hobson 牧师（家庭），传教士，同属英国安立甘会。1851 年 8 月 2 日《北华捷报》上麦克拉启仍旧列为安立甘会，而 Hobson 列为英国牧师，属圣三一堂。1852 年 8 月 7 日两人都没变，前者属安立甘会，后者属圣三一堂。1854 年《上海年鉴》中见 Wright, J. 为柜子制造商与圣三一堂教堂司事，该人仍见于 1856 年《上海年鉴》，但是仅列出柜子制造商而没有写明教堂司事。而 1854 年及以后的《上海年鉴》和行名录都没有单独将"圣三一堂"列出，但是安立甘会一直见于行名录，而麦克拉启一直记于该会名下。由此不能推断两个教会是否同是一个教会下的不同分会，但是可知两者应有一定联系，而该教会也确实在上海开埠初期就已经进入。

63 上海公共租界史稿 [M]. 上海：上海人民出版社，1980：7.

64 罗兹·墨菲. 上海——现代中国的钥匙 [M]. 章克生，徐肇庆，等，译. 上海：上海人民出版社，1986：34.

1907—2000）[65] 所提倡的"城市平面"（town plan）中的第一要素"街道体系（street-system）"[66]。当然该委员会最为关心的或许是如何使这片新纳入的土地得到最好的运作和最大的经济化，即将上海作为外贸港口的优势发挥得淋漓尽致，因而须对道路和码头进行必要的建设和管理。工部局成立之前，道路和码头委员会只是将外滩、花园弄（今河南中路以东的南京东路）、界路（今河南中路）少数干道修筑起来，但均为土路。1854 年工部局成立，创建近代城市化城市道路就成为其首要职责。随后经过将近二十年的建设，至 1865 年，一张由 25 条道路组成的英租界干道网已经形成（图 36 所示），并将道路名称全部统一[67]。

伴随着道路系统的完善、市政建设的规范以及华人移民的进入，英租界迅速成长，对比 1855 年地图与 1864—1866 年地图即可了解。但不得不重申的是，1864—1866 年地图所体现的城市空间有着明确的功能区分。过多的人口是城市问题的症结所在[68]，故而华人移民的进入虽然给英租界发展注入新的动力，但是西人却将他们置于逐步发展成熟起来的城市空间之外。从 1864—1866 年地图可知，华人聚居区基本在河南中路以西一带。不仅如此，从 19 世纪 60 年代的洋行分布图可

65 M. G. R. Conzen 又译为"康臣"，为欧美城市形态学研究"英国流派"的代表人物之一，偏重于地理学角度的研究，其代表作 Alnwick, Northumberland, A Study of in Town-Plan Analysis 在 1960 年出版，奠定了他在城市形态学研究的地位，并逐渐形成以其姓氏命名的"康臣学派"（Conzenian School）。参见：Jeremy W. R. Whitehand. Conzenian Urban Morphology and Urban Landscapes[C]. The 6th International Space Syntax Symposium，Istanbul，2007；J. W. R. Whitehand. British Urban Morphology: the Conzenian Tradition[J]. Urban Morphology，2001，5（2）：103-109.

66 M. G. R. Conzen. Alnwick, Northumberland, A Study of in Town-Plan Analysis[M]. London：Orge Philip & Son，1960：5.

67 袁燮铭认为到 1865 年英租界的主干道已有 26 条，笔者根据 1864—1866 年地图的梳理认为当时主要干道有 25 条，多出一条可能是对于次一级道路界定的问题。袁燮铭. 工部局与上海早期路政 [J]. 上海社会科学院学术季刊，1988（4）：77.

68 Frank M. Snowden. Naples in the Time of Cholera, 1884-1911[M]. Cambridge [England]；New York, N.Y.：Cambridge University Press；Cambridge University Press，2002.

以知晓，洋行分布的西界在河南中路至多到山东路一带。无论从生活空间还是商业空间来看，当时的华人和西人两个社区都是泾渭分明的。或许当时的上海与大卫·哈维讨论的奥斯曼改造之前的巴黎具有相似的经历："每个区各有其模式，能够显露出你是谁、你的工作、你的身家背景以及你所追求的目标。用来区隔阶级的有形距离，被理解成一种经过具体化与神圣化的道德距离，而正是这种道德距离将阶级区隔开来。"[69]

在这一场空间的"保卫战"中，英国领事是有明确举动的，"建议工部局董事会应着手建造一垛墙以替代警卫队，这垛墙应自泰勒桥起延伸至洋泾浜的折弯处，再从那里沿着跑马场的西面至苏州河。这样，就可使租界在陆地上完全隔离"[70]。这一举措目的十分明确，即在华人移民大量迁入之时将英租界隔离开来，以保存其独立性。当然这样的隔离行动后来并没有展开，但可见最开始英人对于华人的进入还是抵触的。

伴随着上海经济的进一步发展，经济的群聚效果为上海吸引了大量新的运输投资和新的经济活动形式，外在空间关系的转变迫使其内部空间向更加合理调整[71]。城市道路系统进一步完善，不仅数量上有大的突破，统一性和规范性也有很大程度的提高，这就引发了城市边界的扩张，表现为 1855 年洋行分布仅在河南中路一带，到 19 世纪 60 年代已经扩张到山东中路以西地区。这就是上海租界作为自然形成城市

---

69 大卫·哈维借用巴尔扎克对奥斯曼改造之前的巴黎现代性展开了讨论。参见：大卫·哈维. 巴黎城记：现代性之都的诞生 [M]. 黄煜文，译. 桂林：广西师范大学出版社，2010：46.

70 1854 年 12 月 15 日第十三次会议. 上海市档案馆. 工部局董事会会议录：第一册 [M]. 上海：上海古籍出版社，2001：577.

71 大卫·哈维认为巴黎的铁路网以及其他道路所构成的复杂空间网络，使得巴黎成为法国首要市场与首要的制造业中心，即经济的群聚效果。并且因外在空间关系的改变从而促进城市内部空间的合理化。参见：大卫·哈维. 巴黎城记：现代性之都的诞生 [M]. 黄煜文，译. 桂林：广西师范大学出版社，2010：116-126.

的最大特点，即商人理性选择区位后，改善道路等基本设施，然后吸引其他资金进来，市政当局适时介入，城市进一步规范发展，最终实现城市空间的扩张。从洋行分布来看，就是最重要的行业占据最有利的地段，新兴的行业则在外围区域；经过一段时间的发展之后，原先的外围区域变成核心地带，而后更新的行业又进行新一轮的空间拓展，从而实现了上海的近代城市化过程。

开埠初期是近代上海城市发展最为重要的阶段，然而这一至关重要的阶段却是史料最为欠缺的时段，即便是本书所用核心资料行名录，也存在着前后编纂不统一的瑕疵。因此利用新的研究方法充分挖掘这一阶段已知的史料价值，成为本书试图突破的瓶颈。本书将文献资料与地图资料充分结合，针对此前"城市研究还没有出现类似工具来表现城市的三维空间"[72]的遗憾，做了一些弥补性尝试，提供了一种表现历史城市的"三维空间"的可能。不仅如此，"时间这个通常被忽略的因素"[73]，也因使用编年性的材料而得以弥补，将一些静态的数据以时间为序动态表达出来，最终不仅仅把上海作为"处所中的城市"（Urban as site）来处理城市内部发生的事情，更把上海列在"过程中的城市"（Urban as process）范畴下进行探讨，上海不再是静止不变的场域，而是"建立在时间之上的城市化进程"[74]。

当然本书所作研究还有诸多可以延伸的空间。租界作为上海近代城市的起源地，对于上海城市形成的意义毋庸置疑。电灯、电话现代

---

72 "类似工具"指代地理学用等高线来表现城市的二维空间.凯文·林奇.城市形态[M].林庆怡，等，译.北京：华夏出版社，2001：239.

73 凯文·林奇.城市形态[M].林庆怡，等，译.北京：华夏出版社，2001：239.

74 西奥多·赫斯伯格.白华山，译.新城市史：迈向跨学科的城市史[M]//都市·帝国与先知：第2辑.上海：上海三联书店，2006：307-308.

化的设施都是在上海租界最早使用，租界尤其是法租界更有一整套完备的市政体系维护城市的运作，这自然成为华界模仿的对象。上海成立了中国首个市政厅[75]，提出"大上海计划"旨在建设一个有别于传统社会与租界抗衡的新城市中心，自然是受到租界形态和清晰的功能区规划的刺激。上海租界地区如何在自我不断成长的过程中影响到华界，租界这一特殊的介质在中国由传统城市向近代城市转型中起到怎样的作用，这些都是值得深入讨论的。

另外，本书在讨论洋行分布时以英租界为主要研究对象，虽稍涉美租界和法租界，但是并未就其进行深入探讨，也并未将英租界与美、法租界以及后来的日本人聚居地进行对比研究[76]。将上海这一城市整体拆解成各个组成部分，可能会让原本彼此交织的繁复互动体系失去联系[77]。虽然在讨论洋行分布与发展时，本书试图存有整体视野，但终究因资料和文幅所限而力不从心。城市就像人的身体一样[78]，只有将各个组成部分全部厘清、精确复原才能从整体上绘出精美的肖像画。本书现阶段也只能暂做到将英租界范围尽可能详尽地复原，未能将整个租界地区做清晰定位，这也成为本研究之后可以延伸的部分。诸如英租界的发展如何带动美租界以至最后两区合并，应当不仅仅是因为宾馆

---

75 上海在租界的刺激下成立中国第一个市政厅，由士绅阶级负责运作该机构，相关研究参见：Mark Elvin. The Gentry Democracy in Chinese Shanghai, 1905-14[M]//Modern China's Search for a Political Form. Oxford：Oxford University Press，1969：41-65.

76 日本租界在上海从未正式设立，应当说是一个自然生长起来的势力范围，在此借用"日本人聚居地"一词来代称日本在虹口建立的势力范围。相关研究参见：大里浩秋，孙安石. 租界研究新动态 [M]. 上海：上海人民出版社，2011.

77 大卫·哈维. 巴黎城记：现代性之都的诞生 [M]. 黄煜文，译. 桂林：广西师范大学出版社，2010：112.

78 Reuben S. Rose-Redwood. Indexing the Great Ledger of the Community: Urban House Numbering, City Directories, and the Production of Spatial Legibility[J]. Journal of Historical Geography，2008，34（2）：286-310.

业、饮食业与照相业等新兴产业的推广；而在经济发展方面无法与英租界以及后来的公共租界匹敌的法租界，其城市功能分区和定位如何成为其成功之处；英法租界在当时是否有权力的斗争或者说是资源的抢占，两个租界区的功能区划是否有相关联之处；而后来随着日本势力的进入，打破了原本的局面，上海朝着更加多元的方向发展，英租界对这个新来客又是怎样的态度；日本人聚居地最初的发展是否受到公共租界或法租界的影响？这些问题都有待进一步的研究解答。

不仅如此，租界虽然是近代中国的一个特殊现象，但当时在沿海沿江有相当一批开埠城市都设有租界；即便是同为第一批开埠的城市，上海的英租界与后来的天津、重庆、杭州等城市的租界最初创立之时是否有相似之处，上海公共租界是不是当时的"模范租界"，这些都是可以进行对比讨论的。随着各个城市研究的细化和深入，横向讨论应该可以得到一些意想不到的收获。倘若将上海放置于更大的历史背景下来讨论的话，同时期亚洲的加尔各答与上海具有太多的相似点，诸如看似有严格边界的"白镇"（White Town）与"黑镇"（Black Town），其实两者之间有模糊的界线（Blurring Boundaries），而这界线在于居住于建筑中的异质人群及建筑的异质使用。这与上海最初的"华洋分离"十分相似，有身份和地位的人事实上亦居于租界，业主无关身份，只要有利可图。在城市的开发过程中，两个城市的土地利用也十分相似，市场、仓库、住宅、商店以及出租的土地成为城市开发的主要类型，促使地产成为利润丰厚的产业[79]。如此相同的发展途径，是英国势力的影响还是上海本土力量主导？原本上海远落后于加尔

---

79 Swati Chattopadhyay．Blurring Boundaries: The Limits of "White Town" in Colonial Calcutta[J]．Journal of the Society of Architectural Historians，2000，59（2）：154-179

各答，可如何后来居上成为亚洲乃至远东最大的贸易城市？使上海成功崛起最为关键的到底是哪一个要素？这些问题的厘清对于上海现在城市的发展或许也有一定借鉴意义。现代城市研究则更喜欢将上海、香港[80]、巴黎、纽约等全球城市并列进行讨论，当然这是更大范围的对话，历史研究或许可以给上海梳理清过往，至于未来或许就得仰仗其他学科了。

---

80 李欧梵将香港作为上海的"她者"进行讨论，并借用"双城记"一说。李欧梵. 上海摩登
   [M]. 上海：上海三联书店，2008：320-335.

主要参考文献

原始文献

[1] 1852年、1853年、1854年、1856年、1858年《上海年鉴》

[2] 1861—1869年、1872年、1874年、1875年、1876年、1877年、1878年、1879年行名录

报纸

[3] 《北华捷报》

[4] 《上海新报》

[5] 《申报》

档案与资料汇编

[6] 蔡育天. 上海道契 [M]. 上海：上海古籍出版社, 2005.

[7] 陈炎林. 上海地产大全[M]. 上海：上海书店, 1991.

[8] 林乐知, 傅兰雅. 上海新报：1862.6—1872.12[M]. 台北：文海出版社有限公司, 1989.

[9] 上海通社. 上海研究资料[M]. 台北：文海出版社, 1988.

[10] 上海通社. 上海研究资料续集[M]. 上海：上海书店, 1993.

[11] 上海通社. 旧上海史料汇编[M]. 北京：书目文献出版社, 1998.

[12] 上海社会科学院经济研究所, 上海市国际贸易学会学术委员会. 上海对外贸易：1840-1949[M]. 上海：上海社会科学院出版社, 1989.

[13] 上海社会科学院历史研究所. 太平军在上海——《北华捷报》选译[M]. 上海：上海人民出版社, 1983.

[14] 上海市档案馆. 工部局董事会会议录[M]. 上海：上海古籍出版社, 2001.

[15] 孙毓棠. 中国近代工业史资料第一辑：1840—1895[M]. 北京：科学出版社, 1957.

[16] 汪敬虞. 中国近代工业史资料第二辑：1895—1914[M]. 北京：科学出版社, 1957.

[17] 熊月之. 稀见上海史志资料丛书[M]. 上海：上海书店出版社, 2012.

[18] 姚贤镐. 中国近代对外贸易史资料：1840—1895[M]. 北京：中华书局, 1962.

[19] 中国科学院上海历史研究所筹备委员会. 上海小刀会起义史料汇编[M]. 上海：上海人民出版社, 1958.

[20] 中华续行委办会调查特委会. 1901—1920年中国基督教调查资料[M]. 北京：中国社会科学出版社, 2007.

[21] 《近代上海英文文献选编》编委会. 近代上海英文文献选编[M]. 上海：上海古籍出版社, 2021.

地方志书

[22] 嘉靖《上海县志》, 郑洛书修, 高企纂, 传真社据明嘉靖三年（1524年）刊本影印。

[23] 万历《上海县志》, 颜洪范修, 张之象等纂, 万历十六年（1588年）刻本。

[24] 乾隆《上海县志》, 李文耀修, 谈起行纂, 乾隆十五年（1750年）刊本。

[25] 乾隆《上海县志》, 范廷杰修, 皇甫枢等纂, 乾隆四十九年（1784年）刻本。

[26] 嘉庆《松江府志》, 宋如林等修, 孙星衍、莫晋等纂, 嘉庆二十二年（1817年）松江府学明伦堂藏版。

[27] 嘉庆《上海县志》, 王大同修, 李松林纂, 清嘉庆十九年（1814年）刊本。

[28] 同治《上海县志》, 应宝时等修, 俞樾等纂, 同治十年（1871年）刊本。

[29] 《上海县续志》, 吴馨等修, 姚文枬纂, 民国七年（1918年）本。

[30] 《上海县志》, 吴馨、江家嵋修, 姚文枬纂, 民国二十五年（1936年）本。

[31] 《上海对外经济贸易志》编纂委员会. 上海对外经济贸易志[M]. 上海：上海社会科学院出版社, 2001.

[32] 《上海港志》编纂委员会. 上海港志[M]. 上海：上海社会科学院出版社, 2001.

[33] 胡炜. 上海市黄浦区地名志[M]. 上海：上海社会科学院出版社, 1989.

[34] 上海市宝山区人民政府. 上海市宝山区地名志[M]. 上海：上海科学技术文献出版社, 1995.

[35] 上海市地方志办公室. 上海名街志[M]. 上海：上海社会科学院出版社, 2004.

[36] 上海市虹口区地方志编纂委员会. 虹口区志[M]. 上海：上海社会科学院出版社, 1999.

[37] 上海市虹口区地方志编纂委员会. 上海市虹口区志（1994—2007）[M]. 北京：方志出版社, 2011.

[38] 上海市虹口区人民政府. 上海虹口地名志[M]. 上海：百家出版社, 1989.

清民国著述

[39] 胡祥翰. 上海小志[M]. 上海：上海古籍出版社, 1989.

[40] 李维清. 上海乡土志[M]. 上海：上海古籍出版社, 1989.

[41] 曹晟. 夷患备尝记[M]. 上海：上海古籍出版社, 1989.

[42] 黄式权. 淞南梦影录[M]. 上海：上海古籍出版社, 1989.

[43] 张春华. 沪城岁事衢歌[M]. 上海：上海古籍出版社，1989.

[44] 黄楙材. 沪游脞记[M]. 上海书店出版社编. 丛书集成续编（第63册），史部. 上海：上海书店出版社，1994.

[45] 徐润. 徐愚斋自叙年谱[M]. 上海：上海古籍出版社，1995.

[46] 王韬. 瀛壖杂志[M]. 上海：上海古籍出版社，1989.

[47] 葛元煦. 沪游杂记[M]. 郑祖安，点校. 上海：上海书店出版社，2006.

中文著作

[48] R. J. 约翰斯顿. 地理学与地理学家：1945年以来的英美人文地理学[M]. 唐晓峰，等，译. 北京：商务印书馆，2010.

[49] 阿尔曼德. 景观科学：理论基础和逻辑数理方法[M]. 李世玢，译. 北京：商务印书馆，1900.

[50] 阿兰·贝克. 地理学与历史学——跨越楚河汉界[M]. 阚维民，译. 北京：商务印书馆，2008.

[51] 爱狄密勒. 上海——冒险家的乐园 [M]. 包玉珂，译. 上海：上海文化出版社，1956.

[52] 安克强. 1927—1937年的上海：市政权、地方性和现代化[M]. 张培德，译. 上海：上海古籍出版社，2004.

[53] 安克强. 上海妓女：19—20世纪中国的卖淫与性[M]. 袁燮铭，夏俊霞，译. 上海：上海古籍出版社，2003.

[54] 曾小萍，欧中坦，加德拉. 早期近代中国的契约与产权[M]. 李超，等，译. 杭州：浙江大学出版社，2011.

[55] 查尔斯·瓦尔德海姆. 景观都市主义——从起源到演变[M]. 陈崇贤，夏宇，译. 南京：江苏凤凰科学技术出版社，2018.

[56] 大里浩秋，孙安石. 租界研究新动态[M]. 上海：上海人民出版社，2011.

[57] 大卫·哈维. 巴黎城记：现代性之都的诞生[M]. 黄煜文，译. 桂林：广西师范大学出版社，2010.

[58] 段义孚. 无边的恐惧[M]. 徐文宁，译. 北京：北京大学出版社，2011.

[59] 费侠莉. 丁文江：科学与中国新文化[M]. 丁子霖，蒋毅坚，杨昭，译. 北京：新星出版社，2006.

[60] 弗雷德里克·斯坦纳. 生命的景观：景观规划的生态学途径[M]. 周年兴，李小凌，俞孔坚，等，译. 北京：中国建筑工业出版社，2004.

[61] 韩起澜. 苏北人在上海，1850—1980[M]. 卢明华，译. 上海：上海古籍出版社，2004.

[62] 何春阳，黄庆旭等. 城市景观生态学：过程、影响和可持续性[M]. 北京：科学出版社，2018.

[63] 贺萧. 危险的愉悦: 20世纪上海的娼妓问题与现代性[M]. 韩敏中, 盛宁, 译. 南京: 江苏人民出版社, 2003.

[64] 黄绍伦. 移民企业家——香港的上海工业家[M]. 张秀莉, 译. 上海: 上海古籍出版社, 2003.

[65] 黄宗智. 清代的法律、社会与文化: 民法的表达与实践[M]. 上海: 上海书店出版社, 2001.

[66] 黄宗智. 长江三角洲小农家庭与乡村发展[M]. 北京: 中华书局, 2000.

[67] 霍塞. 出卖上海滩[M]. 越裔, 译. 上海: 上海书店出版社, 2000.

[68] 简·雅各布斯. 美国大城市的死与生[M]. 金衡山, 译. 南京: 译林出版社, 2006.

[69] 凯文·林奇. 城市形态[M]. 林庆怡, 等, 译. 北京: 华夏出版社, 2001.

[70] 凯文·林奇. 城市意象[M]. 方益萍, 何晓军, 译. 北京: 华夏出版社, 2007.

[71] 康泽恩. 城镇平面布局分析: 诺森伯兰郡安尼克案例研究[M]. 宋峰, 许立言, 等, 译. 北京: 中国建筑工业出版社, 2011.

[72] 柯文. 在中国发现历史——中国中心观在美国的兴起[M]. 林同奇, 译. 北京: 中华书局, 2002.

[73] 克利夫·芒福汀. 街道与广场[M]. 张永刚, 陆卫东, 译. 北京: 中国建筑工业出版社, 2007.

[74] 兰宁, 库寿龄. 上海史[M]. 朱华, 译. 上海: 上海书店出版社, 2020.

[75] 勒费窝. 怡和洋行: 1842—1895在华活动概述[M]. 陈曾年, 乐嘉书, 译. 上海: 社会科学院出版社, 1986.

[76] 李欧梵. 上海摩登——一种新都市文化在中国(1930—1945)[M]. 毛尖, 译. 上海: 上海三联书店, 2008.

[77] 理查德·皮特. 现代地理学思想[M]. 周尚意, 译. 北京: 商务印书馆, 2007.

[78] 刘易斯·芒福德. 城市发展史: 起源演变和前景[M]. 宋俊岭, 倪文彦, 译. 北京: 中国建筑工业出版社, 2005.

[79] 罗柏兹. 英国史[M]. 贾士衡, 译. 台北: 五南图书出版社公司, 1986.

[80] 罗威廉. 汉口: 一个中国城市的冲突和社区(1796–1895)[M]. 鲁西奇, 罗杜芳, 译. 北京: 中国人民大学出版社, 2008.

[81] 罗威廉. 汉口: 一个中国城市的商业和社会(1796–1889)[M]. 江溶, 鲁西奇, 译. 北京: 中国人民大学出版社, 2005.

[82] 罗兹·墨菲. 上海——现代中国的钥匙[M]. 章克生, 徐肇庆, 等, 译. 上海: 上海人民出版社, 1986.

[83] 马克斯·韦伯. 非正当性的支配——城市类型学[M]. 康乐, 简惠美, 译. 桂林: 广西师范大学出版社, 2005.

[84] 马士. 中华帝国对外关系史(全三卷)[M]. 张汇文, 姚曾廙, 等, 译. 上海: 上海书店出版社, 2000.

[85] 梅朋, 傅立德. 上海法租界史[M]. 倪静兰, 译. 上海：上海社会科学院出版社, 2007.

[86] 帕克斯·M. 小科布尔. 上海资本家与国民政府：1927—1937[M]. 杨希孟, 武莲珍, 译. 北京：中国社会科学出版社, 1988.

[87] 裴宜理. 上海罢工：中国工人政治研究[M]. 刘平, 译. 南京：江苏人民出版社, 2012.

[88] 彭慕兰. 腹地的构建：华北内地的国家、社会和经济（1853—1937）[M]. 马俊亚, 译. 北京：社会科学文献出版社, 2005.

[89] 裘昔司. 晚清上海史[M]. 孙川华, 译. 上海：上海社会科学院出版社, 2012.

[90] 日比野辉宽, 高杉晋作, 等. 1862年上海日记[M]. 陶振孝, 阎瑜, 等, 译. 北京：中华书局, 2012.

[91] 施坚雅. 中国农村的市场与社会结构[M]. 史建云, 徐秀丽, 译. 北京：中国社会科学出版社, 1998.

[92] 施坚雅. 中华帝国晚期的城市[M]. 叶光庭, 徐自立, 等, 译. 北京：中华书局, 2000.

[93] 施美夫. 五口通商城市游记[M]. 温时幸, 译. 北京：北京图书馆出版社, 2007.

[94] 丝奇雅·沙森. 全球城市[M]. 周振华, 译. 上海：上海社会科学院出版社, 2005.

[95] 斯蒂芬·洛克伍德. 美商琼记洋行在华经商情况的剖析（1858—1862）[M]. 章克生, 王作求, 译. 上海：上海社会科学院出版社, 1992.

[96] 斯皮罗·科斯托夫. 城市的形成——历史进程中的城市模式和城市意义[M]. 单皓, 译. 北京：中国建筑工业出版社, 2005.

[97] 伟烈亚力. 1867年以前来华基督教传教士列传及著作目录[M]. 倪文君, 译. 桂林：广西师范大学出版社, 2011.

[98] 沃尔特·克里斯塔勒. 德国南部中心地原理[M]. 常正文, 王兴中, 译. 北京：商务印书馆, 1998.

[99] 小浜正子. 近代上海的公共性与国家[M]. 葛涛, 译. 上海：上海古籍出版社, 2003.

[100] 扬·盖尔. 交往与空间[M]. 何人可, 译. 北京：中国建筑工业出版社, 2002.

[101] 伊恩·D·怀特. 16世纪以来的景观与历史[M]. 王思思, 译. 北京：中国建筑工业出版社, 2011.

[102] 余凯思. 在"模范殖民地"胶州湾的统治与抵抗：1897—1914年中国与德国的相互作用[M]. 孙立新, 译. 济南：山东大学出版社, 2005.

[103] 约翰·布林克霍夫·杰克逊. 发现乡土景观[M]. 俞孔坚, 陈义勇, 等译. 北京：商务印书馆, 2017.

[104] 中村圭尔, 辛德勇. 中日古代城市研究[M]. 北京：中国社会科学出版社, 2004.

[105] 《上海港码头的变迁》编写组. 上海港码头的变迁[M]. 上海：上海人民出版社, 1975.

[106] 包伟民, 陈晓燕. 江南市镇：传统历史文化聚焦[M]. 上海：同济大学出版社, 2003.

[107] 曾业英. 五十年来的中国近代史研究[M]. 上海：上海书店出版社，2002.

[108] 陈伯熙. 上海轶事大观[M]. 上海：上海书店出版社，2000.

[109] 陈宁生，张学仁. 香港与怡和洋行——历史的回顾及有关怡和洋行译文两种[M]. 武汉：武汉大学出版社，1986.

[110] 褚绍唐. 上海历史地理[M]. 上海：华东师范大学出版社，1996.

[111] 戴鞍钢. 港口·城市·腹地——上海与长江流域经济关系的历史考察（1843—1913）[M]. 上海：复旦大学出版社，1998.

[112] 董鉴泓. 中国城市建设史[M]. 北京：中国建筑工业出版社，2004.

[113] 段进，邱国潮. 国外城市形态学概论[M]. 南京：东南大学出版社，2009.

[114] 樊树志. 江南市镇：传统的变革[M]. 上海：复旦大学出版社，2005.

[115] 樊卫国. 激活与成长：上海现代经济兴起之若干分析（1870—1941）[M]. 上海：上海人民出版社，2002.

[116] 方诗铭，方小芬. 中国史历日和中西历日对照表[M]. 上海：上海人民出版社，2007.

[117] 顾炳权. 上海历代竹枝词[M]. 上海：上海书店出版社，2001.

[118] 顾朝林. 中国城镇体系——历史·现状·展望[M]. 北京：商务印书馆，1992.

[119] 顾建祥，安介生. 图溯上海——上海市测绘院藏近代上海地图文化价值研究[M]. 上海：上海辞书出版社，2019.

[120] 韩光辉. 历史地理学丛稿[M]. 北京：商务印书馆，2006.

[121] 侯仁之，唐晓峰. 北京城市历史地理[M]. 北京：北京燕山出版社，2000.

[122] 侯仁之. 历史地理四论[M]. 北京：中国科学技术出版社，2005.

[123] 胡政. 外滩9号的故事[M]. 上海：上海辞书出版社，2008.

[124] 黄美真，上海研究中心. 论上海研究[M]. 上海：复旦大学出版社，1991.

[125] 黄苇. 上海开埠初期对外贸易研究：1843—1863 [M]. 上海：上海人民出版社，1961.

[126] 贾彩彦. 近代上海城市土地管理思想：1843—1949[M]. 上海：复旦大学出版社，2007.

[127] 姜进. 都市文化中的现代中国[M]. 上海：华东师范大学出版社，2007.

[128] 上海公共租界史稿[M]. 上海：上海人民出版社，1980.

[129] 李孝聪. 历史城市地理：中国历史地理学[M]. 济南：山东教育出版社，2007.

[130] 李孝悌. 恋恋红尘：中国的城市、欲望和生活[M]. 上海：上海人民出版社，2007.

[131] 李孝悌. 中国的城市生活[M]. 北京：新星出版社，2006.

[132] 李长莉. 晚清上海社会的变迁：生活与伦理的近代化[M]. 天津：天津人民出版社，2002.

[133] 梁元生. 上海道台研究——转变社会中之联系人物, 1843–1890[M]. 陈同, 译. 上海：上海古籍出版社, 2003.

[134] 刘俊文. 日本学者研究中国史论著选议第二卷专论[M]. 北京：中华书局, 1993.

[135] 刘俊文. 日本学者研究中国史论著选议第六卷明清[M]. 北京：中华书局, 1993.

[136] 刘诗平. 汇丰帝国：全球顶级金融机构的百年传奇[M]. 北京：中信出版社, 2010.

[137] 马长林. 老上海行名辞典：英汉对照1880–1941[M]. 上海：上海古籍出版社, 2005.

[138] 牟振宇. 从苇荻渔歌到东方巴黎：近代上海法租界城市化空间过程研究[M]. 上海：上海书店出版社, 2012.

[139] 钱乘旦, 许洁明. 英国通史[M]. 上海：上海社会科学院出版社, 2007.

[140] 钱乃荣. 上海语言发展史[M]. 上海：上海人民出版社, 2003.

[141] 钱宗灏, 等. 百年回望——上海外滩建筑与景观的历史变迁[M]. 上海：上海科学技术出版社, 2005.

[142] 上海建筑施工志编委会编写办公室. 东方"巴黎"——近代上海建筑史话[M]. 上海：上海文化出版社, 1991.

[143] 上海浦东发展银行. 外滩十二号[M]. 上海：上海锦绣文章出版社, 2007.

[144] 上海社会科学院经济研究所, 上海市国际贸易学会学术委员会. 上海贸易, 1840—1949[M]. 上海：上海社会科学院出版社, 1989.

[145] 上海市城市规划设计研究院. 循迹启新——上海城市规划演进[M]. 上海：同济大学出版社, 2007.

[146] 上海市文物保管委员会. 历年记[M]. 上海：上海市文物保管委员会, 1962.

[147] 上海章明建筑设计事务所, 章明. 上海外滩源历史建筑（一期）[M]. 上海：上海远东出版社, 2007.

[148] 沈克宁. 建筑类型学与城市形态学[M]. 北京：中国建筑工业出版社, 2010.

[149] 实业部国际贸易局. 上海进出口商行要览[M]. 实业部国际贸易局, 1936.

[150] 史林. 洋场百年[M]. 北京：中国言实出版社, 1998.

[151] 苏智良, 上海高校都市文化E研究院. 上海：近代新文明的形态[M]. 上海：上海辞书出版社, 2004.

[152] 孙逊, 钟翀. 上海城市地图集成[M]. 上海：上海书画出版社, 2017.

[153] 孙颙, 赵矛, 王雅萍. 上海文史资料选辑：外滩金融史话[M]. 上海：上海市政协文史资料编辑部, 2010.

[154] 谭其骧. 长水集（上、下）[M]. 北京：人民出版社, 1987.

[155] 谭其骧. 长水集续编[M]. 北京：人民出版社, 1994.

[156] 唐振常, 谯枢铭, 等. 上海史[M]. 上海：上海人民出版社, 1989.

[157] 唐振常. 近代上海繁华录[M]. 香港：商务印书馆(香港)有限公司, 1993.

[158] 汪民安, 陈永国, 马海良. 城市文化读本[M]. 北京：北京大学出版社, 2008.

[159] 汪晓勤. 中西科学交流的功臣：伟烈亚力[M]. 北京：科学出版社, 2000.

[160] 汪忠贤, 许晓霞. 上海俗语图说[M]. 上海：上海书店出版社, 1999.

[161] 王垂芳. 洋商史——上海：1843—1956[M]. 上海：上海社会科学出版社, 2007.

[162] 王方. "外滩源"研究：上海原英领馆街区及其建筑的时空变迁：1843—1937[M]. 南京：东南大学出版社, 2011.

[163] 王立新. 美国传教士与晚清中国现代化：近代基督新教传教士在华社会、文化与教育活动研究[M]. 天津：天津人民出版社, 2008.

[164] 王列辉. 驶向枢纽港：上海、宁波两港空间关系研究（1843—1941）[M]. 杭州：浙江大学出版社, 2009.

[165] 王铭铭. 社会人类学与中国研究[M]. 桂林：广西师范大学出版社, 2005.

[166] 邬建国. 景观生态学——格局、过程、尺度与等级[M]. 北京：高等教育出版社, 2001.

[167] 吴贵芳. 古代上海述略[M]. 上海：上海教育出版社, 1980.

[168] 伍江. 上海百年建筑史：1840—1949[M]. 上海：同济大学出版社, 2008.

[169] 夏伯铭. 上海旧事之跷脚沙逊[M]. 上海：上海远东出版社, 2008.

[170] 夏扬. 上海道契：法制变迁的另一种表现[M]. 北京：北京大学出版社, 2007.

[171] 肖笃宁, 李秀珍, 高峻, 等. 景观生态学[M]. 北京：科学出版社, 2003.

[172] 辛德勇. 历史的空间与空间的历史——中国历史地理与地理学史研究[M]. 北京：北京师范大学出版社, 2005.

[173] 忻平. 从上海发现历史：现代化进程中的上海人及其社会生活 [M]. 上海：上海人民出版社, 1996.

[174] 熊月之, 马学强, 晏可佳. 上海的外国人（1842—1949）[M]. 上海：上海古籍出版社, 2003.

[175] 熊月之, 周武. 海外上海学[M]. 上海：上海古籍出版社, 2004.

[176] 熊月之. 上海通史[M]. 上海：上海人民出版社, 1999.

[177] 熊月之. 西学东渐与晚清社会[M]. 上海：上海人民出版社, 1994.

[178] 徐寄庼. 最近上海金融史[M]. 上海：上海商务印书馆, 1926.

[179] 徐小群. 民国时期的国家与社会：自由职业团体在上海的兴起，1912—1937 [M]. 北京：新星出版社，2007.

[180] 许介鳞. 英国史纲[M]. 台北：三民书局股份有限公司，1981.

[181] 薛理勇. 上海外滩[M]. 上海：上海科学技术文献出版社，2012.

[182] 薛理勇. 上海洋场[M]. 上海：上海辞书出版社，2011.

[183] 薛理勇. 上海掌故大辞典[M]. 上海：上海辞书出版社，2015.

[184] 阎纯德. 汉学研究[M]. 北京：中华书局，2004.

[185] 杨家祐. 上海：老房子的故事[M]. 上海：上海人民出版社，1999.

[186] 杨宽. 中国古代都城制度史研究[M]. 上海：上海人民出版社，2003.

[187] 杨天宏. 口岸开放与社会变革——近代中国自开商埠研究[M]. 北京：中华书局，2002.

[188] 印永清，胡小菁. 海外上海研究书目（1845–2005）[M]. 上海：上海辞书出版社，2009.

[189] 于醒民. 上海，1862年[M]. 上海：上海人民出版社，1991.

[190] 余之. 摩登上海[M]. 上海：上海书店出版社，2003.

[191] 张本英. 自由帝国的建立——1815—1870年英帝国研究[M]. 合肥：安徽大学出版社，2009.

[192] 张伟. 老上海地图[M]. 上海：上海画报出版社，2001.

[193] 张忠民. 上海：从开发走向开放1368—1842[M]. 昆明：云南人民出版社，1990.

[194] 张仲礼，等. 太古集团在旧中国[M]. 上海：上海人民出版社，1991.

[195] 张仲礼. 近代上海城市研究（1840—1949年）[M]. 上海：上海文艺出版社，2008.

[196] 赵冈. 中国城市发展史论集[M]. 北京：新星出版社，2006.

[197] 郑祖安. 百年上海城[M]. 上海：学林出版社，1999.

[198] 钟翀. 旧城胜景：日绘近代中国鸟瞰地图[M]. 上海：上海书画出版社，2011.

[199] 周振鹤，游汝杰. 方言与中国文化[M]. 上海：上海人民出版社，2015.

[200] 周振鹤. 上海历史地图集[M]. 上海：上海人民出版社，1999.

[201] 周振鹤. 随无涯之旅[M]. 北京：生活·读书·新知三联书店，1996.

[202] 周振鹤. 知者不言[M]. 北京：生活·读书·新知三联书店，2008.

[203] 周振鹤. 中国地方行政制度史[M]. 上海：人民出版社，2005.

[204] 周振鹤. 周振鹤自选集[M]. 桂林：广西师范大学出版社，1999.

外文著作

[205] EIICHI MOTONO. Conflict and cooperation in Sino-British business, 1860-1911: the impact of the Pro-British commercial network in Shanghai[M]. New York: St. Martin's Press, 2000.

[206] FRANCIS LISTER HAWKS. A short history of Shanghai: being an account of the growth and development of the international settlement[M]. Shanghai: Kelly & Walsh, limited, 1928.

[207] FRANK M. SNOWDEN. Naples in the time of cholera, 1884-1911[M]. Cambridge; New York: Cambridge University Press, 1995.

[208] HAROLD CARTER. An introduction to urban historical geography[M]. London: Baltimore, Md. : E. Arnold, 1983.

[209] J. G BALLARD. Miracles of life: Shanghai to Shepperton, an autobiography, [M]. London: Fourth Estate, 2008.

[210] JOHN KING FAIRBANK. Trade and diplomacy on the China coast: the opening of the treaty ports, 1842-1854[M]. Cambridge: Harvard University Press, 1956.

[211] LANNING GEORGE, COULING SAMUEL. The history of Shanghai[M]. Shanghai: Kelly & Walsh, 1921.

[212] LINDA COOKE JOHNSON. Cities of Jiangnan in late imperial China [M]. New York: State University of New York Press, 1993.

[213] M. G. R. CONZEN. Alnwick, Northumberland, a study of in town-plan analysis [M]. London: Orge Philip & Son, Ltd. , 1960.

[214] WHITEHAND J. W. R. , M. G. R. CONZEN. The urban landscape: historical development and management[M]. London, New York: Academic Press, 1981.

[215] MARK ELVIN, G. W. SKINNER. The Chinese city between two world: politics of the smaller European democracies[M]. Stanford: Stanford University Press, 1974.

[216] MARK ELVIN. The pattern of the Chinese past[M]. Stanford: Stanford University Press, 1973.

[217] PAUL A. COHEN. Discovering history in China: American historical writing on the recent Chinese past[M]. New York: Columbia University Press, 1997.

[218] PAUL FRENCH. Carl Crow, A tough old China hand: the life, times and adventures of an American in Shanghai[M]. Hong Kong: Hong Kong University Press, 2006.

[219] PAUL M HOHENBERG, LYNN HOLLEN LEES. The making of urban Europe, 1000-1994[M]. Cambridge, Mass: Harvard University Press, 1995.

[220] PHILIP A KUHN. Rebellion and its enemies in late imperial China: militarization and social structure, 1796-1864[M]. Cambridge, Mass: Harvard University Press, 1980.

[221] RHOADS MURPHEY. Shanghai, key to modern China[M]. Cambridge: Harvard University Press, 1953.

[222] ROBERT FORTUNE. A journey to the tea countries of China: including Sung-Lo and the Bohea hills: with a short notice of the East India Company's tea plantations in the Himalaya mountains[M]. London: J. Murray, 1852.

[223] SASKIA SASSEN. The Global City: New York, London, Tokyo[M]. Princeton, N. J. : Princeton University Press, 2001.

[224] SAUER C. O. The morphology of landscape[M]. University of California Publications in Geography, 1925.

[225] WILLIAM CRONON. Nature's metropolis: Chicago and the great west[M]. New York, 1991.

[226] UNESCO. Recommendation of the historic urban landscape[M]. Paris: UNESCO, 2011.

论文

[227] 陈刚. "数字人文"与历史地理信息化研究[J]. 南京社会科学, 2014（3）: 136-142.

[228] 陈刚. 晚清南京城市景观研究——基于《江宁府城图》与《陆师学堂新测金陵省城全图》的研究[J]. 中国古都研究, 2017（33）: 90-113.

[229] 傅伯杰. 地理学综合研究的途径与方法: 格局与过程耦合[J]. 地理学报, 2014, 69（8）: 1052-1059.

[230] 傅伯杰. 黄土区农业景观空间格局分析[J]. 生态学报, 1995, 15（2）: 113-120.

[231] 高泳源. 从《姑苏城图》看清末苏州的城市景观[J]. 自然科学史研究, 1996（2）: 161-169.

[232] 葛思恩. 北华捷报集团的报刊——上海近代报刊史的最早一页[J]. 新闻研究资料, 1989（04）: 138-148+162.

[233] 顾朝林. 基于景观生态学的城市空间分析方法——南昌城市空间发展实证研究[C]// 生态文明视角下的城乡规划——2008中国城市规划年会论文集. 中国城市规划学会, 2008: 1087-1099.

[234] 韩锋. 探索前行中的文化景观[J]. 中国园林, 2012, 28（05）: 5-9.

[235] 景峰. 联合国教科文组织《关于保护城市历史景观的建议》（稿）及其意义[J]. 中国园林, 2008（03）: 77-81.

[236] 孔翔,卓方勇. 文化景观对建构地方集体记忆的影响——以徽州呈坎古村为例[J]. 地理科学, 2017, 37（01）: 110-117.

[237] 李建平. 北京城市景观与古都文脉[J]. 北京联合大学学报, 2002（1）: 34-39.

[238] 韩光辉，陈喜波，赵英丽. 论桂林山水城市景观特色及其保护[J]. 地理研究，2003（3）：335–342.

[239] 姚亦锋. 长江下游变迁与南京古城景观的形成[J]. 风景园林，2005（4）：67–72.

[240] 李孝聪. 文以载道图以明志——古地图研究随笔[J]. 中国史研究动态，2018（4）：30–35.

[241] 李秀珍，肖笃宁. 城市的景观生态学探讨[J]. 城市环境与城市生态，1995, 8（2）：26–30.

[242] 李志红，宋颖惠. 唐长安城的寺塔与城市空间景观[J]. 文博，2006（4）：80–83.

[243] 田凯. 传统景观的历史解读——浅析清代成都城市景观重建[J]. 西南交通大学学报（社会科学版），2007（2）：87–92.

[244] 卢永毅. 建筑：地域主义与身份认同的历史景观[J]. 同济大学学报（社会科学版），2008（1）：39–48.

[245] 何捷，袁梦. 数字化时代背景下空间人文方法在景观史研究中的应用[J]. 风景园林，2017（11）：16–22.

[246] 刘颂，高健. 西欧历史城市景观的保护[J]. 城市问题，2008（11）：88–92.

[247] 刘钰昀. 历史性城镇景观（HUL）保护视野下的历史街区保护与更新策略研究[D]. 西安建筑科技大学硕士学位论文，2016.

[248] 吕一河，陈利顶，傅伯杰. 景观格局与生态过程的耦合途径分析[J]. 地理科学进展，2007, 26（3）：1–10.

[249] 牟振宇. 上海法租界早期土地交易、地价及其内在机理(1852—1872)[J]. 中国经济史研究，2017（02）：139–156.

[250] 秦绍德. 论上海近代报刊的诞生[J]. 学术月刊，1990（2）：128–135.

[251] 孙昌麒麟. 南汇老城厢平面格局的中尺度长期变迁探析[J]. 历史地理，2018（2）：172–188.

[252] 孙然好，孙龙，苏旭坤，等. 景观格局与生态过程的耦合研究：传承与创新[J]. 生态学报，2021, 41（01）：415–42.

[253] 王均，孙冬虎，周荣. 近现代时期若干北京古旧地图研究与数字化处理[J]. 地理科学进展，2000（1）：88–93.

[254] 王仰麟. 渭南地区景观生态规划与设计[J]. 自然资源学报,1995,10(4):372–379.

[255] 肖竞，曹珂. 基于景观"叙事语法"与"层积机制"的历史城镇保护方法研究[J]. 中国园林，2016, 32（6）：20–26.

[256] 徐建华，岳文泽，谈文琦. 城市景观格局尺度效应的空间统计规律——以上海中心城区为例[J]. 地理学报，2004（06）：1058–1067.

[257] 徐青，韩锋. 西方文化景观理论谱系研究[J]. 中国园林，2016, 32（12）：68–75.

[258] 许学强，姚华松. 百年来中国城市地理学研究回顾及展望[J]. 经济地理，2009，29（09）：1412-1420.

[259] 阳文锐. 北京城市景观格局时空变化及驱动力[J]. 生态学报，2015，35（13）：4357-4366.

[260] 阴劼，徐杏华，李晨晨. 方志城池图中的中国古代城市意象研究——以清代浙江省地方志为例[J]. 城市规划，2016，40（2）：69-77+93.

[261] 俞孔坚，李迪华. 城市景观之路[J]. 群言，2003（11）：9-13

[262] 张蕾. 国外城市形态学研究及其启示[J]. 人文地理，2010（03）：90-95.

[263] 张松，镇雪锋. 从历史风貌保护到城市景观管理——基于城市历史景观（HUL）理念的思考[J]. 风景园林，2017（6）：14-21.

[264] 张松. 上海名城保护复兴与人文之城形成刍议[J]. 同济大学学报(社会科学版)，2019，30（06）：93-100.

[265] 张晓虹,孙涛. 城市空间的生产——以近代上海江湾五角场地区的城市化为例[J]. 地理科学，2011，31（10）：1181-1188.

[266] 赵景柱. 景观生态空间格局动态度量指标体系[J]. 生态学报，1990，10（2）：182-186.

[267] 钟翀. 江南地区聚落–城镇历史形态演变的发生学考察[J]. 上海城市管理，2019，28（4）：72-78.

[268] 钟翀. 上海老城厢平面格局的中尺度长期变迁探析[J]. 中国历史地理论丛，2015，30（3）：56-70.

[269] 周尚意，戴俊骋. 文化地理学概念、理论的逻辑关系之分析——以"学科树"分析近年中国大陆文化地理学进展[J]. 地理学报，2014，69（10）：1521-1532.

[270] 周尚意,吴莉萍,苑伟超. 景观表征权力与地方文化演替的关系——以北京前门—大栅栏商业区景观改造为例[J]. 人文地理，2010，25（05）：1-5.

[271] 周振鹤，陈琍. 清代上海县以下区划的空间结构试探——基于上海道契档案的数据处理与分析[J]//历史地理：第25辑. 上海：上海人民出版社，2011：124-148.

[272] FANG C L, LI G D AND WANG S J. Changing and differentiated urban landscape in China: spatiotemporal patterns and driving forces[J]. Environmental Science and Technology, 2016, 50: 2217-2227.

[273] GHALAM S Z, WESSLING C. Making the past visible for the future: map of the old city of Aleppo[M]. //The UNESCO Memory of the World Programme. Switzerland: Springer, Cham, 2020: 143-156.

[274] THOMAS R M. Conservation, heritage and urban morphology: further thoughts[J]. Urban Morphology, 2018, 22（1）: 71-73.

[275] TOMASZ N. A review of approaches to land use changes modeling[J]. Human and Ecological Risk Assessment: An International Journal, 2019, 25（6）: 1377-1405.

[276] VAN OERS R, RODERS A. Road map for application of the HUL approach in China[J]. Journal of Cultural Heritage Management and Sustainable Development, 2013, 3(1): 4–17.

[277] VAN OERS, R. Managing cities and the historic urban landscape initiative: an Introduction[C]. //Managing historic cities. Paris: UNESCO World Heritage Centre, 2010: 7–17.

[278] WANG S X, GU K. Pingyao: The historic urban landscape and planning for heritage–led urban changes[J]. Cities, 2020, 97: 1–12.

[279] WHITEHAND J W R., GU K. Urban conservation in China: historical development, current practice and morphological approach[J]. The Town Planning Review, 2007, 78 (5): 643–70.

[280] XU Q, TAYLOR K, HAN F. Recognising values of China's scenic and historic interest areas as world heritage cultural landscapes: Lushan case study[J]. International Journal of Heritage Studies, 2021, 27(01): 39–56.

[281] ZHANG L, HOU G, LI F. Dynamic of landscape pattern and connectivity of wetlands in western Jilin Province, China[J]. Environment Development and Sustainability, 2020, 22(3): 2517–2528.

[282] ZHANG R. World heritage listing and changes of political values: a case study in West Lake cultural landscape in Hongzhou, China[J]. International Journal of Heritage Studies, 2017, 23(3): 215–233.

电子资源

[283] UNESCO. Shanghai agenda for the implementation of UNESCO recommendation on Historic Urban Landscape (HUL) in China: third edition[EB/OL]. Retrieved from http://www. Historic urban landscape. com/themes/196/userfiles/download/2016/3/25/jwjg2hpjzrdcr9s.pdf, 2015.

[284] UNESCO. The HUL guidebook: Managing heritage in dynamic and constantly changing urban environments–A practical guide to UNESCO's recommendation on the historic urban landscape[EB/OL]. Retrieved from http:// historic urban landscape. Com /themes /196 /userfiles /download/2016/6/7/wirey5prpznidqx.pdf, 2016.

后 记

倘若我说，《后记》才是本书最先构思、最有写作冲动的部分，估计很多人会难以理解。然而，这是我最真实的心境写照——本研究开始前和进行中，曾无数次想象过，行文至后记那一页时，自己会有怎样的状态和感触，可真正到了这一步，竟觉得如此不真实。有些人为学术而生，很遗憾，我却不是，因此历经彷徨和迟疑。幸运的是，来时路上，常有良师诤友相伴，令我在学海无涯苦作舟时，一次又一次克服迷惘和孤独。

首先要衷心感谢我的导师周振鹤先生，将既不聪明、又不用功的我收入门下，这是我人生最珍贵的学术大礼。本书的前身是我的博士毕业论文，这部论文从选题到成篇的每一步都曾得益于先生的指点和帮助。周先生虽言语不多，却不吝鼓励，每当研究受阻时，一封简短的邮件、一通平实的电话都会让我重燃斗志。惜本人愚钝且力有未逮，跟跄于学术道路上，虽略有收获，也频留遗憾，每念及先生的厚爱，实心中有愧。参加工作之后，与先生的交流虽然减少，然而我每发表一篇论文，先生都会认真地审阅，提出宝贵意见。当先生碰到与我研究相关的材料时候定会第一时间与我分享。撰写博士论文时 19 世纪 60 年代的行名录我们仅搜集到 1861、1863、1866、1867、1868 五个年份，这几年来先生在世界各地又找到了其余五个年份的宝贵材料，使得本书的研究材料得以进一步夯实。

周先生之外，在史地所对我影响最大的是带领我初窥历史城市地理堂奥的硕士导师张晓虹老师。"农业培养模式"是我对张老师指导方式的总结。当我将这一插科打诨的表述告知张老师时，她微笑着说："要加上'深耕细作'这个前缀喔。"正是这种"深耕细作的农业培养模式"，让我在硕士期间自由而欢乐地吸收了纯正的历史地理学养分，也适当地允许我保留了个性化成长空间，使我对学问还有期许之心。毕业之后，张老师依旧关心和帮助我的研究，我们一起赴西藏考察、一起去美国国会图书馆查阅上海地图，再利用查阅的资料撰写论文。这些都使我收益颇丰，更是让我感受到学术的魅力。

与法国艾克斯 - 马赛大学安克强（Christian Henriot）教授的相识是在张晓虹老师召集的一次学术会议上。作为法国上海学领军人物，安教授平易近人，尊重和关心后辈。安教授慷慨地将他多年搜集的珍贵地图与我分享，多幅收藏于英国国家档案馆的地图皆因此得见并用于本书。在博士论文盲审稿递交之后，安教授恰巧来史地所访学一个月，其间他多次与我讨论论文，提出诸多有价值的意见和建议，并肯定了我的研究工作的意义。而后，安教授分享了很多数据库和数字资料给我，让我的研究得以便利地开展。

美国纽约哥伦比亚大学社会学的萨森（Saskia Sassen）教授是我在哥伦比亚大学交流学习期间的导师。2006 年秋她来复旦大学开设讲座时，我第一次见到她。当时，她将她的著作《全球城市》一书的最新中译本赠送给我，令我受宠若惊。2009 年冬，我申请国家 CSC 留学基金，惴惴不安地给她写邮件询问前往哥大交流事宜。萨森教授欣然答应，在她的帮助下我顺利赴美学习。她给我创造了很好的研究环境，还热情邀请我参加各类会议、讲座以及她开设的课程。在哥大的一年时间里，我研究水平有了较大进步。2018 年 4 月，萨森教授受邀参加"迈向卓越的全球城市：全球城市理论前沿与上海实践"高端研讨会，我们有幸在上海再聚，并对近几年的"全球城市"研究热点进行了讨论，受此启发我后来发表了《在全球网络中观察城市》一文。

史地所是个不折不扣的学术圣地，各位老师都曾在学术上甚至技术支持上给予我指引和帮助，虽不能在此一一言谢，但点滴关怀皆铭记于心。在复旦求学的十年间，除了老师们的言传身教之外，同辈学人的帮助尤其让我珍惜。仇鹿鸣学兄、邹怡学兄、孙涛学兄、王哲学兄、唐雯学姐、以及与我同门的陈琍师姐、牟振宇师兄、丁雁南师兄等，在历史学、城市地理或 GIS 等其他研究领域都给予我诸多帮助，陈琍师姐更是无私地将她整理的道契数据库与我分享。此外还有很多同学朋友在论文写作过程中给予我种种帮助，令人感动。毕业后有幸结识的一些学界同仁，李爽博士在 GIS 技术上给予我的帮助、杜爽博士在景观学和制图方面的辅助，都使得本书得以更完美地呈现。

在查阅资料过程中，上海图书馆徐家汇藏书楼的王仁芳研究员、徐锦华副主任等帮助我接触了一些善本书、珍本书；哥伦比亚大学图书馆多位馆员在我查阅档案时总是耐心相助，并不断向我提供有用的新书信息。在本书写作过程中，北京大学历史学系的李孝聪教授、同济大学建筑与城市规划学院的韩锋教授、台湾东海大学建筑系郭奇正教授、上海师范大学古籍所钟翀教授都给予了指点和帮助，使我感受到了多学科研究的魅力与潜力。进入上海社会科学院历史所工作后，单位良好的治学氛围使我有充分的时间深入研究。当然，本书得以问世，还要感谢我的责任编辑张翠老师，张老师严谨认真的态度，使我略显幼稚的博士论文终能以成熟的面貌示人。

治学是一段不乏苦闷和疲惫的人生旅程，幸有家人好友相伴，让我一路走来并不孤单，也才有了苦中作乐的勇气。最后，更要深深感谢我的父母，他们的宽容和理解帮我排解了许多压力，他们以辛勤工作换来了我人生中宝贵的求学经历。一路走来，我的家庭始终是我最温暖的港湾和最坚实的后盾，让我在面对浩瀚的知识海洋时，能够不断地积蓄力量，一次比一次更勇敢地出发。

罗婧

2022 年 8 月于沪上